西餐烹饪基础

XICAN PENGREN JICHU

李 晓 主编

化学工业出版社

·北京·

图书在版编目（CIP）数据

西餐烹饪基础/李晓主编. —北京：化学工业出版
社，2013.10（2022.8 重印）
ISBN 978-7-122-18284-5

Ⅰ. ①西… Ⅱ. ①李… Ⅲ. ①西式菜肴 - 烹饪
Ⅳ. ① TS972.118

中国版本图书馆 CIP 数据核字（2013）第 201232 号

责任编辑：彭爱铭　　　　　　　　　　　文字编辑：王　爽
责任校对：顾淑云　　　　　　　　　　　装帧设计：张　辉

出版发行：化学工业出版社（北京市东城区青年湖南街13号　邮政编码100011）
印　　装：北京虎彩文化传播有限公司
710mm×1000mm　1/16　印张17¼　字数309千字　2022年8月北京第1版第10次印刷

购书咨询：010-64518888　　　　　　　　售后服务：010-64518899
网　　址：http://www.cip.com.cn
凡购买本书，如有缺损质量问题，本社销售中心负责调换。

前言

　　随着我国改革开放的持续深化和发展，人民的物质文化生活水平不断提高，人们对于生活品质的要求也越来越高。近年来，西餐因其精致的菜肴、浪漫的进餐氛围和精简合理的菜肴搭配受到国人的青睐，社会大众想要了解西餐知识的愿望也越发强烈。

　　为顺应时代发展趋势，满足目前国内餐饮市场对西餐知识和人才的迫切需求，我们有针对性地编写了这本《西餐烹饪基础》，从西餐的文化和发展知识，到西餐烹饪的基本专业技能都做了较为详尽的介绍。

　　本书的编写注重理论和实践的结合，将西餐知识分为基础篇、技能篇和应用篇三大模块，具备较强的系统性和实践性。在编写过程中，为适应我国餐饮企业、星级酒店的发展和需求，也不断地进行了完善和修改。

　　本书的编者长期从事西餐烹饪、管理和教学工作，有丰富的餐饮行业经营管理实践经验和高等院校专业教学经验，曾多次出访及留学法国、美国、意大利、日本等酒店、餐饮企业、院校交流学习。

　　本书在编写中得到了四川烹饪高等专科学校食品科学系何江红教授、成都毓秀苑宾馆总经理赵艳斌、北京华滨国际大酒店行政总厨史汉麟先生、马赛酒店管理学院西餐教授让·雅克先生等的专业指导和帮助，特此表示感谢！

　　本书既可以作为大众了解西餐基础知识和基本烹饪技能的参考用书，也可以作为企业在职培训的教学参考书，也适于从事西餐烹饪工作的专业人士参考使用。

　　本书由四川烹饪高等专科学校食品科学系李晓副教授主编。具体编写分工如下：第一章第一节由梁爱华教授编写；第一章第二节、第三节、第四节，第二章，第三章，第九章，第十四章由张浩编写；第四章由阎红教授编写；第五章，第十章由张振宇编写；第六章，第七章，第八章，第十一章，第十二章，第十三章由李晓副教授编写。全书由李晓副教授总纂、统稿。

由于编写时间仓促，受编者水平所限，书中难免存在疏漏和不足之处，敬请专家、同行和广大读者批评指正。

编　者
2013年4月

目 录

第一篇　西餐基础篇

第一章　西餐概述

　　随着改革开放日益深入，西餐已经成为全国城市餐饮消费的重要组成部分。西餐以其浓厚的地域特色，别具一格的风味流派，独特的菜品口味，讲究的餐桌服务和用餐礼仪，悠闲典雅的就餐环境，丰富多彩的西方饮食文化，给中国消费者提供了一种与中国传统饮食完全不同的享受。西餐业出现了快速发展趋势，并迅速成为一个新兴餐饮产业，在餐饮经济发展中发挥着重要作用。

　　本章将对西餐的概念和发展、特点、主要风味流派、西餐礼仪与服务等内容进行概述。

第一节　西餐的概念和发展

一、西餐的概念

　　西餐是我国人民对西方国家菜点的统称。

　　我们所说的"西方"习惯上是指欧洲的国家和地区，以及由这些国家和地区为主要移民的北美洲、南美洲和大洋洲的广大区域，因此西餐主要指代的便是以上区域的餐饮文化。西方各国的餐饮文化及菜式都有各自的特点，因此，西方国家并无明确的"西餐"概念，而是依其国名而命名，如法国菜、意大利菜、英国菜、美国菜、俄罗斯菜等。但由于历史原因，西方各国在文化、宗教以及生活习惯等方面有着千丝万缕的联系，烹饪技艺相互渗透、相互影响，饮食习俗和制作技法上有许多相似之处，于是，我国人民习惯上将西方各国餐饮统称为西餐。

　　如今很多业内人士也习惯把日餐、韩餐、泰餐等划归在西餐的范畴。西餐的含义已超越了仅仅由欧洲、北美洲、南美洲、大洋洲等国家和地区菜肴组成的范围。

　　西餐受西方各国主要的宗教——基督教影响较深。基督教的饮食禁忌较为宽松，形成了西餐主要植根于牧、渔业经济，以肉、奶、禽、蛋、谷等食料为基础，果蔬辅佐的特点。

二、西餐的起源与发展

（一）西餐烹饪的起源

据考古资料显示，西餐起源于古埃及。公元前1175年，底比斯城的宫廷中制作面包和蛋糕的古埃及壁画说明有组织的烘焙作坊和模具在当时已经出现，据记载当时的面包和蛋糕的品种已有16种之多。金字塔里用象形文字刻在墓碑上的铭文记载了尼罗河流域丰富的物产，如蔬菜、水果、葡萄、鸡、鱼和鸡蛋等。据传，古埃及人已发明了用水果加入糖和酒制作果酱的方法。

（二）西餐烹饪的兴起

公元前5世纪，在古希腊的属地西西里岛上，已出现煎、炸、烤、焖、蒸、煮等烹调方法，烹饪文化已经发展到了一定高度。随着古希腊文明的迁移，烹饪艺术影响了古罗马帝国，使其烹饪技艺得到很大程度的提高。公元前2世纪，古罗马帝国宫廷的御膳房已经有了包饼、酿酒、菜肴、果品等工种的分化，并出现了更完美的食谱，宴会和饮食已相当奢侈和繁荣。

随着古罗马帝国的不断征战，古罗马几经分裂，烹饪艺术水平随之下降，此时，修道院在保留饮食文化方面发挥了积极的作用。公元8世纪，查理大帝曾对朝圣者的投宿发布过一道赦令，要求通往朝圣地沿途的修道院和教会要设置接待朝圣者的设施：食堂、寝室、化妆室、面包房、啤酒冷藏室等，因此有现代欧洲饭店起源于修道院之说。

随着法兰克人扩张进入英国，古罗马人的生活习惯很快传到了英国，特别是1066年诺曼底公爵威廉征服英国登上王位，成为英国烹饪发展的转折点，古罗马的生活方式包括烹饪技艺被带到英国，对英国的餐饮文化产生了极大的影响。英国烹饪学家认为，威廉一世的大部分食物制作方法是从诺曼人那里学来的。

（三）中世纪及文艺复兴时期西欧烹饪的发展

中世纪的十字军东征期间，西欧的封建领主和骑士对地中海东岸的国家发动了持续近200年的宗教性战争。十字军从东方带回了大量的香料和无花果、杏仁、果子露、蜜饯等食物的制作方法，这大大丰富了英国人的饮食。中世纪的英国食谱显示当时的英国人已懂得使用香料和调料。

与此同时，法国的烹饪艺术也在不断进步。《菜肴制作大全》是在爱德华一世治下（1272～1307年）面世的第一部用法文书写的烹饪著作，当时鸡肉羹、麦

糊、肉冻等是中世纪的食谱中常见的菜肴。一直到18世纪，烹饪知识大多是从烹调书、账簿、通讯录、菜谱的手抄本里获得的，一些14世纪的手抄食谱显示了法国烹饪对英国烹饪在术语和加工方法上的巨大影响，食谱记载的都是精美的菜肴，这要求厨师具有一定的艺术修养。而查理五世的御厨塔伊旺亲手撰写的烹调书《美味佳肴》是14世纪至15世纪优秀的法国烹调著作，书中描述了如何给菜肴添加颜色、镀金、装饰烤肉的鸟羽、制作体积巨大的馅饼等，使得塔伊旺被奉为厨艺权威。

法国国王亨利二世迎娶意大利豪门之后凯瑟琳·德·美第奇为法国烹饪艺术的崛起也起到了促进作用。当时凯瑟琳·德·美第奇的家乡佛罗伦萨的文化艺术，包括饮食文化，极为繁盛，凯瑟琳·德·美第奇的随嫁厨师将意大利精湛的烹饪技术带到了法国，使法国菜更加丰富起来。17世纪法国罗亚尔河以北的地区开始使用黄油，并出现了油煎的概念，调味汁也变得重油，巧克力、咖啡、茶在民间开始流行。至17世纪末，法国第一流的烹饪已在世界闻名。而随后的路易十四至路易十六时期，社会上开始崇尚美食，涌出了许多著名的美食大家，大家争奇斗艳，创造出了许多美味佳肴，另外食用工具刀、叉、匙出现在餐桌上，这一切奠定了法式烹饪的领先地位。

（四）近代欧美烹饪的发展

18世纪后欧美等国相继进入现代文明时期，饮食方式发生了很大的变化，饮食业得到很大发展。首先，农业的发展使一年四季都能供应优质的鲜肉，烤肉方法也改进了；土豆在欧洲被广泛种植并成为西欧的主要食品；面粉质量提高了，黑面包逐步被白面包替代；食糖大量供应，茶叶的销量也超过了咖啡和可可，19世纪时茶已成为标准英国餐食的必备饮品。这些改变大大丰富了西餐食谱。其次，产业革命促使大量农民流入城市，城市规模迅速扩大，如何解决不断增长的城市人口的吃饭问题成了食品工业发展的新动力。西方食品工业开始起步，食品的加工保存方法也推陈出新，罐头、冷冻食品、脱水食品相继出现，食品加工技术的革新使面包、黄油、奶酪等传统食品提高了生产质量和效率，同时炼乳、奶粉也出现在人们的餐桌上。此时煤气开始进入厨房，这种迅捷、火力可调的烧煮方法给烹饪习惯带来巨大的改变，一些出色的炖菜、煨菜、煮菜等老菜谱流传下来，同时也出现了一批制作简单快捷、味道鲜美的菜肴。最后，都市生活的产生为烹饪操作和供应提供了更多的场所，小餐馆、咖啡店、小酒馆等如雨后春笋般越来越多，餐饮业兴起了。

这一时期，随着英法等发达资本主义国家在海外建立殖民地，西餐的外延扩大了，对世界各国的影响也越来越大。尤其是在美洲新大陆，大批英国、西班牙、法国、荷兰等国殖民者相继迁入，产生了以英国烹饪为基础的、混合各国饮食特征的独特的美式西餐。

（五）现代欧美餐饮的发展

20世纪开始，国际间政治、经济、文化的交流日趋广泛，西餐的传播范围更广了。同时，西餐炊具的花样增多并出现了一些专门用具，如鱼锅、汤锅、炒蛋平锅、各种各样制作甜点的模具、切菜的刀、馅饼盘等。厨房布局更加合理。厨房设备机械化程度提高，完全使用煤气的炉灶取代了其他炉灶，用电的炉灶如电炉、电灶、电锅炉、电汤煲也渐渐普及起来，各种烤箱不断改进，并出现了铁扒炉。由于科学进步，不断改进并更新了烹调用具，出现了粉碎机、搅拌机、刨片机、切菜机、去皮机等设备。设备的改善对烹饪方法产生重大影响，使得煮、炖、烤、炸、煎、烘等烹调方法更加可控，效果更加理想。

20世纪60年代以后，西方民众逐渐认识到适量饮食的重要性，食品营养学概念被人们接受并重视，营养菜单走上餐桌。如今，合理膳食、营养均衡与饮食卫生已成为现代西餐烹饪的重要组成部分。人们开始在食品科学的指导下，利用实证研究创造出标准化食谱，并在烹饪中采用更合理的操作程序和烹调方法，尽量减少营养损失，同时保持菜肴口感和色香味。食品添加剂被发明出来，味精、面包改良剂、膨松剂等的出现丰富了食物品种，使菜点制作过程更加简单，更加适口。现代食品科学技术一方面使挖掘传统西餐烹饪原理成为可能，另一方面也不断促进西餐推陈出新，成为西餐健康发展的强大动力。

三、西餐在我国的传入和现状

西餐是随着中国与世界各民族人民的交往而传入中国的。据史料记载，早在汉代，波斯古国和西亚各地的灿烂文化和膳食便通过"丝绸之路"传到中国，而元代在我国生活了十几年的意大利著名学者马可·波罗，为两国饮食文化的交流做出了重大贡献。17世纪中期，西方的商人来到了我国沿海城市，他们带来了本国的厨师以及西方的饮食，通过与当地官员贵族士绅的交往而有所流传。19世纪殖民地时期，由于帝国主义列强和商人进入中国，给上海、大连、天津、青岛等地留下了部分西餐传统。

改革开放以后，中国与世界各国的交流进一步加强，人们的消费观念发生了变化。西餐以其科学的营养搭配、浪漫的就餐环境、独特的饮食风味、浓烈的异国情调，吸引着我国人民，丰富了人们的日常饮食生活。西餐越来越为普通的中国民众所了解和接受。国家对外开放形成的商务往来，促使许多外国人来华旅游

和居住，特别是开放城市更为明显，增加了西餐的需求；另外，海归人士的生活习惯也促成了市场对西餐的需求。经过改革开放三十年，中国西餐越发多样化，出现了西式正餐、西式快餐、酒吧、咖啡厅、茶餐厅、日餐、韩餐、东南亚餐等多种业态，多样化、丰富多彩的西方饮食文化给中国消费者提供了一种与中国传统饮食文化完全不同的享受。其中麦当劳和肯德基用其独特的现代经营方式和理念，在中国推广了西方饮食文化方式，西式快餐对广大中国人民接受西餐功不可没。

近二十年来，随着对外开放与交流的深入，常见的西餐烹饪原料和调味品已成为我国食品消费市场的常见品种，西餐中常见的牛扒、烤面包、蔬菜沙拉等菜品，普通家庭也可动手制作。

西餐大量涌入带来的另一个重要变化是出现了中西合璧的菜点和适合中国消费者口味需求的西式餐饮业，一些中高档中餐厅的菜品增添了西餐元素，部分中式菜品使用奶油、奶酪、沙拉酱、千岛汁等西式调味料，出现了形似中餐味的西餐菜品。有不少中式菜品使用西餐灶具和烹调方法制作，甚至采用西餐菜肴立体造型装盘，收到传统中餐达不到的效果和美感。

中国西餐业的迅速发展显示出西餐已不仅是简单引入异域饮食文化和对风味特色的一种补充，而是正在成为中国庞大的餐饮经济的一个组成部分，它的市场份额也将随着它本身的多业态发展和与中餐的融合逐步扩大，成为不可低估的需求市场。

第二节 西餐的特点

根据中、西饮食文化的差异和不同的民俗特色，可以将西餐的特点分为以下六个方面：菜肴结构特点、刀工技术特点、原料特点、烹调方法特点、西餐装盘特点和西餐服务特点。

（一）菜肴结构特点

独特的菜肴结构是西餐最大的特点。因为东西方文化的较大差异，造成了东西方饮食结构的不同。东方人主要以农耕为主，食物来源是谷物类。南方人以稻米为主食、北方人以小麦为主食。菜肴结构基本以小菜、冷菜、热菜、汤菜、点心等组成。由于文化习俗上东方人喜欢团餐的聚餐方式，菜肴基本上都是大家一起享用的。传统的西方人是以放牧、打猎为生的游牧民族，饮食结构以肉类为主食。菜肴结构一般以开胃菜、汤、沙拉、主菜、甜品、咖啡或茶等组成。

1. 西餐的菜肴结构

简单的：汤—沙拉—主菜—甜品—咖啡或茶

普通的：开胃菜—汤—沙拉—主菜—甜品—咖啡或茶

宴会的：冷头盘—汤—沙拉—热头盘—主菜—辅菜—甜品—咖啡或茶

高规格的：冷头盘—汤—奶酪盘—沙拉—热头盘—主菜—辅菜—甜品—水果—咖啡或茶

西方人的饮食结构比较简单或普通，和中餐最大的区别是西方人喜欢先喝汤。西方人认为先喝汤能起到开胃的作用。中国人认为最后喝汤才能更好地品尝菜肴的美味，而且从健康的角度上讲，对消化也更好。其实这是中西方饮食文化对食物营养健康认识上的差异。

其次，西方人每餐都要点甜品。而大多数时候，中国人吃饭是不吃点心的，一般只有在宴会上才有点心或水果。另外，西方人在饭后一定少不了咖啡或茶。

2. 西餐的菜品结构

（1）开胃菜 开胃菜分为冷头盘和热头盘。一般是少量的肉类或海鲜菜肴，主要作用是开胃和佐酒。

（2）汤 西餐的汤一般分为冷汤、热汤、清汤、浓汤、菜汤、奶油汤等，主要作用是开胃。

（3）沙拉 西餐的沙拉相当于中餐的冷菜。主要是各种可以生吃的蔬菜和肉类等拌在一起的菜肴，并搭配上各种沙拉汁，主要作用是佐酒和对主菜的铺垫作用。

（4）主菜 是这一餐主要的菜肴，也有叫大盘、正菜的。一般是大块的肉类菜肴烹调好后，单独搭配少司来调味。

（5）甜品 包含水果、冰激淋、蛋糕等品种，一般是甜食搭配水果和少司，用于餐后。

（6）咖啡或茶 西方人必不可少的餐后美食的一部分，完美的用餐到此结束的标准。

西餐菜肴结构的特点是以肉类为主食、面包为辅食；一般先喝汤；沙拉里有大量的生吃蔬菜；主菜是大量的肉类，其他蔬菜搭配在旁边；调味的汁一般单独搭配；餐餐都离不开甜品；饭后必须要有咖啡或茶。

（二）刀工技术特点

西餐烹调中刀工技术的特点也很鲜明。通常人们常说中国厨师是一把菜刀闯天下，外国厨师是一套刀具做一个菜。大多数的中餐厨师可以用一把菜刀对一整

桌的菜肴进行加工，一个西方厨师必须要一整套的刀具才能完成一个菜肴的制作，但是十个中餐厨师每小时加工的菜肴量可能没有一个西餐厨师每小时加工的菜肴量大。这主要和西餐的刀工技术特点有关。

1. 刀工技术简单大方，原料成型规格整齐

西餐的刀工技术相对中餐的刀工技术要简单和大方。特别是菜肴初加工中，西餐原料加工成型后的规格大，刀工技术相对简单。一般西餐刀工要求是加工后的原料规格整齐，大小、重量相同。这是因为西餐菜肴制作中，要求主要原料的规格是大块，便于食用者使用刀、叉这样的餐具来分割食物，达到食用者自己动手制作食物的心里要求。

西餐的刀工成型主要是条、块、丁、丝、片等，但和中餐比较规格较少。

2. 根据原料特点选择刀具，刀具种类、规格、大小繁多

西餐的刀具种类、规格、大小繁多。对于不同种类的原料有对应的刀具种类；对于不同规格的原料有对应的刀具规格；对于不同大小的原料有对应的刀具大小。例如，西餐厨师在烹调加工中会使用专业的刮鳞器去鱼鳞，使用刀锋狭窄的剔骨刀来分割牛肉，使用带锯齿的长刀来切割面包，使用带凹槽的长刀来切割大块的鱼肉，使用小刀来切割洋葱、土豆等脆性原料，使用大刀来切割牛扒，使用去皮器来去掉果蔬的皮，使用分蛋器来切割鸡蛋角，使用钢丝切割器来分割黏性很强的奶酪等。

3. 刀工技术现代化、出品数量巨大

除了各种不同的刀具和工具外，西餐厨师还会使用大量先进的机械设备来辅助完成原料的加工、成型。

自动化、机械化、规格化是西餐刀工技术现代化的重要特点。比如切片机，大大降低了厨师的工作量和劳动强度，又明显提高了出品规格的统一性；又比如西点中的面团分割机，能高效、准确地分割面团，和人工制作相比无论是面团的重量、分割的速度、分割的质量都有巨大提高。

（三）原料特点

在制作西餐菜肴时对原料的种类选用、加工、烹调都十分有特色。

1. 选料严谨、分档取料

西餐菜肴制作中选料严谨，一般选用品质、质地都上乘的原料制作食物，不使用动物的内脏制作菜肴，也不使用家禽的头、爪制作菜肴。鱼类菜肴制作一般用海鱼，不使用鱼刺多的江、湖、河里产的鱼类，特别是不食用无鳞的鱼类（这和宗教信仰有关）。

西餐制作中对原料的分档取料十分细致。例如肉类原料里的牛肉，可以细致到把一头牛分出30～50块不同部位、不同质地的肉，而且都是精肉部分。还会根据不同国家和地区产的不同品种的牛，分成不同的级别来表示不同的原料质地的优劣，从而保证菜肴质地的优良。

2. 原料质地新鲜

西餐制作中许多蔬菜都是生吃的，这就要求原料必须质地新鲜，以保证人体对维生素的摄入最大化。西餐制作注重美味、卫生和营养价值的统一。新鲜的原料不仅是菜肴口感和美味的源泉，也是营养健康的重要保证。

3. 香料使用特点

西餐使用的香料和中餐使用的香料有很大区别。不同国家和地区盛产不同的植物，这些植物中的一些被厨师用作菜肴的调味品——香料。西餐喜欢将鲜香料和干香料搭配使用。餐馆花园中通常有厨师栽培的鲜香料，这些香料不仅能作为花草来装饰菜肴，也能为菜肴增添风味。

4. 大量使用奶制品

西餐烹调原料中使用大量的奶制品，是西餐的重要特点。例如，烹调中使用大量鲜奶来制作菜肴，突出菜肴风格特色；广泛使用的黄油来自牛奶的提炼；少司用来增香、增色、增稠或是装饰菜肴；奶酪既是单独的菜肴又是菜肴制作中的调和剂和增加风味的原料。西点中各种奶制品更是十分广泛地应用于甜品的增香、增加营养价值、增加风味等领域。

5. 主料与酒水的特点

西餐中主料与酒水之间的关系特点是西方饮食文化的延伸。西方人特别讲究吃什么菜肴搭配什么样的酒水。一般来说牛肉类搭配红葡萄酒、海鲜类搭配白兰地、禽类搭配白葡萄酒、开胃菜搭配各种气泡酒、沙拉类搭配各种力乔酒、甜品类搭配各种餐后甜酒。

（四）烹调方法特点

西餐烹调方法和中餐相比也有异同。西餐烹调方法大致有煎、炒、炖、煮、烩、焖、烤、焗、扒等，其中焗和扒是西餐特有的烹调方法。西餐中没有蒸这种中餐普遍使用的烹调方法，取而代之的是隔水焗。

1. 烹调工具多样化

西餐烹调使用的工具种类繁多，并且有规格和尺寸，便于操作使用。许多烹调设备都有温度计或计时器，特别适合做标准化操作使用。烹调中为方便计量，很多时候使用勺子、量杯等工具，并且这些工具一般都有不同的大小规格。

西餐烹调方法中还大量使用各种烹调设备、器械设备来提高生产的效率和保证品质的完美性，从而减轻劳动强度。

2. 主料、配料、少司分开制作

西餐的主料、配料和少司通常是分开制作，最后组合在一起的。

西餐的主料一般是菜肴中的主体，精细的选料、细腻的分档取料是保证其品质的关键，只需简单的烹调方法即可。

西餐的配料也是菜肴搭配中的配菜，是菜肴不可缺少的部分。通常菜肴中搭配的配料是指主菜部分蔬菜摄入量和菜肴分量的保证部分，并且还具有美化菜肴设计、丰富菜肴内涵、均衡营养膳食的作用。按西方人的饮食习惯这个配料必定是土豆、胡萝卜和绿色蔬菜制品；又或是少量的米饭、面条搭配胡萝卜。

西餐的少司，也是通常所说的汁，是西餐烹调的灵魂。一道西餐菜肴口味是否地道、菜肴风味是否独特、菜肴品质是否完美，完全是这个少司的作用。所以许多人认为西餐烹调最为关键的步骤是少司的制作。淋到西餐菜肴盘面的少司既是菜肴风味的关键，又起到美化、装饰菜肴的作用，还是菜肴意境的最好表现。

3. 烹调中大量使用酒水

西餐在烹调过程中喜欢使用各种风味的酒水来丰富菜肴的内涵、口味和格调。西餐厨师会利用不同酒水的不同香味、风味、色泽来搭配不同的原料，达到最佳的增香除异作用。例如，制作牛肉类菜肴使用深色葡萄酒；制作海鲜类菜肴使用白色葡萄酒；制作野味类菜肴使用波特酒；制作虾、贝类菜肴使用白兰地来增加香味；制作甜品使用利口酒或朗姆酒来淡化奶油的甜腻。所以说西餐烹调的另一个特点是善于用酒。

4. 烹调中经常使用水果入菜

西餐在烹调中还常常加入各式水果或果汁来丰富菜肴的口味，提高菜肴的品质。常用的水果有橙、柠檬、梨、菠萝、香蕉、苹果、葡萄、芒果、柚子、草莓、杏脯、杏仁、核桃、黑樱桃、红樱桃、黄桃等。可以直接加入水果烹调；也可以用水果码味，增加菜肴的风味或在烹调前改善肉类质地；也可以用水果的果汁作烹调后的调味；也可以作最后的装饰，起到点缀盘面色泽的作用。

5. 讲究烹调后调味

西餐烹调和中餐烹调最大的区别是中餐讲究在烹调过程中调味，西餐讲究在烹调后调味。这和两个菜系的饮食文化习俗有关。中餐讲究烹调中调味，并且做到一气呵成；菜肴中主料、配料搭配均衡，汁中有菜、菜中有汁，并且收汁亮油。西餐讲究烹调后调味，并且先烹调，再做汁来调味；菜肴中主料是主料，简单烹调；配料是习惯吃的蔬菜；最后浇的汁是菜肴口味的关键，几乎看不到多余的油。

（五）西餐装盘特点

西餐菜肴制作的最后步骤是装盘、装饰。这个步骤看似简单，其实十分考究，是整个菜肴的又一个关键点。中餐通常在盛大的宴会才注重装盘和装饰，平常用简单的盘头装饰即可。西餐的饮食文化习惯是尽善尽美，品尝菜肴不只是口味享受，也是视觉享受，因此十分重视菜肴的装饰与装盘。

1. 主次分明、和谐统一

西餐装盘讲究主次分明。主料一般占菜肴盘面的70%，配料占菜肴盘面的30%。一般来说主料是菜肴的中心，装盘上会特别突出主料的中心地位。配料起搭配菜肴营养、丰富菜肴色彩的作用。西餐装盘上还运用西方油画留白的处理方法，经常在菜肴装盘上故意留出空间，表现主料的中心地位。因此，配料和主料之间的关系是和谐统一的。

2. 几何造型、简洁明快

西餐装盘经常利用点、线、面创造几何图案的造型。少司勾勒出的简单明快的线条或是几何图案，能很好地表现厨师想要表达的主题。

3. 立体表现、空间发展

西餐装盘还喜欢使用立体空间技术来装饰菜肴。这种技术能很好地起到装饰菜肴、美化菜肴、提高菜肴整体效果的作用。

4. 讲究破规

整齐、对称的菜肴装盘技术给人以秩序之感，是创造美的一种手法，但是这种手法缺乏动感。为了打破这个装盘技术的缺点，西餐常常讲究打破规矩。例如以不对称的手法来装饰菜肴；在少司勾勒的简单的弧线上斜插出一根碧绿的香葱。体现菜肴几何线条与空间之间的联系，更体现西餐装盘的自由性、现代性。

5. 讲究变异

变异从美学角度讲是指具象的变异，即对具体事务进行抽象的概括，达到神似而形非。中餐在装盘中常常以写实的手法来拼成花、鸟、虫、鱼等形状，西餐装盘讲究运用变异的装盘技巧来发挥客人对菜肴的想象空间，以抽象的思维来审视菜肴的美观性。

6. 盘面装饰、回归自然

西餐菜肴装盘、装饰上经常采用天然的花草树木来体现回归自然的观念。用各种鲜花来美化菜肴、各种绿色植物来衬托菜肴，鲜的香料既是烹调中的原料也是菜肴装饰中的点睛之笔。

（六）西餐服务特点

西餐服务经过多年的发展，各国和各地区都形成了自己的特色。常采用的方法有法式服务、俄式服务、美式服务、英式服务和综合式服务等。

法式服务和俄式服务为西餐的主要服务方式，法式服务复杂、人手浪费大，俄式服务相对简单，因此现代西餐服务在酒店中通常采用的是合二为一的西餐服务方法。这种西餐服务的特点表现在以下几个方面。

1. 服务手法典雅、庄重

西餐服务要求服务员手法典雅、庄重，能带给顾客以高贵的享受、舒适的感觉、典雅的格调、精美的食物。每个服务员都必须经过严格、规范的培训，熟悉西餐服务流程和顾客心理学后，才能胜任西餐服务员。有的餐厅甚至要求服务员必须是男性，穿着正式的侍者服，戴上白手套为顾客服务。

2. 服务目的是展示食物

西餐服务的目的之一是展示食物。要求服务员能以优雅的风度上菜，并把菜肴美观地展示给顾客，让顾客能很好地欣赏到厨师的菜肴，刺激顾客的食欲。

3. 服务的表演性

西餐服务还具有表演性。有时会有由服务员用手推车或在旁桌现场为顾客加热、调味或切割菜肴等服务，目的是通过表演的形式吸引客人的注意力，让每位顾客都能得到充分的照顾。

4. 服务快捷周到、简单细致

现代西餐的服务摆脱了传统西餐烦琐的服务项目，向简单、快捷的服务方式靠近，但是周到、细致的服务水平一点也没减少。特别是快餐在简单、快捷的同时，服务也十分周到、细致，甚至在服务水平上向人性化的方向发展，使西餐的服务更加温馨。

5. 服务环境优雅浪漫

服务的隐形特点是环境，而西餐厅的环境是做得最好的。基本每个西餐厅都拥有一个浪漫、优雅的就餐环境。

第三节　西餐的主要风味流派

西方各国的人民有不同的风土人情和饮食习俗，因此西方各国的饮食文化也各具特色，这里就简单介绍一下西餐风味流派中具有代表性的国家的饮食文化特点。

一、法国菜

（一）综述

法国烹饪技术与菜点被西方誉为"欧洲烹饪之冠"，是西餐的重要代表流派之一。在现代西方人眼里，世界餐饮文化可分为三大区域：中国菜、法国菜、土耳其菜。法国美食的魅力在于使用大量新鲜的季节性原料烹调食物，厨师个人独特的烹调理念和强烈的烹调情感，成就了独一无二的艺术佳肴极品。无论在视觉、嗅觉、味觉、触感、交感神经上，都达到无与伦比的境界，而在食物的品质、服务水准、用餐气氛上，更拥有精致化的整体表现。

（二）地理气候特点

法国位于欧洲的西部，西临大西洋，西北面对英吉利海峡和北海，东北比邻比利时、卢森堡和德国，东与瑞士相依，东南与意大利相连，南邻地中海并和西班牙连接。法国大陆呈六边形，三边临水，三边靠陆。法国的气候温和却又多变，西部主要受大西洋的影响，四季分明，冬寒夏热；南部则是地中海气候，冬暖夏凉；东部主要为大陆性气候。

（三）物产特点

法国地大物博，各地物产丰富。在靠近地中海地区法国东北部盛产优质的橄榄油，并且在烹调中大量使用；法国西北地区有大量牧区，生产奶制品，烹调中喜欢使用黄油或其他奶制品做菜；东北地区比邻德国，受德国菜肴影响较大，喜欢啤酒和酸菜类的食物；南部地区烹调中使用大量的蔬菜和水果；西部地区烹调中喜爱海鲜烹调的各种食物。

（四）饮食习俗

法国的历史文化源远流长，目前大多数法国人信奉天主教。历史上许多大的事件对法国美食的发展起到很大的影响。

公元1533年，意大利贵族凯瑟琳·德·美第奇嫁给法国王储亨利二世时，带了30位厨师，将新的食物与烹饪方法引入法国。法国人则将两国烹饪上的优点加以融合，并逐步将其发扬光大，创造出当今最负盛名的西餐代表——"法国菜"。路易十四国王为发展法国美食还发起烹饪比赛，比如Cordon Bleu奖，就是流传至今的法国蓝带奖章。

在路易十四时期，菜单被逐一细化分类，规定一道菜肴吃完才能上另一道菜肴，改变了以往宫廷菜肴把食物全部堆放在餐桌上的习惯，以往的饮食礼仪变得

更加讲究，服务的规范、技能得到进一步的加强，大大提升了人们对菜肴的品位和鉴赏能力。法国菜在这一时期得到最大的发展壮大，厨师的社会地位逐步提高，使厨师成为一项既高尚又富于艺术性的职业。特别是曾任英皇乔治四世和帝俄沙皇亚历山大一世首席厨师的安东尼·凯来梅写了一本饮食大字典（*Dictionary of Cuisine*）成为古典法国菜式的基础。

法国大革命后，流落各地的宫廷厨师在巴黎等地相继开设餐厅，把精美的菜肴、高超的烹调技艺和奢华浪漫的餐饮风格带给世界各地的人们，让世人惊叹法国烹调的华美，法国菜肴征服了世界，巴黎当仁不让地成为世界美食之都。

法国人甚至将饮食赋予哲学的意义，他们认为个人饮食应符合各自的教养与社会地位。法国人还将同桌共餐视为一种联络感情、广交朋友的高雅乐趣和享受。

（五）菜肴风格

法国菜的口味偏于清淡，色泽重原色、素色，忌大红大绿，不使用不必要的装饰，追求高雅的格调。讲究风味、个性、天然、技巧装饰、色彩搭配的结合，烹调方面有几大特色。

1. 选料广泛、讲究

法式菜的选料很广泛，喜爱牛肉、蔬菜、禽类、海鲜和水果，特别是蜗牛、黑菌、蘑菇、芦笋、洋百合和龙虾，讲究色、香、味、形的配合，花式品种繁多，而且在选料上很精细，力求将原料的纯天然、最美好的味道呈现给顾客。

2. 讲究菜肴层次

法式菜要求烹调出来的菜肴水分充足、质地鲜嫩。法国人特别讲究吃半熟或生食的肉类，如牛扒和羊腿，牛扒一般只要求三～五成熟，烤牛肉、烤羊腿只需五～七成熟，而牡蛎一类的海货大都生吃。

3. 讲究原汁原味

法式菜肴非常重视少司的制作，许多菜肴都有独立对应的特色少司。法国厨师很早就对少司的种类做了整理和开发，将少司分为基础少司和变化少司。基础少司是西餐调味的基础和根本；变化少司是在基础少司之上，通过其他烹调手段增加调味原料，提高少司风味。如做牛肉菜肴用牛骨基础少司制作；做鱼类菜肴用鱼骨基础少司制作。为了得到美味少司，厨师使用大量的肉类来制作基础少司，通过6～8个小时熬制后得到浓郁的基础少司，使菜肴具有原汁原味的特点。

4. 善于用酒调味

法国盛产葡萄酒，法国人对酒的认识和喜爱也超出其他任何国家或地区的人，甚至有人说法国人烹调时"用酒如同用水"，以至很多法式菜都带有酒香气。

　　法式餐厅厨师善于在烹调中使用不同风格、不同味道的酒水来制作菜肴。美食和美酒的搭配有严格规定，比如制作牛肉类菜肴时使用味道浓郁的干红葡萄酒来增香除异；制作海鲜类菜肴时使用味道清淡的白葡萄酒来压制海鲜的腥味，又不影响海鲜的鲜味；制作甜品时使用含有甜味的果汁酒来制作。不同美酒与不同原料的合理搭配产生出新的滋味，为菜肴添加无穷的魅力。

（六）代表菜肴

　　法国最著名的美食极品是鹅肝酱，它与黑菌（松露菌）、黑鱼子酱并称为西餐三宝。最能代表法国美食风味的菜肴有鹅肝、龙虾、青蛙腿、奶酪、烤乳猪、烤羊马鞍、烤野味、带血鸭子、奶油棱鱼、普罗旺斯鱼汤、斯特拉斯堡奶油圆蛋糕等。

二、意大利菜

（一）综述

　　意大利菜是西餐的重要流派之一，意大利的菜肴源自古罗马帝国宫廷，有着浓郁的文艺复兴时代佛罗伦萨的膳食情韵，素称"欧洲烹调的始祖"，在世界上享有很高的声誉。

（二）地理气候特点

　　意大利半岛形如长靴，南北气候风土差异很大，各个地区长期独立发展，逐渐产生独特的地方菜系。意大利半岛南北的气候和地理形势差别很大，所以在烹调特色上，两地各有千秋。北部邻近法国，在其影响下，菜式常要加上乳制品，味道浓郁而调味简单；南部则使用大量番茄酱、干番茄、辣椒及橄榄油入馔，味道比较丰富刺激。

（三）物产特点

　　意大利的地理特征造就了意大利物产丰富，因而产生了博大而丰富的意大利菜。南部地中海沿海地区富足的海产品，促成了意大利多样的海鲜菜式；北部山林的松露等菌类，又为意大利菜注入了山野珍鲜，还有各式奶酪、香肠、火腿、蔬果。意大利南部地区盛产橄榄油，喜欢吃干面食，北部地区盛产奶制品，喜欢吃鲜面食，这些地区历来被区分为"吃橄榄油的意大利和吃奶黄油的意大利"。

（四）菜肴风格

　　意大利饮食烹调崇尚简单、自然、质朴。地方菜肴按烹调方式不同可分成四

个派系：北意大利菜系、中意大利菜系、南意大利菜系和小岛菜系。

意大利菜肴最为注重原料的本质、本色，成品力求保持原汁原味。在烹煮过程中非常喜欢用蒜、葱、番茄酱、奶酪，讲究制作少司。烹调方法以炒、煎、烤、红烩、红焖等居多。通常将主要材料或裹或腌，或煎或烤，再与配料一起烹煮，从而使菜肴的口味异常出色，缔造出层次分明的多重口感。

（五）代表菜肴

意大利素来是美食的同义词。具有代表性的美食有摩德纳德帕米拉干奶酪、帕尔马火腿、圣达尼埃莱火腿、巴尔撒米可醋、坎帕尼亚、水牛奶酪、阿尔巴松露、熏肉等都标志着意大利美食王国的地位。

三、英国菜

（一）综述

公元1066年，法国的诺曼底公爵威廉继承了英国王位，带来了灿烂的法国和意大利的饮食文化，为传统的英国菜打下基础。但是英国人不像法国人那样崇尚美食，因此英国菜相对来说比较简单，英国人也常自嘲并不精于烹调，但英式早餐却比较丰富，英式下午茶也格外丰盛和精致。

英国是欧洲国家中吃快餐最多的国家，是三明治的发源地。这些食物虽然不健康，味道也没有现做的食物新鲜、美味，但由于平常太忙了，没时间精心准备食物，所以这些快餐格外受到英国人的喜爱。

现在，许多知名厨师在教大家怎样少花时间做简单的菜，于是越来越多的人也开始选择健康、新鲜的食物了。

（二）地理气候特点

英国是由大不列颠岛上的英格兰、苏格兰和威尔士，以及爱尔兰岛东北部的北爱尔兰共同组成的岛国，还包括一些英国海外领地。全境由靠近欧洲大陆西北部海岸的不列颠群岛的大部分岛屿所组成，隔北海、多佛尔海峡和英吉利海峡同欧洲大陆相望，是一个岛国。

（三）物产特点

英国虽是岛国、海域广阔，可是受地理及自然条件所限，渔场不太好，所以英国人不讲究吃海鲜，比较偏爱禽类等。英国的农业不是很发达，粮食每年都要进口，过去还能享受殖民地的廉价农产品，现在它每年要花大量外汇进口食品。

在英国，人们已习惯用"万国"牌食品做饭。超级市场上供应美国和泰国的米、加拿大面粉和西班牙食油等。

（四）饮食习俗

英国的人口有5000多万，绝大部分为英格兰人，此外还有苏格兰人、威尔士人及爱尔兰人，大部分信奉基督教。

英国人虽然对吃饭不够重视，但是对厨房布置一点也不马虎。他们认为厨房和起居室一样重要，都是客人必去的参观之处。每户人家除了现代化的灶、炊具外，都喜欢布置成套的陶瓷餐具以及古色古香的木制盐、胡椒瓶，许多人家还有古老的紫铜平底锅。英国的饮食文化中，会把餐桌当成无形的课堂，在这里对孩子进行进餐教育，使孩子在小小的年纪便开始知道礼仪，具备各种令人称赞的素质。

（五）菜肴风格

1. 选料局限

英国菜选料比较简单，虽然是岛国，但是周边海域污染严重，海产品相对缺乏。地域狭小，物产不丰富，许多原料依赖进口。

2. 口味清淡、原汁原味

简单而有效地使用优质原料，并尽可能保持其原有的质地和风味是英国菜的重要特色。英国菜的烹调对原料的取舍不多，一般用单一的原料制作，要求厨师不加配料，保持菜式的原汁原味。英国菜有"家庭美肴"之称，因此只有原料是家生、家养、家制时，菜肴才能达到满意的效果。

3. 烹调简单、富有特色

英国菜烹调相对来说比较简单，配菜也比较简单，香草与酒的使用较少，常用的烹调方法有煮、烩、烤、煎、蒸等。

4. 精致小巧、色彩艳丽

英式菜注重营养搭配，口味清淡，少油，鲜嫩焦香是其显著特色。英国菜调味品很少用酒，也比较简单，只有盐、胡椒粉、芥末酱、番茄少司和醋等，通常放在餐桌上请客人自取。

（六）代表菜肴

英国有两个代表菜肴：炸鱼肉薯条、烤牛肉配约克郡布丁。其他著名菜肴有：德文郡奶油、松饼、圣诞节布丁、苹果布丁、黑梅蛋糕、都柏林大虾、斯蒂尔顿乳酪、温斯莱台尔乳酪、英国乡村面包等。

四、德国菜肴

（一）综述

德国菜在烹调原料上较偏好猪肉、牛肉、肝脏类、香料、鱼类、家禽及蔬菜等；调味品上使用大量芥末、啤酒、黄油等，口味较重；而在烹调上较常使用煮、炖或烩的方式。

德国菜在肉类的应用有其独特的方法，单是火腿、熏肉、香肠等的制作有不下数百种，特别是巴伐利亚地区所产的香肠，其数量及品质均堪称第一。在世界美肴中也占有相当重要的地位。

德国的国菜是在酸卷心菜上铺满各式香肠，有时用一整只猪后腿代替香肠和火腿，那烧得熟烂的一整只猪腿，德国人可以面不改色地一个人干掉它。德意志民族的血液里似乎有一种天生的理性主义精神，他们的菜肴也像德国人的性格一样，注重经济、实用、实惠，不那么爱讲排场，却也不失外在的美观。

（二）地理气候特点

德国地势北低南高，呈阶梯状，可分为四个地形区：德国北部是平均海拔不到100米的波德平原，比邻北海和波罗的海，地势低平，夏季凉爽，冬季阴冷，土壤较为贫瘠，主要利用草场发展畜牧业，也种黑麦、燕麦和马铃薯；中部是由东西走向的高地构成的山地；西南部是莱茵河谷地区，莱茵河两旁谷壁陡峭的山地为森林和高山牧场；东南部是巴伐利亚高原和阿尔卑斯山区，河谷地带日照时间较长，土壤肥沃，盛产烟草和葡萄等水果和用于酿造啤酒的啤酒花。

（三）物产特点

德国北部比邻北海和波罗的海，盛产鲱鱼。其他地区盛产小麦，德国香肠、德国啤酒和面包可以说是德国的特产。德国人最爱吃猪肉，其次才轮到牛肉。以猪肉制成的各种香肠，令德国人百吃不厌。他们制作的香肠有1500种以上，许多种类风行世界，像以地名命名的"黑森林火腿"，可以切得跟纸一样薄，味道奇香无比。

（四）饮食习俗

德国位于欧洲中部，99%为德意志人，其余1%是丹麦人和犹太人，主要信奉基督教和天主教。南北德国菜的做法和口味大不相同，南部以款式各异的猪肉菜式见称，北部则偏爱香煎、烟熏、生腌的鱼类。分量十足的德国炖菜，酸甜的口味最能给人一种家常感觉，犹如欧洲版本的农家菜。

德国人通常较注重早餐和午餐，晚餐则较为随便，大多吃些冷肉、沙拉、洋芋、面包、啤酒等，但他们很讲究晚餐的气氛，一般都会放些音乐或点些蜡烛来增加氛围及食欲。

德国人一般胃口较大，喜食油腻之物，标准的德国菜上桌时总让人惊讶那200～220克的肉食，同样给力的还有大量的配菜土豆泥和酸椰菜。德国人经常邀约朋友到家中品尝自己动手制作的苹果派或芝士蛋糕，他们很喜欢在甜品的糖里面加上玉桂粉等香料。

（五）菜肴风格

德国菜以酸、咸口味为主，调味较为浓重。烹饪方法以烤、焖、串烧、烩为主。德国面包很有韧劲，必须认真咀嚼才能品尝出味道。

德式汤一般比较浓厚，喜欢把原料打碎在汤里，这大概与当地天寒地冻的气候有关。德国菜式最主要的特点在于：肉制品丰富、喜欢食用生鲜、口味以酸咸为主、用啤酒制作菜肴。

（六）代表菜肴

德国美食最著名的有德式咸猪手、汉堡肉扒、鞑靼牛扒、酸菜焖法兰克福肠、德式苹果酥、煎甜饼、德式清豆汤、德式生鱼片、德式面包等。

五、俄国菜

（一）综述

准确来讲俄国菜是指沙皇俄国时期俄式宫廷菜肴。俄国地处高纬度的亚欧大陆，气候寒冷，需要较多的热量，所以传统的俄式菜一般比较油腻，口味也比较浓重，而且酸、甜、咸、辣各味俱全，其烹调方法以烤、焖、煎、炸、熏见长，讲究小吃，擅做菜汤。

俄国大部分地区常年寒冷，促成了俄国美食的两个特点：肉多、油厚。俄国菜肴中牛肉、鸡肉、鱼类出现的频率很高，少的反而是蔬菜，最多是各种各样的沙拉，很多菜在做出来之后，都会额外地加上一层黄油，只有这样才能保证摄入更多的热量，以此抵御漫漫无边的寒冷。

俄国菜起源于15世纪，发展在沙皇俄国的宫廷，在彼得大帝时代及其以后，俄国菜肴受到了西方饮食的强烈影响。18世纪末，第一部独创的专业烹饪书籍《烹饪札记》在俄罗斯出现时，大受欢迎。烹饪文化在俄罗斯开始走向大众化，俄罗斯民族的菜肴进入了新阶段。伴随着俄罗斯民族的发展，生活习惯的演变，各种

饮食原料的丰富，在很多方面吸取其他国家和地区的饮食文化，特别是法国菜肴的长处后，俄国逐渐形成了极富俄罗斯民族特色的饮食文化。

俄式正餐由许多道菜组成，通常搭配得宜、主次分明，一一细品后便会悟到，俄式菜其实非常考究，只是没有过分张扬和炫耀罢了，像一位洗尽铅华的贵族，不动声色中还有股与生俱来的高贵与矜持。所以，俄式菜是非常值得玩味的，食客们只有懂得它，才能真正享用它。

（二）地理气候特点

作为一个地跨欧亚大陆的世界上领土面积最大的国家，虽然俄国在亚洲的领土非常辽阔，但由于其绝大部分居民居住在欧洲部分，因而其饮食文化更多地接受了欧洲大陆的影响，呈现出欧洲大陆饮食文化的基本特征，又由于特殊的地理环境、人文环境以及独特的历史发展进程，也造就了独具特色的俄罗斯饮食文化。

（三）物产特点

俄国地大物博，盛产伏特加酒，这也是俄罗斯民族的国酒，历史悠久、声名远扬，吃俄式西餐如果没有它的陪伴，将是莫大的遗憾。伏尔加河流域的特产是冷水系鱼，比如鲑鱼、鲟鱼，特别是俄国黑鱼子酱。

用伏特加酒来配鲟鱼鱼子酱是俄国人的专利发明，那种奇异的口感非法国葡萄酒或香槟能够企及的。烈性的粮食酒对略腥的鱼子酱刚好起到了抑制的作用，但却更衬得鱼子酱有种鲜味的"爆裂感"，这和香槟搭配出的优雅浑圆的境界完全不同。鱼子酱，分为红鱼子（鲑鱼卵）和黑鱼子（鲟鱼卵）。黑鱼子比红鱼子更名贵。

俄国还是小麦的主要产地，优质的面粉是美味的俄式面包的源泉。

（四）菜肴风格

菜肴特点为选料广泛、讲究制作、加工精细、因料施技、讲究色泽、味道多样、油大、味重。俄罗斯人喜欢酸、甜、辣、咸的菜。因此，在烹调中多用酸奶油、奶渣、柠檬、辣椒、酸黄瓜、洋葱、白塔油、小茴香、香叶作调味料。

俄国人好狩猎，也嗜食野味，喜欢吃的野味有驼鹿、狍、野兔、野鸡、山鹑、天鹅、野鹅、野鸭、鹤等。俄国人的野味烹饪向来是俄国餐饮中的一绝。

（五）代表菜肴

俄国著名菜肴有黑鱼子酱、基辅红菜汤、莫斯科式烤鱼、黄油鸡卷、红烩牛肉、俄式酸黄瓜、冻鱼、乌克兰羊肉饭、哈萨克手抓羊肉等。

六、西班牙菜

（一）综述

"地中海饮食"被认为是世界上的健康饮食之一，西班牙是"地中海饮食"圈的主要国家，西班牙菜肴具有独特的风味，它融合了地中海和东方烹饪的精华。西班牙菜肴包含了贵族与民间、传统与现代的烹饪艺术，加上特产的优质食材，使得西班牙菜在欧洲和世界各地占有重要的位置。

西班牙人很喜欢用海鲜蔬果做菜，米饭是他们餐桌上的常见食物。西班牙人强调食物本身的味道，制作的酱汁也不像法国菜那么浓郁，配菜也比其他国家的菜肴使用少一点，以此突出主菜的味道和整体感。西班牙菜多用橄榄油烹制，清香而健康。此外，西班牙菜也会加辣椒调味，但是大多数菜式只是微辣，口感不会太刺激。

西班牙菜之所以受到欢迎，除了口味不一般以外，西班牙餐馆对用餐环境的精心布置也是一个重要的原因，这些餐馆总是能营造出一种温暖而随和的氛围，充满家庭气氛的桌布、赏心悦目的鲜花、恰到好处的摆设，在这样的餐馆中，即使只是坐着，也是一种享受。

在西班牙，不管是高级餐厅还是街头小馆，餐桌上必放一瓶橄榄油，跟中国餐馆里必备酱油、醋一样。西班牙人长寿，与经常食用橄榄油有很大关系。因此，在西班牙，人们把橄榄树誉为"慷慨之树"，把橄榄油称为"液体黄金"。此外西班牙还号称奶酪王国，生产各式品种的优质奶酪。

（二）地理气候特点

西班牙三面临海，内陆山峦起伏，气候多样。在地中海气候下生活的西班牙人是最信奉及时享乐的一群人，他们的吃饭时间比较晚，午餐常常要到下午两点才开始，而不少晚上营业的餐厅则在晚上九十点钟才开始营业。

西班牙位于地中海地区，和法国接壤。1492年哥伦布发现了美洲大陆，同时也把番茄、玉米、辣椒等新的原料带回到西班牙。从新大陆运回来的，还有美味的巧克力和各种香料，这些都丰富了西班牙菜的取材，赋予它更多的内涵和变化。

（三）物产特点

西班牙是世界最大的橄榄油生产国。橄榄油一般分特级初榨橄榄油、初榨橄榄油、调和橄榄油等几种。等级不同，营养价值也大不一样。农产以小麦、玉米、油橄榄、柑橘、葡萄等为主，多集中在有灌溉系统的沿海平原和河谷低地。中央高原多旱作谷物和以养羊为主的畜牧业。

（四）饮食习俗

西班牙是个有着悠久历史和灿烂文化的国家，96%的居民信奉天主教。西班牙人热情、浪漫、奔放、好客、富有幽默感。他们注重生活质量，喜爱聚会、聊天，对夜生活尤为着迷，经常光顾酒吧、咖啡馆和饭馆。

（五）菜肴风格

西班牙中部以狩猎和烧烤食物为主；南部的安达卢西亚则以油炸食物和一种名为"Gazpacho"的西班牙冷汤而闻名；滨海的东部则是产米区，著名的西班牙海鲜饭"Paella"便源于这里，被称为"西班牙国菜"；而西部的巴斯克地区，以海鲜闻名。

西班牙菜讲究装饰，具有多重而鲜艳的色彩，充满了烹饪者强烈的个人风格。同样一道菜，即使是同一个大厨做，也会采用多种不同的装饰方法，比如用拉过油的芥蓝叶、各种生菜、青红椒等，经常变换花样，让食客有新鲜感，永远也不会觉得沉闷。

（1）安达卢西亚和埃斯特雷马杜拉地区　菜肴以清新格调和色彩丰富为主，多采用橄榄油、蒜头。秉承了阿拉伯人的烹饪技巧，以油炸形式烹调，特点是清鲜食味、口感香脆酥松。

（2）加泰罗尼亚地区　位于比利牛斯山地区，接邻法国，烹饪方法与地中海地区接近。多以炖、烩菜肴出名。盛产香肠、奶酪、蒜油和著名的卡瓦气泡酒。

（3）加利西亚和莱昂地区　位于西班牙西北部，盛产海鲜和三文鱼。

（4）拉曼查地区　位于西班牙中部，畜牧业发达。以烤肉为主菜，盛产奶酪、高维苏猪肉肠和被称为"红金"的西班牙藏红花。

（六）代表菜肴

西班牙菜代表菜肴有西班牙海鲜饭、伊比利亚火腿、烤沙丁鱼、西班牙冷汤等。

七、美国菜

（一）综述

美国菜是在英国菜的基础上发展而来的，另外又揉合了印第安人及法、意、德等国家的烹饪精华，兼收并蓄，形成了自己的独特风格。美国食品的特点之一是它长久以来都处于变化和发展之中，传统意义上的美式食品包括了几乎所有的欧式主食，而近年来欧亚移民更为美式食品加入了丰富的变化与风味，尤其是对平衡、天然的崇尚，更让现在的美国食品从选材、配料到烹饪都朝着健康的方向演变。

美国人普遍认为鸡、鱼、苹果、梨、香蕉、甜橙、花椰菜、马铃薯、脱脂奶粉、粗面包都是最有营养的食品元素，现代美国的典型饮食——美式快餐，也是重要的食品元素，两者皆成为美国饮食文化中不可或缺的元素。

美国烹饪在当今世界上最具活力，全美各地的烹饪专科学校、两年制社区学院及四年制大学均设有烹饪厨艺系的有一千多所，是世界上烹饪厨艺教育最高、最多、最全、最普及的国家，培育出众多出类拔萃的餐饮厨艺人才。

（二）地理气候特点

美国幅员辽阔，大部分地区属温带和亚热带气候，气温适宜、降水丰富。主体部分地处太平洋和大西洋之间，地形呈南北纵列分布，平原面积占全国总面积的一半以上。密西西比河和五大湖为灌溉、航运等提供了良好的条件。

美国的农业生产实现了地区生产的专业化，形成了一些农业带（区），生产规模很大。农业生产的各个过程和环节都实现了机械化和专业化，效率高，产量大。美国许多农产品的生产量和出口量均居世界前列，是世界上的农业大国。

（三）物产特点

美国西部有丰富的太平洋海鲜及各种河鲜，还有全美质量最新鲜、品种最繁多的蔬菜水果，有著名的加州菜、具有亚洲菜特色的融合菜；南部有墨西哥特色的德州菜，具有法国、西班牙、非洲特色的路易斯安那菜；中西部有德国、荷兰及北欧特色的芝加哥菜、宾州菜；东部有英国、法国、爱尔兰特色的新英格兰菜及纽约菜，还有大洋洲东部岛屿、菲律宾、葡萄牙及日本特色的夏威夷菜等。

（四）饮食习俗

随着美国文明的发展与经济的逐步富裕，加上资讯与交通的发达，美国人对吃的要求也逐渐提高，各层次各行业的人士从世界各地大批涌入，这些庞大的新移民对于美国社会及文化结构产生了巨大的冲击。美国人，特别是年轻一代，不但经济收入增加，工作压力也随之增加，因此更重视休闲与美食。尤其是晚餐这顿饭，愿意花钱享受轻松的美味佳肴，挑选香醇的葡萄美酒。由于市场的强烈需求，各种类型的餐馆如雨后春笋般在全美各地迅速崛起，美国餐饮行业出现了蓬勃的朝气。

美国企业投入大量的资金聘用学者专家，不但把牛、羊、猪、鸡、鸭、水产品、农产品等各式各样的原材料品种加以改良，提高养殖与种植的技术，提升产

量与质量，而且将世界各国畅销的食品菜肴用客观性的标准，配合地域性的需求，给予适度巧妙的改变，诸如建立品牌文化再配上欢乐时尚的包装，有计划地推出物美价廉、品种与口味均具特色的产品，受到广大消费者的欢迎。

美国人非常重视效率，他们要求把质量提升与市场推广紧紧地捆绑在一起，采用科学化的方法把产品质量与管理方式加以规格化，用精准的行销手段推广到各地，形成了区域性连锁、全国性连锁，甚至全球性连锁加盟式的超级企业。

每个加盟店都有一本内容详尽的管理手册，全店的每一位员工都有明确的分工与职责，厨师也必须遵照手册中的规则烹制食品菜肴。除了讲究品质美味还要懂得控制成本追求利润，增强企业的生命力，这套经营方式配合人性化的管理是值得我们学习的。

（五）菜肴风格

美国菜肴的味道一般是咸中带点甜。煎、炸、炒、烤为主要烹调方式，不用红烧、蒸等方式。以肉、鱼、蔬菜为主食，面包、面条、米饭是副食。甜食有蛋糕、家常小馅饼、冰淇淋等。美国人喜欢吃青豆、菜心、豆苗、刀豆、蘑菇等蔬菜。所用肉类都先剔除骨头，鱼去头尾和骨刺，虾蟹去壳。

美国菜肴风格自然、清淡，制作工艺简单，自动化程度高。风格多样、贯通融合世界各地美食。

（六）代表菜肴

火鸡在美国算是最著名的特色菜之一，在美国一年一度的感恩节大餐上，多以烤火鸡为主菜，配以填料和酱汁，佐以开胃菜、蔓越莓酱、蔬菜、土豆泥或糖烤红薯、面包、饮料，以南瓜派或红薯派为甜点。著名代表菜肴有美国苹果派、汉堡包、热狗、薯条、番茄少司、华尔道夫沙拉等。

八、东南亚菜

（一）综述

通常来讲，东南亚菜是东南亚各国的菜肴的精华汇总，是欧美西餐主流的补充。东南亚菜系包括日本料理、韩国料理、印度菜、泰国菜、越南菜等国的所有菜的精华。

日本料理是"和食"。如今在日本制作菜肴的方法被大多数日本人习惯称为"日本料理"。按照字面的含义来讲："料"是把材料搭配好的意思，"理"是盛东西的器皿。日本料理是当前世界上一个重要的烹调流派，有它特有的烹调方式和格调，在不少国家和地区都有日本料理店和料理烹调技术，其影响仅次于中餐和西餐。

韩国料理严格来说应该是韩国料理和朝鲜料理两者构成的料理。韩国料理讲究口味上酸、辣、甜、苦、咸五味并列；菜肴色泽搭配上讲究绿、白、红、黄、黑五色，赏心悦目。韩国料理还特别讲究药食同源，注意食材的生息相克理论。

印度菜的烹饪充分体现了香料与食物的巧妙配合，其特点是外观朴实无华、崇尚自然、制作精细、工序考究，香料使用量大，风味浓厚而独特。印度的饮食习惯与种族、地区、宗教和阶级地位关系密切。食物的口味多为酸、甜、苦、辣、咸等。

泰国菜是东南亚地区美食中最具代表性的菜系之一，既具有浓厚的南洋香料风味菜式特色，又具有类似中国菜的东亚菜式细腻风格，目前在世界各地盛行闻名，在世界各大主要城市常常会发现泰国菜的身影。泰国菜色彩鲜艳、红绿相间，味道酸辣可口。泰国菜以酸、辣、咸、甜、苦等浓厚的复合风味为特点，讲究味感的和谐调配。

越南菜是中南半岛国家中最具特色与美味的菜肴之一，它比其他菜系的菜肴多了一份清爽与精致。由于越南人承袭了中国饮食之阴阳调和的饮食文化内涵，所以越南菜在酸甜可口之外加了一点点的辣，烹调时注重清爽原味，讲究阴阳调和，以蒸、煮、烧烤、凉拌为多。

（二）地理气候特点

亚洲东南部地理位置具有特殊的意义，一方面它是亚洲纬度最低的地区，是亚洲的赤道部分，这在气候和生物界均有明显的反映。本区也是太平洋与印度洋的交汇地带。这种地理位置使东南亚具有湿热的气候，形成繁茂的热带森林，是本区与其他区域的根本差异。由于是热带气候，所以不产小麦，大米是其主要食物，羊肉和牛肉是主要的肉类食物。

（三）物产特点

东南亚地区盛产各种热带水果和绿色蔬菜，如菠萝、火龙果、山竹、红毛丹、牛油果、木瓜、杨桃、芒果、榴莲、番石榴、香蕉、椰子等。东南亚地区还是许多香料的主要产地，如胡椒、金鸡纳、青柠檬、香茅、薄荷叶。东南亚地区还是世界主要的大米产地，特别是泰国大米和印度长米很有名。

（四）饮食习俗

东南亚区域不但面积广阔，而且民族也比较复杂，风俗禁忌大多与当地宗教

有关。佛教、回教、印度教、天主教和基督教，对亚洲各国的政治、文化或多或少都有影响。泰国、越南、菲律宾、印度尼西亚、马来西亚等国都受原有民族传统和殖民文化遗留影响，形成了独特的风情。东南亚地区也是旅游的黄金地点，因此该地区的菜系种类繁多，并且在与世界的交流合作中不断发展和演变，融入了辛辣的印度菜，高雅的欧洲菜，地道的地中海风味葡国菜，中国菜中的粤菜、闽南菜、潮州菜的精华，在保留了东南亚各国的风土人情和嗜好外，大胆变化，借鉴好的烹调方法，使用地区特产，从而开创出独特的东南亚美食。

（五）菜肴风格

东南亚菜的特点是：大米为主食，牛羊、海鲜、鸡是主要的肉食。

菜肴的选料丰富，色泽艳丽，口感酸辣微甜，善于使用水果和肉类搭配；装盘朴实，天然；味道浓郁、香辣回味；烹调方法多种多样，掺杂有中餐的烹调方法；调味原料繁多，大量使用中餐调味品；同西餐中的法式菜肴相比，更加注重刀工技术；烹调原料兼有东西方烹调原料，以东方产原料居多；口味大众化，微酸、微辣、微咸、微甜复合口味。

（六）代表菜肴

日本料理的代表菜肴有刺身、寿司、饭团、天妇罗、火锅、石烧、烧鸟等。

韩国料理的代表菜肴有韩国泡菜、烤肉、火锅、冷面、什锦拌饭等。

印度菜代表菜肴有什锦咖喱鲜蔬、烤羊肉、香味米饭、飞饼、玛莎拉等。

泰国菜代表菜肴有泰国咖喱海鲜、泰国菠萝饭、木瓜沙拉、酸辣粉丝、冬阴功汤等。

越南菜代表菜肴有越南春卷、甘蔗虾、河粉、鱼露等。

第四节　西餐礼仪与服务

随着中国经济的发展与社会的进步，西方饮食文化已走进大众的生活，学习一些西餐的用餐礼仪十分必要，下面简单介绍一下西餐礼仪与服务的内容。

一、西餐礼仪

1. 预约用餐

越高档的饭店越要事先预约。预约时，不仅要说清人数和时间，而且要表明是否要吸烟区或视野良好的座位。如果是生日或其他特别的日子，可以告知宴会的目的和预算。在预定时间内到达，是基本的礼貌。

2. 穿着得体

去高档的餐厅，男士要穿着西服、皮鞋，女士要穿套装和有跟的鞋子。

3. 正式的全套餐点上菜顺序

正式的全套餐点会按照开胃菜、汤、沙拉、主菜、甜品、咖啡的顺序上菜。

4. 酒水点餐

点酒水时不要硬装内行。在高级餐厅里，会有精于品酒的调酒师拿酒单来。对酒不大了解的人，最好告诉调酒师自己挑选的菜色、预算、喜爱的酒类口味，请调酒师帮忙挑选。

5. 餐巾口布

在用餐前可以打开餐巾。点完菜后，在前菜送来前的这段时间把餐巾打开，往内叠三分之一，让三分之二平铺在腿上，盖住膝盖以上的双腿部分。最好不要把餐巾塞入领口。

6. 品酒要求

喝酒时绝对不能吸着喝，应该倾斜酒杯，像是将酒放在舌头上似的喝，轻轻摇动酒杯让酒与空气接触以增加酒味的醇香，但不要猛烈地摇晃杯子。

7. 如何使用刀叉

使用刀叉的基本原则是右手持刀或汤匙，左手拿叉。若有两把以上的刀叉，应由最外面的一把依次向内取用。刀叉的拿法是轻握尾端，食指按在柄上。汤匙则用握笔的方式拿即可。如果感觉不方便，可以换右手拿叉，但不宜更换频繁，否则会显得粗野。如果吃到一半想放下刀叉略作休息，应把刀叉以八字形状摆在盘子中央。若刀叉突出到盘子外面，不安全也不好看。边说话边挥舞刀叉是失礼举动。用餐后，将刀叉摆成四点钟方向即可。

8. 结账方法

西餐一般讲究个人结清自己的账单，并加10%～15%的小费。

9. 西餐台面

见图1-1。每个餐厅有小的变动，参考使用。

10. 西餐的餐巾

西餐一般使用的是布餐巾，用餐时放在膝盖上，作用是避免吃面包时掉落的面包渣。值得注意的是要避免把餐巾布使用的污迹斑斑或

图1-1 西餐台面

者皱皱巴巴。

11. 西餐的水杯

坐下后，服务员会给客人倒一杯冰水，这是开胃的冰水，千万不要喝得太多，喝一点点就可以了。

12. 西餐的餐勺

西餐桌面上的右手边是汤勺，喝汤时才能使用；西餐桌面上面的小勺子是甜品勺，吃甜品时使用。

13. 西餐的餐刀

西餐桌面上的右手边的餐刀是主菜刀和沙拉刀。区别是沙拉刀比较小。吃沙拉时只能使用沙拉刀，吃主菜时才能使用主菜刀。如果主菜是牛扒，服务员要上带锯齿的牛扒刀。西餐桌面左上方的是黄油刀，是吃面包时抹黄油用的。

14. 西餐的餐叉

西餐桌面上的右手边的餐叉是主菜叉和沙拉叉。区别是沙拉叉比较小，餐叉比较大。西餐桌面上方的叉是甜品叉，甜品叉比较小巧，是吃甜品时才能使用的餐叉。

15. 其他礼仪

吃西餐时还要注意以下几个礼仪。

① 谈话音调不要过高。

② 使用刀叉时避免和盘子用力接触发出声音。

③ 使用汤勺喝汤时由外向内舀汤，不可拿起汤碗来喝汤。

④ 吃面包时要用手撕成一小块放入口中，不能拿着整个面包吃。

⑤ 能使用刀叉时要使用刀叉吃东西，特别的食物才能用手帮助。

⑥ 尽量吃完食物，否则是认为食物不好，不礼貌。

⑦ 嘴里有食物时不能说话。

⑧ 要细嚼慢咽，厨师花很长时间准备食物，所以要慢慢品味，并表示感谢和赞赏。

⑨ 在拿餐桌上离自己很远的东西时请别人帮忙递给你，不要自己伸手去别人的面前拿东西。

⑩ 不能在餐桌上剔牙，这很不礼貌。

⑪ 食物中有骨或刺的菜肴，尽量使用刀叉在盘中剔除后食用，万一吃到异物不能直接吐，可以吐在餐叉上再放回盘内。

⑫ 喝咖啡时用咖啡勺轻轻搅动混合牛奶和糖，然后取出咖啡勺放在咖啡碟边。左手拿起咖啡碟，右手拿咖啡杯直接喝，不能使用咖啡勺来喝咖啡。

二、服务礼仪

1. 迎宾服务工作标准

当顾客光临时应主动接待，将座椅稍向后移，请客人入座，停立在座椅后约一步左右的距离，微笑表示欢迎，并招呼道安（12点钟前问候早安，12点钟后问候午安或晚安）。客人落座后询问客人有几位，是否等人；如顾客回答否定，随即撤走多余的餐具。拿起餐巾，左手托底盘或面包牛油碟，其上置所有的银器，再用右手拿起水杯及餐具垫等到服务台，将每件东西放到应放之处。随即为客人倒冰水，注意冰水要凉透。要用右手拿水壶，左手托于壶底防水滴落，自客人的右侧注满3/4水杯，水壶不可接触杯缘，亦不要从桌上拿起水杯离桌面倒水，如不能很方便地倒水时，可将水杯移至桌面前较方便的位置。西餐服务中，冰水要自始至终维持供应。

2. 西餐点菜服务工作标准

服务员在服务台拿到每人一份菜单，至客人的左侧呈递谱单，递送时女士优先，但年长的男士或主管则例外。在正餐时间，可先出示酒谱，询问客人是否来杯餐前鸡尾酒，并伺机推销餐中的其他饮料。送过酒后，即询问客人是否可以点菜，若客人尚未决定要点什么，依次问第二位客人；若仅有一位客人且没决定好点什么，可告知客人服务员等一会儿再来，然后到另一桌去。绝不可催促客人或等候时口中发声，显出不耐烦的态度。可试着建议一些菜式或为客人解释菜单，以帮助客人。记录客人的点菜时，应先准备好记录单，并有系统地记录，如编号、日期、服务员姓名、桌号、顾客人数等，以辨明客人。对于每位客人的特别吩咐，以较小字体附记在菜名略号侧，以不至错漏，并便于结账分账（按外国人的习惯，数位客人同桌进餐时，常有各自付账的情形）。为节省点菜记录的时间，应尽量利用菜名的略号。记录点菜单后，向客人重述所点的菜，收回菜单，若客人未点汤，将汤匙同时移走。向客人道谢后，前往配餐间叫菜。

3. 西餐餐桌服务工作标准

水杯固定在客人右侧，提供与撤出都使用右手服务。面包碟和牛油碟固定置于客人的左侧，提供与撤出都使用左手服务。上菜的时候从客人的左侧提供，撤出的时候从客人的右侧撤出。从任何方向端上盘碟时，手部都应远离客人，以避免客人突然活动而打翻食品，造成尴尬局面。除非必要，否则绝不可伸手至客人的前方，也不可从客人面前越过，并切忌从客人正面端送食物或物件，以免造成意外。

4. 上菜方式

在厨房取到菜肴，核对后回到餐厅的服务台，经整理后端送客人。供应一位

客人用餐时，面包牛油碟放置左边；团体客人用餐时，用面包篮盛装，放置在桌中央。餐厅多采用正餐式的面包碟，取送或补充时夹取面包置碟中。供应的开胃品小吃如是海鲜类，用间隔的玻璃器皿盛装，上为海鲜，下为冰块，用托盘从客人左侧供给。汤从客人左侧放置在底盘中，如客人示意不食用，撤汤盆时连同汤匙及底盘一并撤去。所有的菜肴，热的要用热盘，凉的要用冷盘。注意添加冰水，以及面包、牛油（用夹取送）；并再次请问客人有何要求，然后方可离开餐桌。在上甜点之前，所有餐具均须撤除（仅留水杯在桌上），然后供应甜点心。撤除餐具时，由于客人使用刀叉时是由外往里拿用的，因此客人每用完一道食品，应将盘碟连同刀叉一起撤除，一般看客人食用情况决定。若刀、叉斜架在盘沿，即尚在食用中；若客人吃完一道菜，把刀叉平行（美式）放置盘中或交叉（欧式）放置在盘中时，即可撤除。有时客人示意不愿再吃，将刀叉并置食物盘中，此时亦可撤除。客人进食完毕后，餐桌上应仅留饮料杯，其余均应清除。正餐时，如果是客人用手拿取的食物，如鸡、虾、水果等，要提供洗手盅的服务，即用玻璃碗盛1/3的温水，置于托盘上，并附上小毛巾以供擦手之用。最后一道是咖啡或茶，有时随着甜点同上，可放置桌的右边，如有洗手盅，则先行移去；单独供应时，可放置中央。咖啡必须附带糖及奶精或奶水；如果是茶则须加附新鲜柠檬一片。咖啡与茶均须趁热供应。结账将账单正面朝下放在收银盘上，送到餐桌，垂拿在左手上，有礼貌地询问客人还有什么别的需要。客人表示不要，将账单放在餐桌上，或放在男主人或女主人左侧，说声"谢谢"或"谢谢您，请再度光临"。

第二章 厨房岗位配置和职责

酒店或餐厅的正常经营，离不开各职能部门的协调与配合。其中，餐饮质量的管理是酒店管理中的重要环节，决定着酒店的声誉和效益。而厨房是餐饮的核心，厨房的管理是餐饮管理的重要组成部分。厨房的管理水平和出品质量，直接影响餐饮的特色、经营及效益。

餐饮厨房各部门由多个岗位组成，每个岗位都要制订明确的工作职责，才能保证厨房有效运转。因为酒店规模不同、星级档次不同，所以厨房出品规格的要求不同、对各岗位需求和数量都有不同。

第一节 西餐厨房的组织结构

一、厨房组织结构

1. 厨房组织结构的作用

厨房组织结构是根据酒店或餐厅的经营特色，对厨房的各个生产经营环节进行科学的划分，明确各个岗位的职责。建立科学合理的厨房岗位结构必须形成严格、规范的岗位工作责任制度，才能有效地组织生产经营活动，使各个部门协调运转。建立科学合理的厨房岗位结构必须以生产经营的需求为主线，建立厨房岗位体系，以及明确各个岗位责任制，才能在厨房日常运作的流程上发挥作用。

2. 建立厨房组织结构的目的

在现代化的厨房管理中必须建立完善的岗位工作责任制度和管理组织结构。厨房组织结构的基本目的是对各个岗位严格规定其工作的职责、组织关系、技能要求、工作程序和标准，使岗位的每个员工都明确自己在组织中的位置、工作范围、工作职责和权限，知道向谁负责，接受谁的督导，同谁在工作上有必然的联系，知道工作要承担的责任等。

3. 厨房岗位结构的设置

现代厨房岗位结构要根据厨房每个岗位人员配备以及综合考虑饭店餐饮规模、等级和经营特色以及厨房的布局状况和组织机构设置情况等因素来确定。对厨师的配备是否恰当合适，不仅直接影响劳动力成本的大小，而且对厨房生产效率、出品质量以及生产管理的成败有着不可忽视的影响。确定厨房人员数量，较多采用的是按比例确定的方法，即按照餐位数和厨房各工种员工之间的比例确定。确定厨房生产人员数量，还可以根据厨房规模，设置厨房各工种岗位，将厨房所有工作任务分各岗位进行描述，进而确定各工种岗位完成其相应任务所要的人手，汇总厨房用工数量。

二、西餐厨房岗位工作流程

厨房生产经营活动的流程是：采购原料→原料进货→原料加工→原料生产→产品出菜→菜肴回收→餐具清理→卫生清理→结束。

餐厅生产经营活动通常是：服务员进单→厨师接单→厨师烹调→厨师出菜→服务员出菜→服务员收菜→餐具清洗→厨房卫生→结束。因此，西餐厅经营活动与厨房生产活动的工作流程的结合部有以下几个。

1. 备餐间

备餐间是厨房运作的开始。厨房与餐厅的第一结合部，是服务员点菜完成后下单的地方也是服务员出菜的地方。一般设有出餐台、预备台、餐具回收台、杯具洗涤台、垃圾回收台等，目的是接收服务员点菜单、服务员端菜出菜、回收餐具等工作。备餐间一般由通往厨房和餐厅的两道门分开，目的是有缓冲空间，避免厨房气味传入餐厅或是客人看到厨房。

2. 沙拉房

由拼配部、加工部、雕刻部组成。一般设置在离备餐间最近的地方，因为西餐出菜的第一个菜肴一般由他们负责制作，并且由于菜肴对温度的要求通常比较冷，距离餐厅近能节约空调的耗费量。沙拉房主要负责整个餐厅的沙拉、肉盘、坯类、雕刻装饰、水果拼盘的制作和加工。工作职责是开餐前检查所有烹饪原料是否准备妥当；负责零点、餐、宴会及团体餐的出菜，与烧烤、切配、打荷、汤锅及面点厨师搞好协作，安排好出菜顺序；工作完毕后，应负责检查厨具、用具是否整齐清洁，保证一切烹饪原料安全储存、场所卫生干净、各种能源开关安全关闭。

3. 热菜出菜房

由汤部、配菜部、烧烤部、煎扒部、少司部组成。一般设置在沙拉房的旁边。

因为热菜要求温度较高，一般不要距离备餐间太远，要方便服务员出菜。热菜出菜房负责整个餐厅的热菜的制作和加工，一般开餐前检查所有烹饪原料和调味汁是否准备妥当，检查炉头各岗位的准备工作；负责零点、餐、宴会及团体餐的出菜顺序、烹调工作；工作完毕后，应负责检查厨具、用具是否整齐清洁，保证一切烹饪原料安全储存、场所卫生干净、各种能源开关如水、电、气、油等安全关闭。

4. 洗碗房

由垃圾清理部、清洗部、洗涤部、消毒部、清洗部、餐具存放部组成。为方便服务员回收餐具，可以设置在热菜出菜房附近，提高餐厅运转速度。洗碗房负责餐厅的餐具、酒具洗涤和厨房的简单工具洗涤工作；负责餐厅餐具的保管、存放；工作完毕后，负责检查餐具数量、场所卫生干净、各种能源开关如水、电、等安全关闭。

5. 西点房

由西点部、面包部、巧克力部、冰淇淋部组成。西点房负责餐厅的西点、面包和甜品的制作和加工；开餐前检查所有烹饪原料和调味汁是否准备妥当，检查各岗位的准备工作；负责零点、餐、宴会及团体餐的出菜顺序、烹调工作；工作完毕后，应负责检查厨具、用具是否整齐清洁，保证一切烹饪原料安全储存，场所卫生干净，各种能源开关如水、电、气、油等安全关闭。

6. 库房

由成品库、半成品库、原料库、调味品库、保鲜库、冷冻库组成。一般设置在厨房的最后面或距离热菜房最近的地方，因为厨房运作时热菜房对库房的依赖度最高。库房保存与保管厨房的一切原料、调料、成品、半成品。

7. 办公房

由消毒部、办公室、更衣室组成。一般设置在能监督到厨房各个工作部门的地方，方便厨师长管理、监督、指挥、协调工作。一般还是员工上班前消毒、签到、更衣的场所，也是厨师长的办公场所。

8. 进货房

由验收部、办公室、总库房组成。进货房是厨房工作的开始，因此设立在厨房进门的地方最好，厨房的门也必须靠近员工或货物通道，方便货物的进出，特别是车辆的进出。还要注意进货房要设置在不影响餐厅形象的地方。

总的来看，厨房岗位的工艺流程和餐厅前台的经营流程都和备餐间相互联系、相互制约。也可以说厨房的各项工作是从原材料进货开始的，到备餐间结束，而前台的经营活动最后也在备餐间结束。因此餐厅的经营活动的重要环节就是备餐间，它是联系餐厅前台和后台厨房的关键。

第二节 西餐厨房岗位职责

一、西餐厨房岗位职责

厨房岗位职责必须详细划分厨房人员的职责范围、分工。在星级酒店或是西餐厅的厨房里，每个员工都有具体的分工和责任，这也是现代餐饮企业标准化管理的基础。一般来讲西餐厨房的岗位结构都会设置行政总厨、厨师长、部门主管、岗位领班、厨师、厨工等岗位，以下具体介绍各个岗位组织结构的基本职责和分工。

1. 行政总厨

在高星级酒店一般餐厅设置比较多，管理难度大，因此会设立行政总厨来统筹经营管理。行政总厨是行政管理人员也是专业技术管理人员。他负责所有的餐厅厨房的经营和管理，根据餐饮部的营销计划提出菜单，菜肴定制，分割经营指标，下达工作任务给下级厨师长，制订厨房生产运行程序，检查协调各厨师长的工作，负责对他们考核、评估。行政总厨岗位在酒店管理机制上属A级经理，与餐饮部经理A级平级。

2. 厨师长

西餐厨师长负责西餐厨房的生产经营和管理，督导和协调各个班组的工作，配合餐厅经理管理餐厅工作。策划西餐厨房的菜单、菜肴制作、经营成本等具体工作，根据每天经营需求提出采购单。厨师长是厨房的最高管理人员和具体工作执行监督人员。厨师长在酒店管理机制上属B级经理，和餐厅经理平级。

3. 部门主管

西餐厨房根据厨房运作需求还设立有各个部门主管，一般有热炉主管、冷菜主管、西点主管、肉房主管、沾板主管、面包房主管等。各部门主管接受厨师长的领导，监督、指挥下属领班的工作；根据每天的工作计划指挥安排生产，安排好厨师的排班表，合理地使用下属厨师；负责每天的菜肴的制作质量；库存原料的使用和管理；保障每天的厨房卫生、设备使用、消防安全、食品安全等。

4. 岗位领班

西餐厨房各部门都会设立岗位领班，有热炉领班、沙拉房领班、粗加工领班、西点领班、沾板领班、肉房领班、面包房领班、水案领班等各个岗位。各部门领班接受主管厨师的领导，指挥下属厨师的日常工作，负责菜肴生产全过程的制作和日常卫生工作，带领班组完成各项工作任务。

5．厨师

厨师是厨房的基本构成，也是厨房的主体。严格遵守各项制度，完成日常的基本工作，接受领班的领导和监督。

6．厨工

负责厨房的基础工作和初加工，以及卫生的维护等。

在厨房的组织结构中各部主管的工作责任的制度制订是厨房管理的关键，也是厨师长管理协调好厨房各项经营工作的难点。

二、西餐厨房岗位配置

厨房组织结构的基本格局如图2-1所示。

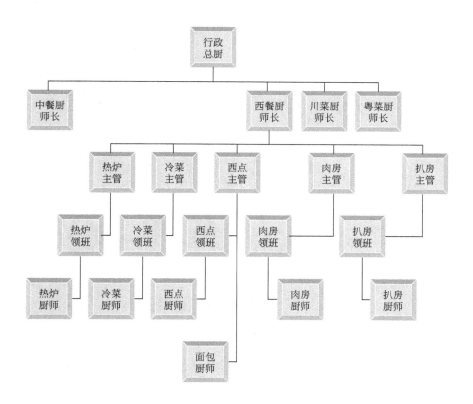

图2-1　厨房组织结构的基本格局

1．行政总厨

根据酒店特色统一安排，设置一名。

2．西餐厨师长

根据餐厅经营需要，设置一名。

3. 热炉、冷菜、西点、肉房、扒房主管

根据厨房各个岗位管理需要，一般设置各个岗位一名。

4. 热炉、冷菜、西点、肉房、扒房领班

根据厨房各个岗位工作需要，以及经营时间需要，一般设置各个岗位两名。

5. 热炉、冷菜、西点、面包、肉房、扒房厨师

根据厨房各个岗位承担工作需要，以及经营时间需要，一般设置各个岗位六名。

6. 热炉、冷菜、西点、肉房、扒房厨工

根据厨房各个岗位初加工需要，以及经营时间需要，一般设置各个岗位四名。

第三章 西餐厨房常用设备与用具

西餐烹调过程中使用的各种厨房设备与中餐区别很大，特别是大型的厨房烹调设备如冰箱和冰柜等，以及小巧实用的各种刀具、器具、模具、用具、成器。这些厨房设备都是为了提高厨师的工作效率，减轻劳动强度，以及方便规模化、标准化管理厨房来设计的。

西餐厨房设备种类多，大部分是进口设备，价格昂贵，所以必须严格按操作规范使用。通常每个西餐厅对厨房大型设备的使用、维护、卫生清理、安全操作等都会制订出一整套严格的管理制度，特别是对厨房中使用的煤气设备、电力设备的安全管理制度。

第一节 西餐厨房设备

西餐厨房的大型设备一般都是根据厨房的操作流程、部门设置、整体布局、工艺结构等方面设计后固定安装的，不能随意移动，改变其布局。西餐厨房中大型设备通常使用的是380°动力电源，使用过程中必须注意设备的完好，确保电源插孔是防水的，避免安全事故的发生。下面简单地介绍一下常用的大型西餐设备的使用和维护方法。

1. 四眼明火炉（Stove）

西餐烹调中使用最广泛的厨房设备是四眼明火炉（图3-1），它被广泛地应用于西餐菜肴制作中的烧、炒、烩、煎等烹调方法中。常见的四眼明火炉有国产和进口两种，推荐使用进口设备。进口设备虽然价格稍高，但是质量稳定，特别是开关和长明火使用寿命长，耐用可靠，清理维护方便。

西餐的四眼明火炉通常上面是四个火头，带长明火开关，下面是个专用烤箱。一共有六个开关，从左边数

图3-1 四眼明火炉

第一个开关是左面前面的炉火开关；第二个开关是左面后面的炉火开关；第三个开关是长明火开关；第四个开关是右面前面的炉火开关；第五个开关是右面后面的炉火开关；第六个开关是下面的烤箱温度开关。

（1）点火　首先打开厨房煤气总开关，再打开设备煤气总开关，然后打开长明火开关点燃长明火，这时四个火眼炉头即可使用，最后打开下面的烤箱门，点燃长明火，把温度开关调到恒温度数，即可安全使用。

（2）关火　先关掉四个火眼开关，再关上长明火开关，然后让烤箱温度回零，最后关上设备煤气总开关即可。

（3）清洁　先用湿毛巾清理干净四眼炉表面卫生，再取出炉盘、炉架清洁里面卫生，最后取出底下的垃圾盘清洗干净即可。

（4）特别注意　在每次营业结束时，必须安排专门人员再次检查设备开关和煤气总阀是否关闭。

2. 平头汤炉（Soup stove）

平头汤炉（图3-2）是西餐烹调中用来加热汤汁的重要烹调设备，它通常用于保温西餐中烹调好的菜肴或汤。它常被用于菜肴的烧、焖、烩等烹调方法，使菜肴底部受热均匀，温度控制方便。平头汤炉有用煤气和用电两种不同加热方式的设备，其中使用煤气加热的平头汤炉温度较高，卫生条件比较差；使用电加热的平头汤炉，温度在厨房环境的影响下实际温度比较低，但是卫生条件很好。设计厨房时最好根据厨房的位置和地点来选用不同的设备，达到最佳的效果。

平头汤炉的上面通常是个平的铸铁板，下面烧煤气制热，用来对汤和成品进行烹调或保温；也有是四个单独的铸铁板的平头汤炉，可以方便使用者对不同的烹调要求来控制火候。通常平头汤炉有一个电源（煤气）点火开关和四个温度（火力）控制开关，为了节约厨房空间，底下还有一个热炉用的烤箱，这个烤箱和四眼明火炉的烤箱是一样的功能。

图3-2　平头汤炉

（1）点火　首先打开厨房电源（煤气）总开关，然后打开设备电源（煤气）总开关，再打开电力（煤气）开关控制温度即可使用。

（2）关火　先关上温度（火力）控制开关，再关上长明火开关和设备电源（煤气）开关，最后关上厨房总电源（煤气）开关和烤箱温度开关。

（3）清洁　清理干净平头汤炉表面卫生，然后是铸铁表面卫生，抹干水分避免生锈。

（4）特别注意　在每次营业结束时，必须安排专门人员再次检查设备开关和煤气总阀是否关闭。

3. 平扒炉（Griddle stove）

平扒炉（图3-3）是西餐制作中热炉房的主要烹调设备，可以对大量的肉类或蔬菜进行煎、扒制作。平扒炉上面是个平的铸铁不锈钢钢板，下面用煤气或电制热。煤气制热的平扒炉温度可靠，火力强劲；电平扒炉的制热温度损失很快，火力均衡，卫生条件高。平扒炉一般有温度控制开关，使用前需预热15分钟左右。

（1）点火　首先打开煤气（电源）总开关，再打开长明火（电源）开关点火，然后使用点火器点燃炉头预热，即可使用。

图3-3　平扒炉

（2）关火　先关掉温度控制开关，然后是长明火开关，再关上煤气（电源）总开关即可。

（3）清洁　先清理干净表面卫生，再用专业的油渍去除液去油污、冷水冲干净，最后取出底下的垃圾盘清洗干净即可。

（4）特别注意　在每次营业结束时，必须安排专门人员再次检查设备开关和煤气总阀是否关闭。

4. 扒炉（Grille stove）

扒炉（图3-4）是西餐制作中热炉房的重要烹调设备，也是西餐特有的烹调设备，它独特的加热方式可用于西餐的网扒烹调方法的菜肴制作。扒炉分为电扒炉和煤气扒炉两种，其中电扒炉卫生条件最好，但是火力控制最差，受操作空间温度影响很大；煤气扒炉温度控制方便，火力强劲，但是卫生条件不是很好，可是出品的菜肴风味最佳、最独特。扒炉一般有电源（煤气）开关以及温度控制开关，使用前预热15分钟左右，使用钢丝刷清理铸铁表面，也相当于制锅。

（1）点火　首先打开煤气（电源）总开关，再打开长明火（电源）开关点火，然后使用点火器点燃炉头预热，即可使用。

（2）关火　先关掉明火，再关上煤气（电源）总开关即可。

（3）清洁　先清理干净表面每一个凹凸条纹，再用专业的油渍去除液去掉油污，用冷水冲干净，最后取出底下的垃圾盘清洗干净即可。底下的垃圾盘容量较小，要及时清理，避免油渍溢出。

图3-4　扒炉

（4）特别注意　在每次营业结束时，必须安排专门人员再次检查设备开关和煤气总阀是否关闭。

图3-5　明火焗炉

5. 明火焗炉（Salamander oven）

明火焗炉（图3-5）是西餐制作中热炉房的重要烹调设备，可用西餐特有的明火焗烹调方法。通常有煤气和电两种明火焗炉，它是半开放式的烤箱，火力来源于烤箱上面的煤气或电热管，有点火开关，带升降把手，是西餐烹调特有的从上加热食品的设备。推荐使用煤气明火焗炉，这种加热方式的明火焗炉烹调效果最佳。

明火焗炉在安装时一般是挂在厨房四眼明火炉的墙上，这样厨师在烹调食物时可以随时照顾到放入明火焗炉食物的火候。

图3-6　油炸炉

6. 油炸炉（Deep-fat fryer）

油炸炉（图3-6）是西餐制作中热炉房的主要烹调设备，它适用于所有的油炸烹调方法的加工。使用的油炸炉也分烧煤气和用电两种，一般带有一个点火开关和一个温度控制开关。

（1）点火　压住点火开关7秒左右开煤气开关，调好温度开关即可；电炸炉开电源开关，调好温度开关即可。

（2）清洁　先放出废油，然后倒入洗涤液刷洗干净，再放清水反复冲洗即可。

（3）特别注意　无论是电炉还是煤气油炸炉，每次使用高温油炸后必须注意调回保温区域（这是厨房发生过时性火灾的主要原因，必须特别注意）。另外在每次营业结束时，必须安排专门人员再次检查设备开关和煤气总阀是否关闭。

图3-7　烤箱

7. 烤箱（Oven）

烤箱（图3-7）是西餐制作中饼房、面包房的主要烹调设备，适用于西点制作和面包制作。西餐使用的烤箱也分烧煤气和用电两种。煤气烤箱由于煤气的特殊性，一般在上、下火的控制上没有电烤箱的效果好，但是煤气比电价格便宜，如果是烤肉的烤箱可以选择煤气烤箱，如果是西点使用的烤箱可以选择电烤箱。

烤箱一般带上、下火温度控制开关，电源

（煤气）开关，定时器，火力调控开关。使用时先打开电源（煤气）开关，然后打开上、下火温度控制开关调到常用的恒温温度预热15分钟左右即可。使用中可以利用定时器来设定烤制的时间，还可以利用火力控制开关对烤制中的上、下火进行人工控制，但是必须注意使用火力控制开关后要及时关闭，调回到自动控制温度，避免出现设备损坏的情况。

烤箱温度通常有华氏度和摄氏度两种，这里要掌握简单的温度概念。华氏温标与摄氏温标的关系是：华氏温标＝1.8×摄氏温标＋32。

常用的西餐温度单位如表3-1所示。（大约值对比）

表3-1 常用的西餐温度单位

华氏度（Fahrenheit）	摄氏度（Celsius）
250 ℉	120℃
275 ℉	140℃
300 ℉	150℃
325 ℉	160℃
350 ℉	180℃
375 ℉	190℃
400 ℉	200℃
425 ℉	220℃
450 ℉	230℃
475 ℉	240℃
500 ℉	250℃

（1）清洁 经常清洗干净烤箱外部的门和烤盘。

（2）特别注意 营业结束时必须再次检查煤气或电源总开关是否关闭。

8. 旋风烤炉（Wind oven）

旋风烤炉（图3-8）是西餐制作中热菜房的重要烹调设备，适用于烤肉类制作。旋风烤炉在烤箱内有一台风扇，工作时加快热循环使食物受热均匀、上色均匀，食物成熟也更快、更均匀。由于风扇产生热循环，烤制食物的温度也比其他烤箱的温度要

图3-8 旋风烤炉

低 10 ～ 20℃。另外旋风烤炉还有蒸烤食物的功能，比如它的蒸汽可以和烘烤同时进行，加快食物成熟的速度，更好地保持食物的原汁原味。

　　不同旋风烤炉的开关按钮也有比较大的区别，一般来说有温度控制器、定时器、蒸汽开关、风扇开关、清洗开关、食物温度测试器等。最好根据厂商的指导使用，毕竟一台旋风烤炉的价格非常昂贵，损坏后维修复杂、费用昂贵。

9. 保鲜冰箱（Restaurant refrigerator）

图 3-9　保鲜冰箱

　　保鲜冰箱（图3-9）是西餐厨房普遍使用的大型保鲜设备。保鲜冰箱能较长时间地保存食物的水分，一般使用温度控制在 3 ～ 5℃，适用于蔬菜、水果、成品、半成品的保鲜。要注意的是放入保鲜冰箱的东西必须覆盖保鲜膜或是加盖后存放。

　　经常清洗冰柜的门、把手等容易滋生细菌的地方。每周冲洗冰柜内部和货架，保持卫生。长期保持冰柜内的整齐、无异味。

10. 冷冻冰箱（Freezer refrigerator）

　　冷冻冰箱（图3-10）能长时间地保存食物，一般使用温度控制在 -15 ～ -25℃。适用于肉类、海鲜产品的急冻保存。一般每个星期要清洗内部一次，避免结霜过多影响制冷效果。

图 3-10　冷冻冰箱

11. 和面机（Dough mixer）

　　和面机（图3-11）是西餐面包房必备的大型搅拌机器，一般有两种类型：单一和面机器和多功能搅拌机。大型的专门和面使用，只有一个和面的机械手臂，有专门的控制水温的开关、水量开关、正反和面开关。小型的和面机和台式小型机械差不多，配有三个不同功能的手臂，分别可以和面、打蛋、调制黄油面糊。每次使用完成后都必须认真清理面粉残留和缝隙里的面团，各种类型的机械手臂要注意小心轻放，专门保管。

　　特别要注意的是在和面机没完全停止时，严禁把手伸进去调整面团。

图 3-11　和面机

12. 轧面机（Dough roller）

轧面机（图3-12）是西点里提高制作效率的好帮手，它可以迅速擀开面团，是西点里制作酥皮的最佳工具设备。使用时注意安全防护，按照说明书的要求操作机械设备，避免出现大型事故。每次使用时都要注意残留面粉的清理和缝隙里的面团清理。轧面机是专业机械，不能用水清洗，因此卫生的日常维护显得格外重要。

图3-12　轧面机

13. 醒发柜（Proofing cabinet）

醒发柜（图3-13）是面包制作中一种十分重要的大型设备。它是面团发酵时提高温度、保障湿度的重要设备。使用时要注意温度调节和湿度控制的水箱。基本没有其他养护，直接使用即可。

图3-13　醒发柜

14. 面团分割机（Dough dividing）

面团分割机（图3-14）是大型西餐面包房提高生产效率的设备，它可以快速、高效、准确地分割基础面团。有多个面板可以把称量好的大块面团按照想要的规格重量放置在机器里分割好后揉圆。注意清理残留的面团，清扫面粉。

图3-14　面团分割机

15. 大型抽油烟机（Smoke exhauster）

西餐厨房都配备有大型抽油烟机（图3-15）保障厨房的环境卫生。使用时注意日常维护抽油烟机的表面无油渍、污渍即可。定期对抽油烟机内部清理，避免发生火灾。设计抽油烟机时注意，只要有火头或烟尘的地方都应有抽油烟机罩，抽油烟机的油糟内最好设计有水浴的设备。

图3-15　大型抽油烟机

16. 冷库（Cold storage）

西餐的大部分肉类原料都是进口的，厨房中必须要有专门的冷库（图3-16）来存放这些要低温冷冻的原料。大型的低温冷库是西餐厨房的必要设备，它能长时间保存原材料。使用中注意低温冷库的门在有人进去时必须打开，并保证不会自然关闭。一般每个月要清理一次。

图3-16 冷库

第二节 西餐厨房器具

西餐厨房里有各种厨房专用器具来保证烹调制作的便利，这些厨房器具种类繁多，可大致分为西餐炊具、刀具、用具和模具四类，这些器具包括初加工阶段、制作阶段、烹调阶段使用的各种工具和小设备等。西餐厨房器具大多由不锈钢、铝、木头、玻璃等材料制作，大小各异，规格各异，适用于不同的烹调工艺方式下的加工、切配、制作，其主要目的是方便厨师制作菜肴、简化制作难度、提高工作效率、标准化操作、规格化管理。

一、常见的西餐炊具

1. 煎锅（Fry pan）

图3-17 煎炳

煎锅（图3-17）也叫法兰板，是西餐最常用的器具。煎锅的大小规格有很多，一般是不锈钢锅或是铝锅，特别好的厨房使用紫铜煎锅。通常国内西餐厨房都是使用不锈钢锅或铝锅，现在也有很多地方使用不粘锅的煎锅。不粘锅的煎锅有涂层，只能使用木制或

硬塑料的炒勺，用快洁布来清洗擦拭里面的涂层，不粘锅的外部可以用钢丝球清洗到底部明亮，无油渍。

2. 炒锅（French skillet）

炒锅（图3-18）比煎锅小点，平底，一般采用不粘锅。区别于煎锅，炒锅有较高的边，方便掂锅、翻炒食物，是西餐厨房里制作少量少司的主要锅具。使用炒锅时只能使用木制或硬塑料的炒勺，用快洁布来清洗擦拭里面的涂层，不粘锅的外部可以用钢丝球清洗到底部明亮，无油渍。

图3-18 炒锅

3. 汤锅（Sauce pan）

西餐常用汤锅（图3-19）来熬制、煮制菜肴。汤锅体积中等，西餐厨师制作菜肴中常用于热菜和西点的少司的制作，以及中等分量菜肴的制作过程，汤锅一般用不锈钢制成，平底有高边，能容纳较多的汤汁，适用于熬制少量的汤汁。清洁要求经常保持外部不锈钢光亮。

图3-19 汤锅

西餐的汤锅是有盖的，但是通常专业的厨房里使用的西餐汤锅是没盖的。厨师在烹调中通常会根据实际烹调工艺来判断是否加盖，特别是许多菜肴要求保持原来的颜色和营养时，一般都不加盖使用。

4. 大汤锅（Stock pot）

大汤锅（图3-20）是西餐制作中广泛使用的熬汤或烹调大量食物原料的烹调器具。

大汤锅一般用不锈钢制成，比普通汤锅的锅身高很多，能容纳很多的汤汁，适用于熬制大量的汤汁或制作基础汤。一般大汤锅厚度较大不适合煎、炒的初加工烹调处理，特别是一些要求使原材料上色的工艺，

图3-20 大汤锅

要先在炒锅内完成上色、炒香后再在大汤锅内煮制完成后期制作。清洁要求经常保持外部不锈钢原色，可以使用钢丝球用力刷干净。

5. 木勺（Wooden spoon）

木勺（图3-21）是西餐制作沙拉或贵重少司的专门搅拌工具。木制的炒勺有个长柄，适用于原料的搅拌，特别是在特殊烹调用具，如玻璃盆、木盆或是不粘锅器具里搅拌食物。木制的平锋炒勺还可以把锅内

图3-21 木勺

少量的贵重少司都刮干净。需要注意的是在烹调火候太大时，不要将木勺长时间放置在锅内或是放置在锅边，避免木柄烧焦。

6. 不锈钢汤勺（Soup ladle）

图3-22　不锈钢汤勺

不锈钢汤勺（图3-22）是西餐烹调中主要的舀汤器具。一般有不同的规格，这样在计量单位时可以方便使用。用不锈钢做的汤勺有个很长的柄，柄端有个弯勾，能取用较多的汤汁，并且可以用弯勾把汤勺挂在汤桶上或是挂在挂钩上。

7. 炒勺（Steel slotted spoon）

图3-23　炒勺

炒勺（图3-23）是西餐厨师常用的烹调工具，一般是用不锈钢制成。炒勺有个长柄，方便厨师使用。炒勺有实心和带孔两种形状，实心的炒勺适合制作有少司的菜肴，有孔的炒勺适合制作没有少司的菜肴。炒勺可用于炒、烩、煮等。一般是把不同规格大小、长短的炒勺放置在装有清水的盛器里，使用时比较干净，方便操作。

8. 酱汁长勺（Pasta ladle）

图3-24　酱汁长勺

酱汁长勺（图3-24）是西餐制作中专门烹调面条类菜肴的工具，也可以放置在自助餐台上供顾客使用。酱汁长勺带有很长的柄和弯曲的勺边，能很方便地取用带酱汁的食物，并过滤掉较多的汁水，特别适用于肉酱、面条等。

二、西餐常用的刀工工具

西餐厨师在菜肴制作工艺上十分讲究刀具的选择与运用，选择运用不同的刀具切配不同的原料达到更好的刀工效果，体现更高的效率。不同的刀具使用的刀工手法不同，其刀工效果也大不相同，因此合理地选择使用刀具是西餐厨师的基本技能。

西餐厨房的刀具种类繁多，一般价格昂贵，要注意保管与维护。特别是小巧精致的小刀要有专人保管，避免丢失。西餐刀具一般都是长尖刀刃，使用中小心握刀，切勿拿刀走动，避免不小心跌倒伤到人。

西餐使用的大多数刀具都是高碳不锈钢刀具，刀口锋利，一般使用磨刀棒上下磨刀，不要使用中餐的磨刀石。

1. 厨刀（Chef's knife）

厨刀（图3-25）也叫切刀，是西餐厨师的主要加工刀具。根据刀身长短与重量的不同，一般有长切刀、短切刀、宽切刀、重切刀之分，其长度在 10 ～ 25cm，刀身较狭窄，能适用于蔬菜、水果、肉类等原料的切割。

图3-25　厨刀

2. 沙拉刀（Salad knife）

沙拉刀（图3-26）是西餐厨师制作沙拉的主要刀具。一般比厨刀规格小，轻巧灵便，长度在10～15cm，刀身狭窄，为方便脆性蔬菜原料的加工有的还带锯齿，能适用于蔬菜、水果等质地脆嫩原料的切割。

图3-26　沙拉刀

3. 屠刀（Butcher knife）

屠刀（图3-27）是西餐厨师加工特大原料的主要刀具。屠刀的刀身宽利于分割厚的原料、刀背厚重可以劈开较硬质地的原料，适用于分割大块的动物类原料或拍开硬质地的原料。

图3-27　屠刀

4. 剔骨刀（Boning knife）

剔骨刀（图3-28）是西餐厨师剔骨、剔筋的主要刀具。剔骨刀刀身细长坚硬，刀尖锋利，适用于动物类原料的剔骨和分割，特别是牛筋、鱼骨、鸡腿骨等小骨的分割。

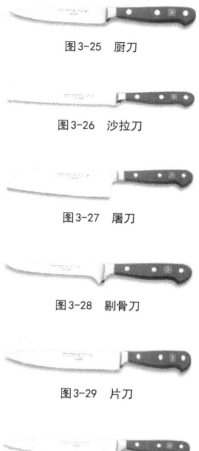

图3-28　剔骨刀

5. 片刀（Slicer knife）

片刀（图3-29）是西餐厨师切配熟食的主要刀具。片刀的刀身狭窄且长，适用于熟肉类原料的分割。

图3-29　片刀

6. 锯齿刀（Serrated knife）

锯齿刀（图3-30）是西点、面包厨师切片的主要刀具。锯齿刀刀身很长，刀刃呈锯齿形，能轻易分割质地柔软的东西，适用于切割面包、点心等食品。

图3-30　锯齿刀

7. 蚝刀（Oyster knife）

蚝刀（图3-31）是西餐厨师专门用于撬开生蚝等贝类壳的刀具。蚝刀的刀刃尖短，坚硬锋利，适用于撬开生蚝或是贝类的壳。

图3-31　蚝刀

8. 小刀（Paring knife）

小刀（图3-32）是西餐厨师随身佩带的刀

图3-32　小刀

具。小刀的刀身短小，刀尖锋利，适用于雕刻或精细加工原料。

9. 剔刀（Fillet knife）

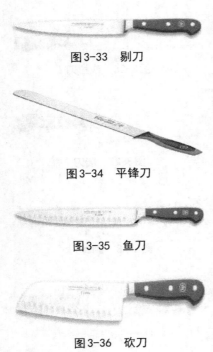

图3-33 剔刀

图3-34 平锋刀

图3-35 鱼刀

图3-36 砍刀

剔刀（图3-33）是西餐厨师用来剔大块原料的专用刀具。剔刀的刀身狭窄且略带弯曲，适用于肉类原料的剔筋。

10. 平锋刀（Ham slicer）

平锋刀（图3-34）是沙拉房、饼房的厨师用来分割质地细腻的原料的专用刀具。平锋刀的刀身很长，有个平锋的刀刃，适用于火腿、蛋糕的分割。

11. 鱼刀（Fish slicing knife）

鱼刀（图3-35）是西餐厨师专门用来切割水分较多的鱼类的刀具。鱼刀刀身很长，有平锋带有凹凸刀刃，可以避免鱼肉粘连在刀锋上，适用于水分较多鱼类的分割、片。

12. 砍刀（Chopper knife）

砍刀（图3-36）是西餐厨师专门用于切割大块带骨的原料的刀具。砍刀的刀身宽阔，刀背厚重，适用于大块带骨原料的加工。

三、常见的西餐用具

西餐制作的一个特色是使用小巧的用具来减轻厨师的工作负担，提高工作效率。

西餐菜肴制作中厨师常常会使用很多不同形状的用具来辅助原料的粗加工，特别是一些小料的精细加工。用这些小用具设备加工出来的效果规范、独特，有了它们厨师就能很轻松地完成制作。

图3-37 切蛋器

1. 切蛋器（Egg cuts tool）

切蛋器（图3-37）是西餐厨师在制作沙拉时必不可少的器具。

如果简单地使用菜刀来切割煮熟的鸡蛋，通常都会散开或是刀口不平整，但是借助切蛋器的帮助，厨师就能很轻易地将熟鸡蛋切割成片或角了。

常用的切蛋器有切片和切角两种规格。切蛋

是由机座和分割部分组成，也可以用作普通奶酪的分割。清洗卫生时注意小型器具的死角比较多，要认真清洗干净，特别是切蛋器的钢丝要擦拭干净避免生锈。

2. 擦皮器（Grater）

擦皮器（图3-38）是西餐制作热菜、西点中都必不可少的重要器具。擦皮器一般是由不锈钢或塑料制成，有方形或擦皮板两种，表面有不同大小的擦孔，适用于水果表皮、巧克力、奶酪、脆性蔬菜等碎片的加工。擦皮器的擦孔特别锋利，在擦原料的最后部分时要仔细些，千万别擦到自己的手。每次使用完后必须及时清洗，抹干水分，除去异味。

3. 双耳挖（Scoop）

双耳挖（图3-39）是西点制作中重要的器具，有时也在热菜制作时使用。一般双耳挖两头各有一个半圆球形，也有单头的或多个大小各异的双耳挖。适用于水果、脆性蔬菜原料的圆球分割加工。使用时注意有的原料质地很硬，挖时要用大拇指压住不锈钢球体，不要把双耳挖挖断了。

图3-38　擦皮器

4. 打蛋器（Whisk）

打蛋器（图3-40）是西餐制作中常用的器具，广泛使用在各个部门的制作中。适用于鸡蛋、面糊、酱汁等液体的搅拌、调和。使用打蛋器要注意不同稠度的原料要选用不同规格、型号的打蛋器来制作，不能用小号、较细的打蛋器打硬度、稠度都比较大的面糊，这样会使打蛋器很快变形、损坏。清洗打蛋器要认真清洗每一条钢丝，不能有残留物，以免影响下次使用。

图3-39　双耳挖

5. 厨用开罐器（Oven can opener）

厨用开罐器（图3-41）是直接装在工作台面上的开罐头工具，可以轻易地开启各种罐头，能大大地提高工作速度。也有比较小的普通开罐器配合使用。厨房内的开罐器使用频率很高，容易产生细菌和油渍等附着物，时间长了会很难清洗，因此每个使用者使用完成后要马上清理干净。

图3-40　打蛋器

图3-41　厨用开罐器

图3-42 厨用温度计

图3-43 量杯

6. 厨用温度计（Oven thermometer）

厨用温度计（图3-42）是西餐制作中特别是西点和面包的制作过程中经常使用的器具。为提高制作质量，制订了很多规范标准，因此要使用厨房专用的温度计来测量烹调的温度。制作西点和面包中使用温度计的温度范围是-35～350℃。而大型的肉类也要用厨房专用的温度计来测量肉类的内部温度，从而判断肉类是否成熟。

7. 量杯（Measuring cup）

西餐厨师使用量杯（图3-43）来计量液体原材料的重量或体积。量杯有塑料材质和玻璃材质两种。

西餐常用的称量标准如表3-2所示。

表3-2 西餐常用的称量标准

1液体盎司=2汤匙	1 fluid ounce =2 tablespoon
1杯=240毫升	1 cup =240 milliliters
1品脱=480毫升=2杯	1 pint =480 milliliters=2 cup
1夸脱=960毫升=4杯=32安士	1 quart =960 milliliters=4 cup=32 ounces
1加仑=3.84升=4夸脱	1 gallon =3.84 rises=4 quart
1升=1000毫升	1 liters =1000 milliliters

8. 冰激淋夹（Ice cream scoop）

冰激淋夹（图3-44）是制作西点的专门用具，有两种不同的形状，一种是半球形不锈钢夹，一种是半球形不锈钢挖，专门用于冰激淋的挖球。半球形冰激淋夹适用于质地较软的膨化冰激淋，半球形不锈钢挖适用于质地较硬的硬冰激淋。为方便使用和保证卫生，一般使用时都浸泡在清水中。

图3-44 冰激淋夹

9. 削皮器（Swivel peeler）

削皮器（图3-45）是西餐厨房常用的器具，也在中餐厨房和家庭中普遍使用。这种专业的去皮器具能很好地提高工作效率，均匀地去掉瓜果、蔬菜的表皮。广泛适用于瓜果、蔬菜的去皮。

图3-45　削皮器

10. 细孔滤网（Colander）

细孔滤网（图3-46）根据形状不同，有的叫漏斗、有的叫细孔滤网，是经常使用的厨房专用器具。细孔滤网的种类大小很多，一般用不锈钢制成，也有少数用纱网和竹编材料制作。细孔滤网适用于过滤、筛粉等初加工。每个使用者使用完成后必须认真清洗干净。

图3-46　细孔滤网

11. 塑料菜板（Cutting board）

西餐厨房一般都使用塑料菜板（图3-47），有蓝、红、白、黄几种颜色，以区分生熟或不同风味的原料。通常厨房里使用白色塑料菜板切割熟食、红色塑料菜板切割肉类、绿色塑料菜板切割蔬菜、黄色塑料菜板切割水果、蓝色塑料菜板切割海鲜。白色菜板切割熟食可以很容易看出原料是否新鲜、切割是否干净、卫生是否保证；红色菜板切割肉类，容易发现肉类的白色筋膜；绿色菜板切割蔬菜，容易发现变质的蔬菜；黄色菜板切割水果，容易发现水果坏掉的部分；蓝色菜板切割海鲜容易找出海鲜的鱼鳞。

图3-47　塑料菜板

12. 台秤（Kitchen scale）

台秤（图3-48）是各个部门都广泛使用的称量用具，可以摆放在工作台上，使用十分方便。主要有克秤、千克秤、磅秤等标准。注意在使用弹簧秤的过程中

要估计好要称量的物体的重量，不要超量使用，损坏弹簧。

图3-48 台秤

常用的西餐重量单位如表3-3所示。

表3-3 常用的西餐重量单位

1千克=1000克	1 kilogram=1000grams
1千克=2斤	1 kilogram =2 catty
1磅=454克=16安士	1 pound =454 grams=16 ounces
1安士=28.35克	1 ounce =28.35 grams

四、常用的西餐模具

西餐厨师经常使用各种不同大小、规格、形状的模具来对烹调中的食物造型，成型后的食物美观大方、造型奇异。西餐模具的材质一般有不锈钢模具、铸铁模具、陶瓷模具、塑料模具、玻璃模具等。

1. 肉坯模（Meat loaf pan set）

肉坯模（图3-49）通常使用在西餐冷菜制作中。在制作肉坯的过程中，肉类原料被加工成肉糜，后期烹调必须使用模具来定型、成型，制作完成后倒扣出来装盘成菜。各种形状的模具能批量生产出规格大小一致的菜肴，对标准化菜肴制作是非常关键的。常用的肉坯模有长条形和圆形，一般是不锈钢模具或钢化玻璃，并且是能进入烤箱的高温材料制成的无毒的模具。清洗模具时要注意有无涂层，能否刷洗。每次清洗干净油渍和杂质后应当擦干水分避免生锈。

图3-49 肉坯模

2. 吐司面包模（Toast mold）

面包房制作吐司面包时要使用专门的模具来给面包定型，保证出品的面包是长方形的。吐司面包模（图3-50）一般是长条形，带盖的。有不同的规格大小。现在也有不同大小的吐司模具，制作风味不同的吐司面包。

吐司面包模具使用中要掌握技术难点，杜绝面团发酵过度，致使吐司模具变形的情况发生。吐司面包模具一般只是针对吐司面包的制作，因此相对干净，一般不清洗。

图3-50　吐司面包模

3. 蛋糕模（Cake mold）

制作蛋糕必须使用蛋糕模（图3-51）。蛋糕模有不锈钢和铝制两种材质，分为无底和带底两种类型。无底的蛋糕模要先包裹上白纸，再刷油后使用，比较麻烦；有底蛋糕模在使用中非常方便，刷油即可使用。但是由于制作工艺的不同，有时必须选择不同的蛋糕模来制作蛋糕。每次使用完成后要清洗干净，擦干水分。

图3-51　蛋糕模

4. 批萨模具（Pizza pan）

制作意大利批萨有专门的模具（图3-52），一般是带有不粘涂层的圆形烤盘。使用时不要涂抹油脂或是面粉，烤制好后可以轻松取出批萨，非常便利。

图3-52　批萨模具

5. 圆圈模（Ring mold）

圆圈模（图3-53）是各种大小的不锈钢圆圈，适用于热菜、西点、冷菜中各种原料的定型。可以利用圆圈模具把热菜堆放得高点、把冷菜定型为圆柱体、把甜品固定成所要大小的圆形甜点。现在的圆圈模具种类多样，有单个的、有成套的、有带花边的（又称为花致模）、有光的（又称为光级模），可以满足不同菜肴制作的定型需求，使用起来非常方便，清洗时也十分方便。

图3-53 圆圈模

6. 花盏模（Brioche mold）

西餐的西点制作中普遍使用各种花形模具来造型，其中用得最多的是花盏模（图3-54），有不锈钢或铝质的，有各种大小、花色的花盏模。花形模具是制作小西点的重要工具，也适用于冷菜中的小肉坯等菜肴的制作。

图3-54 花盏模

7. 果冻模（Jelly mold）

西餐中冷冻甜点或冷菜冻品的成型模具，有塑料、玻璃、不锈钢等材料。根据花纹可以定型出各种花样变化的菜肴。这种模具是种类最多、规格最齐、形状最奇异的，在西餐甜品、面包、冷菜的冻类菜肴中广泛使用，特别是现在有许多带涂层的模具的出现，更让使用者感到十分简单、便捷、容易。如图3-55所示。

图3-55　果冻模

8. 裱花嘴（Baking ware set）

裱花嘴（图3-56）是西点蛋糕的裱花装饰的主要工具，也是模具的一种。可以用来挤西点的奶油花，也可以挤热菜中的土豆泥等，使用范围很广。有不锈钢、铜、塑料等材质。由于花嘴小巧、数量多，一定要认真保管，以防丢失。

图3-56　裱花嘴

五、常用的机械设备

为提高制作效率和标准化精细加工，在西餐制作中常使用大量的机械设备。这些设备一般都是多功能的，如既能切丝也能切片的多功能切片机。但是精细的机械设备在使用中有很多需要注意的地方，如保护机械设备的使用寿命、卫生、安全防护等问题。

1. 切片机（Slicer）

切片机（图3-57）是西餐厨房里常用的加工机械设备，它可以将肉类、面包、火腿、蔬菜等原料切成片。通过高速旋转的刀片切割原料，速度非常快。不正确

图3-57 切片机

图3-58 多功能食品加工机

图3-59 台式搅拌机

图3-60 打碎机

地操作刀片容易伤人，因此要注意刀片和手的距离，操作中要集中注意力。每次使用后要认真做好卫生清理工作，特别是掉落在狭小缝隙里的边角余料。切片机的刀片也要擦拭干净。切片机自带磨刀器，要小心操作。

2. 多功能食品加工机（Stand slicer）

多功能食品加工机（图3-58）是西餐厨房里最能提高工作效率的机械设备。运用多功能食品加工机能切出各种规格的丝、片、条、碎末，它还有多个规格的刀片更换使用。由于原料的气味各异很难清理干净，因此每次工作完成后要认真打扫，并且注意刀片的保管与维护。还要注意必须规范操作设备，避免伤人。

3. 台式搅拌机（Stand mixer）

台式搅拌机（图3-59）是西点制作必不可少的机械设备，通常放置在工作台上方便使用。台式搅拌机应该配备有打蛋器、和面器、桨形器三个头可以替换，适用于少量的奶油、面糊等原料的打发。由于是小型搅拌机它的电机一般功率很小，所以要严格按使用说明投放原料，严禁超负荷运行。

4. 打碎机（Blender）

打碎机（图3-60）可以把原料高速打碎，在西餐菜肴制作中广泛使用。它适用于少量带液体的原料的打碎，能把原料打成很细的浆或汁。使用中要注意每次不要投入太多的料，不要长时间高速运转，以免烧坏电机。注意带水的原料，不要把水掉到机器容器以外的地方，避免漏电。

5. 榨汁机（Juicer machine）

榨汁机（图3-61）是西餐厨房、酒吧里普遍使用的加工机械设备。厨师使用榨汁机能很容易榨出瓜果、蔬菜的汁并进行过滤，适用于西瓜、橙、西柚、菠萝、芹菜、胡萝卜、苦瓜、青椒、番茄等的压汁或打汁，榨出的瓜果汁和蔬菜汁要立刻食用。要特别注意机器的卫生。还要注意每次不要投入太多的料，不要长时间高速运转，以免烧坏电机。注意带水的原料，不要把水掉到机器容器以外的地方，避免漏电。

图3-61 榨汁机

6. 冰激淋机（Ice cream machines）

简易冰激淋机（图3-62）是制作少量冰激淋的机器，每次能制作大约2.5kg的冰激淋。

7. 微波炉（Microwave）

微波炉（图3-63）是厨房经常使用的电器设备。微波炉使用方便，但是必须严格按使用说明书的要求操作。严禁把金属或带金属边的器具放入微波炉；严禁空转微波炉；严禁把密封的原料或袋装食物放入微波炉；严禁使用微波炉打带壳鸡蛋。以上几种使用方法都会产生严重的安全隐患。每天都要清理微波炉，特别是微波炉的转盘下面和内部微波发射器。

图3-62 冰激淋机

图3-63 微波炉

8. 电饭煲（Steamer & rice cooker）

西餐制作的米饭大多是炒制后再烤焖至熟，但有时也要煮饭煲来提高速度。厨房使用的煮饭的机器有烧煤气和用电的两种，适用于煮食物或米饭。烧煤气的要注意煤气开关、空气开关的正常工作；烧电的注意操作中锅底不能有水。如图3-64所示。

图3-64 电饭煲

第三节　西餐设备和器具养护

西餐厨房内的大型设备通常是从国外进口的设备，价格昂贵，所以一定要做好日常的维护和养护工作。主要是做到保证厨房里不漏水、不漏油、不漏气、不漏电，保证安全，不出事故。

一、西餐设备养护

厨房设备的正常工作状态，取决于设备的使用方法。正确地使用设备是延长和保护设备使用寿命和设备完好的基础。

厨房设备的正常工作状态，除了正确使用设备之外，还要做好日常的维护、保养工作。厨房设备一经投入使用，存在着设备的维护、保养问题。大部分设备都要经常维护保养，维护保养工作做得好，不但能保持设备的正常运转，减少设备的故障及修理次数，而且还能延长设备的使用寿命。

厨房设备的正常工作状态，还和设备的使用者有关。西餐厨房的油烟虽然比中餐厨房要少很多、工作的环境也比较卫生，但毕竟还是厨房，油烟比其他地方要多很多，因此厨师每天、每次使用设备后及时处理卫生和做好保洁工作是非常重要的。

1. 西餐设备的日常养护措施

① 制订西餐厨房的各种大型设备的保养、维护措施。
② 制订厨房厨师使用设备方法和清洁措施。
③ 制订西餐设备卫生清理措施。
④ 制订厨房设备使用安全保障措施。
⑤ 制订严格的规章制作保证以上几点的实施。

2. 西餐厨房设备的养护重点

① 应包括电源连接处、插头、插座的固定和防水工作。
② 煤气设备的接口、开关、炉盘清理、炉内垃圾清理工作。
③ 油炉外部油渍清理、内部废油清理、温度管理控制工作。
④ 烤箱内壁清理、电源或煤气开关检查、温度控制检查、烤箱使用安全检查等。
⑤ 炉具污垢、油渍清理、长明火管理等工作。
⑥ 冰箱、冰柜定期清理卫生，定期出霜，定期清洁冰箱风扇。
⑦ 货架定期整理、定期清洁卫生工作。

⑧ 定期检查搅拌机卫生清理、设备完好工作。

⑨ 西点压面机设备安全开关检查、日常卫生清理维护。

⑩ 厨房工作台日常卫生维护。

⑪ 厨房各种水池定期检查设备是否漏水、水龙头是否开关正常。

⑫ 厨房抽油烟机定期清洗维护，检查油渍、污渍情况，做好日常卫生的维护和照明养护工作。

⑬ 西餐厨房热炉保温台的正常卫生、维护和电热管的保养。

⑭ 制冰机的日常卫生、维护和养护工作等方面。

二、西餐器具养护

西餐厨房的各种器具、炊具、用具、刀具、模具和小型设备种类繁多，规格、大小各异，价值不菲，因此器具的养护是厨房管理的难点。

厨房中同样的器具每个部门都有，厨师在烹调制作过程中要转换不同的部门来完成菜肴的烹调加工、制作、装盘的工作，器具会随着部门的转换而变动混搭在一起，因此每天都要各自清理器具数量。而且西餐的一些器具个头小，容易丢失，应当加强这些器具的管理，尽可能地避免偷盗现象发生。

厨房器具使用后的卫生清理和正常养护工作，以及正确使用器具都是厨房器具管理中的重点，是保证西餐器具正常运作使用的基础。器具的正确使用是第一位的，器具的卫生清理是常规化的，器具的养护是需要专人负责制的。

1. 西餐器具中各式炊具的养护

① 每个使用者都要知道炊具的不粘锅涂层的作用和使用要求、清洗要求、保存要求，认真养护。

② 炊具的外部不锈钢清洁要求细致、明亮、无油渍、无碳渍。

③ 木制炊具使用不得长时间高温加热，避免明火直接烧烤木柄，避免长时间浸泡。

④ 各种炊具按种类分类保存、养护。

⑤ 各种炊具按规格分别保存、养护。

⑥ 炊具必须专人保管，制订交接制度，避免丢失。

⑦ 炊具还应制订相应的损耗记录。

⑧ 定期对炊具进行盘点。

2. 西餐器具中各式刀具的养护

① 刀具必须使用磨刀棍来磨刀，这样能很好地保护刀具的刀刃。

② 刀具一般都是长尖刀，因此不得横握刀具行走，避免滑倒时直接插入人体

受到伤害。

③ 刀具每次使用完成后应清洁干净插入专业刀架上。

④ 要设立专人保管刀具或定人、定点使用刀具，避免丢失。

⑤ 定期对刀具进行清点。

3. 西餐器具中各式模具的养护

① 西餐模具数量大、规格多、种类多，必须要有严格的使用规章制度。

② 西餐模具使用后要立即清洗，晾干水分后放到指定地方保存。

③ 西餐模具使用中不得人为地改变器具形状，破坏器具规格。

④ 西餐模具要定期检查、清理数量，避免不正常的丢失。

⑤ 器具使用有合理的损害，应当有适当的损耗规定。

⑥ 器具保存地点的卫生、维护要定时清理。

4. 西餐器具中各式小型设备的养护

① 小型设备的各种配件多，要有专门的地点存放。

② 小型设备要定期保养，添加润滑剂。

③ 小型设备每次使用完成后要认真清理各个细小缝隙的卫生，保持设备干燥，清理残留气味。

④ 小型设备的配件维护要严格按照说明书来操作，不得私自改变用途。

⑤ 每个使用者都必须详细了解设备的操作规定和性能，以及安全守则。

⑥ 小型设备要定点、定人保存，定期对设备及配件数量清理盘点。

第四章　西餐常用原料及品质鉴别

第一节　烹饪原料品质鉴别的意义、依据和方法

一、品质鉴别的意义

烹饪原料的品质鉴别即从原料的用途和使用条件出发，对原料的食用价值进行判断，从而确定原料质量的好坏。

品质鉴别是选择原料的前提，是做好烹饪工作的基础。其一，有利于掌握原料质量的优劣和质量变化的规律，扬长避短，因材施艺，制作出优质菜肴；其二，可避免腐败变质原料和假冒伪劣原料进入烹调，保证菜肴的卫生质量，防止有害因素危害食用者的健康；其三，为做好原料的储藏保管工作提供指导。

二、品质鉴别的依据

依据合理的营养原则，结合人们对膳食的要求，烹饪原料必须具有安全性、营养价值，以及良好口感和味感。因此，对原料的外部感官特征和内部化学组成提出了品质要求。

具体而言，鉴别原料质量最基本的依据是原料的内在品质、纯度、成熟度、新鲜度、清洁卫生程度等。由于内在品质需借助于理化设备和仪器来鉴别，因此在日常生活和工作中，人们最常借助于烹饪原料感官特征的变化来判定其食用价值，如纯度、成熟度和新鲜度的高低等。

1. 原料的纯度

原料的纯度即某种原料占成品的比例及可食部分占原料的比例。因此，纯度越高，原料的品质越好；原料可食部分越多，食用价值越高。原料中有的杂质是不可避免的，如蔬菜中所含的纤维、枯黄叶等。但有的杂质，如泥砂、枯草、头发、指甲这样的恶性杂质则应尽可能避免。

2. 原料的成熟度

原料的成熟度即该种原料达到自然成熟状况的程度。成熟度是否恰到好处，同原料的饲养或栽培时间、上市季节有密切的关系，另一方面又与菜肴的要求、烹调方法密切相关。在烹饪原料的应用过程中，恰到好处的成熟度能充分体现原料特有的内在品质，如3～12个月的牛仔肉多汁柔嫩味清鲜，常采用短时烹调法并辅以清淡调味汁；而1～3岁的肉用牛部位不同，肉质差别较大，应分别采用煎、扒、烤或烩、煮、焖等不同的烹调方法。

3. 原料的新鲜度

原料的新鲜度是对原料进行品质鉴别的最基本、最简便的依据。原料的新鲜度是指原料的固有品质从采收、捕捞或宰杀开始一直到使用过程中质量变化的程度。原料的新鲜度越高，质量越好。新鲜程度下降，原料的食用价值也随之下降。由于原料的新鲜度下降都会从外部特征的感官变化如形态、色泽、水分、重量、质地、气味等方面反映出来，因此，在日常工作中，常通过评价原料的感官表现来判断新鲜度的高低。

（1）形态的变化　任何烹饪原料都具有形态，原料越新鲜越能保持其原有形态，而当原料新鲜程度下降或变质时，其形态必然发生变化。大多数原料会出现萎蔫、干枯、表面结壳、皱缩等现象。如新鲜蔬菜大都挺拔饱满，表皮光滑，内部无糠心；若出现外观萎蔫、变形、抽苔、叶片枯黄则意味着品质下降。另外原料的外观形态与等级高低也紧密相关，如个体较大的对虾、龙虾、帝王蟹的等级高，食用价值大。

（2）色泽的变化　新鲜的烹饪原料所呈现的天然色彩和光泽，称为原料的固有色泽。当新鲜度下降时，大多数食品的光泽度下降，色泽变得较为暗淡。随着变质程度的加深，往往还会变色，出现原料本不应有的色泽。如肉类冷冻时间过长或室温条件下放置过久，本来的红色会变成暗红色或褐色。

（3）水分的变化　随着放置时间的延长，新鲜的烹饪原料中的水分会随着蒸腾而逐渐减少，从而引起外观萎蔫、叶片皱缩、光泽减退。而干货原料则由于吸潮，导致水分含量增加，发生霉变。

（4）重量的变化　新鲜的原料由于水分减少和呼吸代谢等会导致重量减轻。如人们在选择某些水果、根茎蔬菜时，往往通过掂重的方法判断同样大小原料的新鲜度。重的说明新鲜度高、水分饱满，故食用品质较好；而轻的则说明内部因失水而干燥，新鲜度较差。但对于干货原料而言，一旦原料重量增加意味着已吸潮，新鲜度降低。

（5）质地的变化　新鲜的原料质地大都坚实饱满，富有脆性、弹性或韧性，

有的还具有黏性，一旦新鲜度下降或变质，原料质地往往变得松软、结块，失去弹性和韧性，原有的黏性消失，或者出现异常的发黏现象等。

（6）气味的变化　每一种原料都具有独特的气味，只不过有的浓烈有的淡薄。如牛羊肉的腥膻味、鱼虾的泥腥味或海腥味、水果的芳香味等等。一旦新鲜度下降，气味会变淡、消失或出现异味，如酸味、酒味、臭味等。

4. 原料的清洁卫生程度

除以上常用的感官标准外，原料的清洁卫生程度有时也可以感受到，如原料表面粘附的污秽物、出现的腐烂斑块、长出的霉斑、微生物导致的变色等等。这些现象，均应在进行原料鉴定时剔除，以保证食用的安全性。

三、品质鉴别的方法

鉴别烹饪原料品质的方法主要有理化检验法和感官检验法两大类。由于前者需利用各种理化仪器和设备，通常用于国家管理、监察、检疫等部门。日常工作中最常使用的是感官检验法，适用于几乎所有的烹饪原料，尤其是肉类、禽蛋、水产品、果蔬、调味品等。在餐饮行业中经过长期使用，已积累了丰富的经验。

感官检验法即以人体的各种感觉器官如眼、耳、鼻、口、手等作为鉴定仪器，依据原料的纯度、成熟度、新鲜度等作为鉴定指标，感知原料品质的变化程度及判定原料质量的优劣。该方法简便、灵敏、直观，得出结论迅速、快捷。但判定的结果会受到个人经验、身体状况、外界环境等因素的影响。

感官检验法分为视觉检验、嗅觉检验、味觉检验、触觉检验和听觉检验五种具体方法。

1. 视觉检验

利用人眼对烹饪原料的固有的外观形态、色泽、斑纹以及混入的杂质等进行检验。在进行视觉检验时应注意从原料包装的完整程度、大小、形状、结构、色度、光泽、杂质比例等多方面入手。一方面用于判断原料质量品质的优劣，另一方面是判断原料新鲜程度的重要手段。

由于烹饪原料都具有各自的外观特征，因而视觉检验是运用最为广泛的感官检验。通常应在光线明亮、背景亮度大的环境下进行视觉检验，最好采用自然光或日光灯等冷光源。对于可能出现沉淀及悬浮物的液态食品应适当搅拌或摇晃；对于瓶装或包装食品应开瓶开袋检验；大块食品可以切开观察其截切面状态。

2. 嗅觉检验

运用嗅觉器官对原料的正常或异常气味进行鉴定，从而确定原料品质的优劣。进行嗅觉检验时应注意以下几点。

① 形成原料气味的物质大多为易挥发的小分子物质，浓度往往较低，为增加嗅觉检验准确度，可采用适当方法增加其挥发度。对于液态食品如油、汤汁等可以滴在清洁的手掌上摩擦，以加快挥发性物质的挥发速度，或通过加热提高原料温度，从而便于进行嗅觉检验。

② 避免嗅觉疲劳的影响。嗅觉疲劳指的是在有气味的物质作用于嗅觉器官一段时间后，嗅感受性降低的现象。对烹饪原料进行嗅觉检验时，一要注意从香气浓度较低的开始，二要注意避免过长时间对同一气味进行鉴别。

③ 避免嗅觉交叉适应对检验结果的影响，要求在检验前避免吸烟、涂抹香水等。

3. 味觉检验

利用口、舌等味觉器官检验原料的滋味、口感质量。味觉检验适用于可直接入口的调味品、水果及烹饪半成品的检验。检验范围包括原料入口后的滋味及口腔的冷、热、收敛等知觉和余味，原料的硬度、脆度、凝聚度、黏度和弹性等质地特性，原料咀嚼时产生的颗粒、形态、平滑感、沙性感等，原料的油脂感、湿润感等。原料的温度及所处介质的情况对味觉会产生影响。一般宜在常温下进行烹饪原料的味觉检验。

4. 触觉检验

触觉检验即通过手的触觉来检验原料的质量。手部皮肤对温度、弹性、硬度、黏度、重量等较敏感。对于大量不可入口的原料而言，触觉检验适用性较强。

5. 听觉检验

通过人的听觉器官感觉烹饪原料发出的声音从而进行质量鉴别。活的动物性原料大多会自己发声；还可以通过敲击、摇动使一般原料发出声音；或通过捏折、咀嚼使原料断裂而产生声音。

食品的声音可以分为两个感官特征，即声音的稳定程度和声音的响度。当声音的响度增加时，往往意味着原料易碎程度、脆度、坚硬程度以及干脆度在增加。当声音连续发生时，意味着原料的干脆度较大；而当声音不连续时，人们感知为撕裂或摩擦。

许多原料可以通过听觉检验来鉴别其脆嫩度、酥脆度及新鲜度，多用于罐头及特殊的果蔬，如敲打西瓜来测定它的成熟度，或折断一个胡萝卜测定它的脆度，有时人们还可以通过禽类原料、畜兽类原料等发出的声音辅助判断其健康状态。

在具体运用以上方法进行感官检验时，必须加以综合运用，结合多种感觉器官的检验结果才能对原料的质量做出较准确的判断。

第二节　西餐常用蔬菜

一、根菜类

1. 萝卜（Radish）

西餐中常用的是原产于欧洲的四季萝卜。肉质根小，呈球形、短圆锥形或扁圆形，直径 3～4cm，根皮薄且光滑，红色或白色，水分含量高，质地脆嫩，无辣味。常用于制作沙拉，也可作为装饰用料。选择时应以外皮光滑、无开裂分枝、无畸形、无黑心、不抽薹、无机械伤、无冻伤、无热伤、无糠心等为佳。

2. 胡萝卜（Carrot）

胡萝卜是为西餐中最重要的调味蔬菜之一，也用于浓汤、沙拉等的制作，是加工菜汁、菜泥的常用原料。以色正、根皮光滑、形状整齐、质地均匀、柱心细、味甜、汁多脆嫩者为佳。

3. 牛蒡（Burdock）

牛蒡又称东洋萝卜、黑萝卜等，原产于亚洲，目前广泛栽培。牛蒡根肉灰白色。水分少，味香，质地细致、爽脆。除去外皮、放在清水中脱涩后，可单独或配排骨、肉类、禽类、鱼类等烩、煮，或切成片裹面糊后炸食，亦可煮熟后用于色拉及配菜。选择时以色正、形状整齐、无损伤等为佳。

4. 豆薯（Jicama）

豆薯又称地瓜、凉薯、土萝卜、地萝卜等，原产于热带美洲。根肉白色，脆嫩多汁、味甜。可生食代果，烹饪中常作为沙拉料，用于腌渍，或煎炒、水煮后作为意粉、肉类菜肴的配菜。选择时以个大均匀、皮薄光滑、肉洁白、无损伤等为佳。

5. 婆罗门参（Oyster plant，Salsify）

婆罗门参又称西洋牛蒡，其肉质根和嫩茎叶均可食用，比利时所产较多。根肉白色，致密、脆嫩。破损后有乳白色汁液流出。肉质根具有牡蛎的海鲜风味，有蔬菜牡蛎之称。可采用烘烤、挂面糊油炸、用黄油煎炒、煮汤等方法成菜。其嫩叶可生吃、做沙拉，也可炒食、做汤。烹调时应在煮或蒸熟后再去皮，去皮后即放于有醋或柠檬汁的水中浸泡。一方面可以防止肉质根褐变；另一方面，可以避免乳白色汁液的流失，保留婆罗门参特有的牡蛎风味。选择时以根皮色浅、形状整齐、鲜嫩、无破损者为佳。

6. 辣根

常见的辣根为旱辣根和水辣根两种。原产于欧洲南部和西亚土耳其等地的为旱辣根（Horseradish），又称西洋山萮菜、山葵萝卜、马萝卜；肉质根外皮较厚、粗糙、呈黄白色；根肉致密，外层白色，中心淡黄色。选择时以质地细嫩、色正、分枝小而少、水分充足者为佳。原产于日本的为水辣根（Wasabi），又称山萮菜、山葵等；肉质根呈圆柱形，叶痕凹凸明显；根外皮绿色，粗糙；根肉绿色。选择时以色泽碧绿、形状整齐、质嫩者为佳。两种辣根均具有强烈的芳香辛辣味，与芥末味极其相似，因此，烹饪中主要用于调味。鲜用时，将水辣根磨碎制成酱，作为"绿芥末"（青芥辣）使用，广泛应用于生鱼片、生蚝等的蘸食上；旱辣根可榨汁添加在饮料或酒中饮用，或切碎后制作辣根酒醋、辣根少司，用于肉类菜肴的调味。另外，两者亦常切成片后采用冻干法干燥，然后磨成粉，可加水调制成糊，亦常用于肉类罐头的调味或用于咖喱粉的调配。

7. 美洲防风（Parsnip）

美洲防风又称美国防风、欧洲防风、芹菜萝卜等，原产于欧洲和西伯利亚地区，栽培历史悠久。根肉白色，质地粗糙而软，味淡。西餐中，主要用于制作肉汤或清汤；或炖熟后与油、面包干调制做成具有独特风味的防风饼；也可煮食、炒食，或作为配菜。幼嫩叶片需用沸水烫后再煮食或作沙拉用料。此外，还用于罐头食品的调味。选择时以新鲜质嫩、无断裂、无损伤者为佳。

8. 根芹菜（Celeriac）

根芹菜又称根香芹、香芹菜根、根用香芹菜、荷兰芹、球根塘蒿等，为香芹菜的变种，原产于地中海沿岸。肉质根肥大，质脆嫩，有芹菜的清香味。可切丝、条、块拌制沙拉生食；或焯烫后熟食；可制成柔软润口的马铃薯根芹酱；也常作为香辛料。选择时以主根肥大、表面光洁、形状整齐、无褐变、无腐烂者为佳。

9. 根甜菜（Beetroot）

根甜菜又称红菜头、甜菜根、紫菜头、火焰菜、紫萝卜头等，原产于欧洲地中海沿岸。因含甜菜红素，根皮及根肉均呈紫红色，横切面可见数层美丽的紫色环纹。另一变种为黄菜头，呈金黄色。质地脆嫩，味甘甜，略带土腥味。可生食、制沙拉，或炒、煮后作为配菜，或制汤，为俄式佳肴"红菜汤"的主要原料，亦常用于菜点的装饰、点缀。选择时以形状整齐均匀、质地致密、无空心烂心者为佳。

10. 芜菁（Turnip）

芜菁又称蔓菁、圆根、扁萝卜等，原产于我国及欧洲北部地区。根肉质地致密，有甜味，无辣味。西餐烹饪中使用非常广泛，可以煎炒、水煮后用来做各种

菜肴的配菜，作为汤料、沙拉料，同肉一起烩烧，作为禽类烧烤的配料。选择时以肥大柔嫩、质地致密、大小均匀、无空心烂心者为佳。

二、茎菜类

1. 芦笋（Asparagus）

芦笋又称石刁柏、龙须菜、露笋等，原产于欧洲东部、地中海沿岸和小亚细亚地区。通常分为绿、白、紫三色，以紫芦笋为最佳。常焯烫、煎炒后作为配菜、沙拉料及菜肴的装饰。选择时以色泽纯正、条形肥大、顶端圆钝、芽苞紧实、上下粗细均匀、质鲜脆嫩等为佳品。

2. 菜用仙人掌（Milpa alta，Cacti）

菜用仙人掌原产于墨西哥。含水量大，纤维含量少，绿色扁平茎上的针状叶短而软，易脱落。口感清香，质地脆嫩爽口。食用时去刺去皮、洗净、刀工处理后，用盐水煮几分钟或在沸水中焯烫以去掉黏液，即可制沙拉，做三明治的夹馅，或配菜等。以生长期为30天之内、色泽嫩绿、质地饱满、表面无裂痕者为佳。

3. 球茎甘蓝（Kohlrabi）

球茎甘蓝又称苤蓝、切莲等，原产于地中海沿岸。茎肉质地致密、脆嫩，含水量较多，味略甜。可作沙拉料、汤料或配菜。选择时以鲜嫩、光滑、形状端正、个头均匀、无网状花纹、无裂伤者为佳。

4. 马铃薯（Potato）

马铃薯原产于南美洲，栽培品种较多，为西餐中最重要的蔬菜之一。可作为沙拉料，汤料，配菜，煎炸薯条，制作薯泥，或与肉类同烩、煮。若由于储藏不当而出现表皮发紫、发绿或出芽后，块茎中的毒素——龙葵素会明显增加，此时若食用，应挖去芽眼，削去变绿、变紫以及腐烂的部分，以防中毒。选择时以块形大而均匀整齐、皮薄光滑、芽眼浅、肉质细密者为佳。

5. 菊芋（Jerusalem artichokes）

菊芋又称洋姜、洋大头、姜不辣等，原产于北美洲。块茎内部白色，质地脆嫩，有特殊风味。可水煮、黄油煎炒后作为配菜；生用作为沙拉料、汤料；或用于少司制作；腌渍后作为配菜、开胃菜。选择时以块形丰满、皮薄质细、新鲜脆嫩者为佳。

6. 洋葱（Onion）

洋葱又称葱头、球葱、圆葱等，原产于西南亚地区，为西餐中最重要的蔬菜之一。外皮有白色、黄色或紫红色之分，生时辛辣、爽脆，熟后香甜、绵软。西餐中，除做蔬食制作沙拉、炸洋葱圈、夹馅外，更是重要的调味蔬菜，广泛用于

汤、菜肴、面点、少司、肉制品的调味增香。选择时以鳞茎肥壮、外皮干燥不抽薹、无腐烂等为佳。

7. 冬葱（Shallot）

冬葱又称火葱、蒜头葱、瓣子葱等，原产于中亚地区。鳞茎质地脆嫩，有辛香味。可整个或切片煎炒后作为配菜，更常作为调味料广泛应用于汤、肉类、海鲜的调味。选择时以鳞茎饱满、无泥沙、无抽薹者为佳。

8. 大蒜（Garlic）

大蒜又称蒜头、胡蒜等，原产于亚洲西部。种类较多，有紫皮蒜、白皮蒜、大瓣蒜、小瓣蒜、独蒜之分。西餐烹饪中主要用于调味，为面包、批萨、汤、少司、薯泥等增香，也常制成大蒜粉用于灌肠、肉制品的赋味。选择时以蒜瓣丰满、鳞茎肥壮、干爽、无干枯开裂等为佳。

9. 姜（Ginger）

姜又称生姜、鲜姜、黄姜等，原产于印度尼西亚。按皮色分为灰白皮姜、白黄皮姜和黄皮姜三个品种。广泛应用于少司、肉类、禽类、海鲜、汤、蛋糕、布丁的赋味，也可直接用于加工蜜饯如姜糖，或用于饮料、酒类的增香及鸡尾酒的调制，常制成姜粉用于烧烤、肉制品中或配制咖喱粉。选择时以姜块完整饱满、节疏肉厚、味浓、无发芽者为佳。

三、叶菜类

1. 苋菜（Amaranth，Chinese spinach）

苋菜依叶型的不同有圆叶和尖叶之分，以圆叶种品质为佳；依颜色有红苋、绿苋、彩色苋之分。质地肥厚、柔软、味甘。由于草酸含量较高，食用前应进行焯水处理。常用于苋菜蓉、苋菜泥的制作，也可煎炒后作配菜、夹馅，或用于制汤。选择时以色泽鲜艳、质嫩，无黄叶、病叶、老叶，无泥渍、杂质，无焦边、折断、病虫害、机械伤等为佳。

2. 菠菜（Spinach）

菠菜又称雨花菜、角菜、鹦鹉菜、赤根菜等，品种较多。菠菜叶嫩清香，根红味甘。菠菜含较多的草酸，略有涩味，入烹前应用沸水焯烫后浸入冷水中备用。常用于制作沙拉，煮后直接或者制成菠菜蓉、菠菜泥作为配菜，或用于制汤，或作为夹馅用于肉卷、馅饼的制作，或取其浓绿的叶片为意粉赋色等，亦常用于加工速冻菜和蔬菜罐头。选择时以叶呈椭圆形、色泽浓绿、红根、叶片较小者为佳。

3. 叶用莴苣（Lettuce）

叶用莴苣又称生菜、莴菜、千金菜、千层剥等，为莴苣的叶用种。品种较多，

按叶片的色泽分为绿生菜、紫生菜两种；按叶的生长状态分为散叶生菜、结球生菜两种，结球生菜又可细分为奶油生菜、脆叶生菜和苦叶生菜。不同品种的生菜其叶形、叶色、叶缘、叶面的状况各异，但质地均脆嫩、清香，有的略带苦味。生菜是西餐烹饪中最为重要的叶菜之一，大多生用于制作沙拉，或作为菜肴的垫底，汉堡、三明治的夹馅，也可作为包卷料包裹牛排、猪排或猪油炒饭，丰富菜肴的色泽和口感。选择时以叶片色泽鲜艳、质嫩、爽脆、无褐色斑点等为佳。

4. 西洋菜（Gress）

西洋菜又称水蔊菜、豆瓣菜、水田芥、荷兰菜、水胡椒草、凉菜等。口感脆嫩，营养丰富，略带香辛气味。烹饪中可用于荤素菜肴的制作，或煮汤。选择时以色正、鲜嫩、茎条粗壮等为佳。

5. 结球甘蓝（Cabbage）

结球甘蓝又称卷心菜、莲花白、包心菜、圆白菜等，原产于地中海沿岸。常分为尖头型、圆头型、平头型；按颜色可分为白卷心菜、紫卷心菜。质脆嫩、味甘甜。烹制中适于生食、煮汤、做配菜等。如莲白卷、炝莲白、莲白虾米汤。选择时以包心紧实、鲜嫩洁净、无老根、无抽薹等为佳。

6. 抱子甘蓝（Brussels sprouts）

抱子甘蓝又称小洋白菜、球芽甘蓝、子持甘蓝等，原产于地中海沿岸。小叶球呈深绿、黄绿或紫红。按叶球的大小可分为大抱子甘蓝（直径大于4cm）及小抱子甘蓝（直径小于4cm），后者的质地较为细嫩。抱子甘蓝可制作沙拉、煮汤、做配菜等。选择时以色正、包心紧实、鲜嫩、干净者为佳。

7. 菊苣（Chicory）

菊苣又称欧洲菊苣、比利时苣荬菜、法国苣荬菜、苦白菜等，原产于法国、意大利、亚洲北部和北非地区。菊苣为结球叶菜或经软化栽培后收获芽球的散叶状叶菜，呈黄白色或叶脉及叶缘具红紫色花纹，略具苦味，口感脆嫩、柔美。西餐烹饪中，菊苣的芽球主要用于生吃，芽球的外叶可煎炒、煮熟后作为配菜，也用于汤菜的制作。

8. 苦苣（Endive）

人们常将苦苣与菊苣混淆，实际上二者在植物分类上同属植物，但为不同的种类，相同之处是均具有苦味。苦苣的栽培种有两个主要的类型：一种为卷叶苦苣，叶片较窄，绿色，外叶卷曲；一种为宽叶苦苣，叶片较宽，浅绿色，苦味较淡，常见品种如宽叶苦苣、巴伐利亚苦苣、巴达维亚苦苣等。常生用于沙拉的制作。

9. 芹菜（Celery）

芹菜又称胡芹、旱芹、香芹等，依产地的不同，可分为本芹和洋芹。本芹原

产于中国，根大，叶柄细长，香味浓。西餐中常用的为洋芹。洋芹原产于欧洲、非洲和亚洲西南部，又称洋芹菜、实心芹菜、荷兰鸭儿芹。根小，叶柄宽而肥厚，实心。辛香味较淡，纤维少，质地脆嫩，如西芹、小西芹。西餐中，除做蔬食外，更是重要的调味蔬菜，用于汤、菜肴、面点、肉制品的调味增香。选择时以色正鲜嫩、叶柄完整、不抽薹、无黄烂叶等为上品。

10. 球茎茴香（Florence fennel）

球茎茴香又称佛罗伦萨茴香、意大利茴香、甜茴香等，原产于意大利南部佛罗伦萨地区。球茎茴香的叶柄粗大，向下扩展成为肥大的叶鞘并相互抱合成质地脆嫩多汁的球状物，成为供食的主要部分。食用前需将外周坚硬的叶柄去掉，中心部位的嫩叶可保留。西餐中食用球茎茴香的方法多样，常榨汁或直接作为调味蔬菜使用，亦可烹煮、煎炒后作为主菜或配菜。

四、花菜类

1. 洋蓟（Artichokes）

洋蓟又称朝鲜蓟、洋百合、菜蓟，原产于欧洲地中海沿岸。种类较多，依苞片颜色分为紫色、绿色和紫绿相间之色；按花蕾形状分为鸡心形、球形、平顶圆形。洋蓟的主要食用部位为幼嫩的头状花序的总苞片、总花托及嫩茎叶。味清淡，质地脆嫩似藕。茎叶经软化后可作菜煮食，味清新。食用花蕾时，先放入沸水中煮至苞片易剥开时取出，分离苞片、花托。既可用于沙拉、汤的制作；也可直接将外层苞片削掉，将中心小花挖掉，中间塞上肉馅、虾馅等做酿式菜；或去掉外层硬苞片后，切成四瓣，用于煎煮，作为配菜等食用；或挂糊炸食。选择时以花蕾丰满、总苞抱合紧密、无干枯、无开裂、花茎断面呈绿色者为佳。

2. 花椰菜（Cauliflower）

花椰菜又称菜花、花菜、花甘蓝、洋花菜等，原产于欧洲。花椰菜质地细嫩，味甘鲜美，营养丰富。按颜色分为白花球、黄花球、紫花球三种。花椰菜是西餐中重要的蔬菜之一，使用极其广泛。常先烫煮断生或直接生用于沙拉的配制；焯水、煎炒后配意粉食用或作为配菜；用奶酪焗；与肉类同烩、共煮等；用于浓汤的制作，如奶油花椰菜浓汤；亦常用于菜点的装饰。选择时以花球质地坚实、表面平整、边缘未散开、色泽白净、质地细嫩者为佳。

3. 茎椰菜（Broccoli）

茎椰菜又称木立甘蓝、洋芥蓝、绿菜花、青花菜、意大利花椰菜、西兰花等，原产于意大利。与花椰菜相比，茎椰菜的绿色花球较松散，而不密集成球。质地柔嫩，纤维少，水分含量高，色泽鲜艳，味清香、脆甜。使用方法同花椰菜，如

奶酪西兰花浓汤、黄油煎西兰花。选择时以色泽深绿、质地脆嫩、花球半球形、花蕾未开、质地致密、表面平整、无腐烂、无虫伤者为佳。

4. 球花甘蓝（Broccoflower，Green cauliflower）

球花甘蓝又称绿花椰菜、绿球菜，为花椰菜和茎椰菜的杂交品种，近二十年来在欧美栽培较为广泛。花球坚硬紧实，青绿色，具有凝冻般的外观，营养丰富。虽然外观类似于茎椰菜，但其风味与花椰菜相近。生食时口感脆嫩，烹调后质地软嫩、微甜。可以生吃或熟食，用于沙拉的配制或作为配菜；或加上奶酪、调味汁焗烤；用黄油煎炒等。选择时以质地坚硬、外叶鲜绿、花球无褐斑者为佳。

5. 罗马花椰菜（Romanesco cauliflower，Roman cauliflower）

罗马花椰菜又称宝塔菜、青宝塔，原产于意大利。每个花球由200多个圆锥形的小花球呈螺旋状紧密排列而成，单花球重1kg左右。花球呈绿黄色，或小花球顶端呈紫色；圆锥形，似宝塔；花球紧实而美观，质地细嫩。由于罗马花椰菜的质地较花椰菜更加柔嫩且为避免破坏其美丽的形态，故适于生食或短时间烫煮后作为菜肴主料、配菜或用于沙拉、意粉的制作。如罗马花椰菜配奶酪少司、宝塔菜黑胡椒意粉等。选择时以外层叶片紧包、花球形态美观而坚实、质地细嫩、色泽鲜艳、无黄斑、无损伤者为佳。

五、果菜类

1. 菜豆（Kidney bean）

菜豆又称四季豆、芸豆、梅豆、豆角等，原产于美洲中部和南部。品种繁多，其荚果呈弓形、扁形、马刀形或圆柱形；大多为绿色，亦有黄、紫色，或具斑纹。由于菜豆豆荚的外皮层含皂苷和菜豆凝集素，可引起食物中毒，但长时间加热后可被破坏，故应采取长时间的烹制方法。选择时以豆荚鲜嫩、折之易断、色泽鲜艳、无虫咬、无斑点者为佳。

2. 豌豆（Pea）

豌豆为菜用豌豆的软荚嫩果或幼嫩种子，原产于欧洲和亚洲。荚用豌豆有硬荚及软荚之分。硬荚豌豆以嫩豆粒供蔬食；软荚豌豆即甜荚豌豆（荷兰豆），原产于英国。嫩豆荚宽扁，青绿色，质地脆嫩，味鲜甜，纤维少，以嫩荚供蔬食。软荚豌豆的新品种——甜脆豌豆（即蜜豆），原产于欧洲，其嫩豆荚呈小圆棍形或月牙形，果皮肉质化，即使种子长大，豆荚仍脆嫩爽口。西餐烹饪中，豌豆的嫩豆粒常用于烩、烧、煮、拌，制作豆泥，煮制浓汤，作为馅料等；荷兰豆和甜脆豌豆可生食，爽脆味甜，无豆腥味，亦可炒、煮成菜，常作为配菜、沙拉用料。选

择嫩豆粒时豆粒饱满、豆荚未开裂者为佳；选择荷兰豆时以豆荚扁平、豆粒不显、色泽碧绿、质地脆嫩、形态完整无黄斑、无折痕者为佳；选择蜜豆时以豆荚饱满、豆粒鲜嫩、色泽鲜艳等为佳。

3. 莱豆（Lima bean）

莱豆又称棉豆、荷包豆、白豆等，原产于美洲热带地区。莱豆分为小莱豆和大莱豆两种。荚果扁平，成弯月形。以嫩豆粒供蔬食。豆粒有球形、椭圆形、肾形等，成熟后种皮白色、褐色或带花斑。嫩豆粒柔嫩味甜，质地面沙，可煮食或制罐头，也可冷冻储藏，为珍贵的豆类蔬菜，有"豆中之王"的美称。莱豆在西餐烹饪中的用途十分广泛，可单独或同其他蔬菜、火腿、培根、肉类等一起煎炒、烹煮成菜，煮汤或作为沙拉用料、馅心料等。选择时以豆粒饱满、色泽美丽、质地柔嫩、味甜者为佳。

4. 番茄（Tomato）

番茄又称西红柿、红茄、洋柿子等，原产于南美洲。品种繁多，大小差异较大。浆果呈球形、扁球形、梨形或樱桃形；果色为红、粉红、黄、白、紫等。果肉质地肥厚绵软，多汁，味甜酸。番茄为西餐烹饪中极其重要的蔬菜之一，除广泛用于生食代果外，可用于沙拉、汤的制作，与其他原料同烩共煮，制作多种番茄少司，加工番茄酱罐头等等。选择时以色正、大小均匀、形态端正、风味纯正、无裂痕、成熟适度者为佳。

5. 辣椒（Pepper，Chilli）

辣椒又称海椒、番椒、香椒、大椒、辣子等，原产于中南美洲热带地区。根据辣味的有无，通常将蔬食的辣椒嫩果分为辣椒和甜椒两大类。辣椒果形较小，常为绿色，偶见红色、黄色，果肉较薄，味辛辣。甜椒果形较大，其色有红、绿、紫、黄、橙等，果肉厚，味略甜，无辣味或略带辣味。西餐烹饪中甜椒常生用于沙拉制作，并具有装饰配色作用；亦常制作填馅菜肴；红色甜椒可干制成粉用于菜点的调色和增添风味。辣椒常用于赋辣增香增色。选择时以果实鲜艳、大小均匀、无病虫害、无腐烂、无机械损伤者为佳。

6. 茄子（Egg plant）

茄子又称茄瓜、落苏等，原产于印度。嫩果有球形、扁球形、长条形或倒卵形等多种形状，果皮呈黑紫、紫、紫红、白、绿或绿白色。皮薄，肉厚，柔软，味清淡。西餐烹饪中常采用煎、炒、烤、焗、烩、煮等烹调方式，单独成菜或配以猪肉、牛肉、奶酪、番茄等。选择时以果实端正、色正、有光泽、鲜嫩、萼片新鲜为佳。

7. 黄瓜（Cucumber）

黄瓜又称胡瓜、青瓜等，原产于印度北部地区。果肉脆嫩多汁，略甜，爽口而清香。西餐烹饪中最常作为沙拉的用料，亦作为配菜，并可腌制成酸黄瓜。选择时以青绿鲜嫩、带白霜、顶花未脱落、带刺、无苦味为佳。

8. 南瓜（Cushaw）

南瓜又称北瓜、番瓜、饭瓜等，原产于中南美洲热带地区。品种很多，果实有长筒形、圆球形、扁球形、狭颈形等。嫩南瓜味清鲜、多汁；老南瓜质沙味甜。西餐中，南瓜煮、烤、煎后可作为配菜，也是汤、酿馅菜肴的原料，并可制作南瓜派、南瓜饼等甜品。选择时以果实结实、瓜形整齐、组织致密、瓜肉肥厚、色正味纯、瓜皮坚硬有蜡粉、不破裂等为佳。

9. 笋瓜（Winter squash）

笋瓜又称印度南瓜、番南瓜、洋瓜等，多以嫩果供食，原产于印度。品种较多，果实多呈椭圆形，也有圆形、近纺锤形等。嫩果呈白色，成熟果外皮呈淡黄、金黄、乳白、橙红、灰绿等色或呈花条斑。肉质嫩如笋，味淡、甜不等。西餐烹饪中常采用煮、煎、烤、焗等方法烹调至熟后作为配菜，或用于填馅菜式的制作，也可作为馅心用料。选择时以果形端正、色泽鲜艳、成熟度适中、无腐烂、无病斑、无损伤者为佳。

10. 西葫芦（Summer squash）

西葫芦又称美国南瓜、美洲南瓜、番瓜等，原产于南美洲。果实多呈长圆筒形，果面平滑，皮色呈墨绿、黄白或绿白色，可有纹状花纹，果皮表面无白粉；果肉厚而多汁，味清香。西餐烹饪中常采用煮、煎、烤、焗等方法烹调至熟后作为配菜，或用于填馅菜式的制作，也可作为馅心用料。选择时以果形端正、色泽鲜艳、成熟度适中、无腐烂、无病斑、无损伤者为佳。

六、食用菌类

1. 蘑菇（Mushroom）

蘑菇又称洋蘑菇、肉蕈等，原产于欧洲、北美和亚洲的温带地区，法国最早栽培。菌肉厚而紧密，呈白色至淡黄色。为西餐中最重要的食用菌类之一，可单独成菜，也广泛使用于沙拉的制作，调制少司，作为配菜、馅料，用于酿式菜的制作等等。使用时需注意，应在烹调前进行切配，否则切口褐变而影响成菜色泽。选择时以菇形完整、菌伞不开张、色泽正常、质地肥厚致密者为佳。

2. 羊肚菌（Morels）

羊肚菌又称羊肚菜、羊肚蘑，为优良野生食用菌之一，世界各地均有分布。

菌盖呈圆锥形、球形或卵形，表面有许多凹陷，似翻转的羊肚，呈淡黄褐色。质地嫩滑，富有弹性，味道鲜美。常用于制作少司，或作为菜肴的配料。选择时以菇形完整、鲜嫩、无霉烂、无异味者为佳。

3. 金针菇（Enoki mushroom）

金针菇又称朴菇、金菇、毛柄金钱菌等，世界各地广为栽培。滋味鲜甜，质地脆嫩黏滑，有特殊清香。西餐中多用以烫煮后拌食，也作配菜、沙拉用料，或作为肉卷的夹馅，亦可用于制作汤菜。选择时以菌盖微展呈半圆球形、直径0.5 ~ 1.3cm、菌柄长14 ~ 15cm、色正味纯、质地鲜嫩、无褐根、无杂质者为佳。

4. 块菌（Truffles）

块菌又称块菰、地菌、松露菌，主要产于意大利、法国和英国，被欧美人认为是世界三大美食之一。块菌呈不规则球形、椭圆形，表面有突疣及沟缝。常见的有黑块菌、白块菌。块菌质硬，具有浓郁的香味，口感极其鲜美。西餐烹饪中广泛运用于开胃菜、沙拉、汤品、菜肴、西点、甜品等的制作中，具有增香、提鲜、配色的作用。因鲜品在冷藏条件下只能有数天的保质期，因此，西餐中亦常使用油浸制品、罐藏品。选择时以形状完整、质地坚实、风味浓郁、鲜嫩、无腐烂者为佳。

第三节　西餐常用畜肉原料

一、牛肉（Beef）

牛肉是西餐烹饪中使用最为普遍的畜肉。经过人们的不断培育，现在的肉用牛优良品种很多，如法国的夏洛来牛、利木赞牛，瑞士的西门塔尔牛，英国的安格斯牛，日本的神户牛等。

牛肉通常分为成年牛肉和小牛肉两大类。肉用牛一般生长期为2 ~ 3年，小牛肉为取自年龄1岁以下的牛犊的肉。由于肉质不同，因此，应根据肌肉的特点及部位采取适当的烹调方法。

成年牛的分割如图4-1所示。

1. 前肩部（Chuck）

包括上脑和第1根至第5根肋骨部分。上脑是指牛脊背前部、靠近后脑的肉，肉质肥嫩。适于煎、铁扒，亦可烩、焖。前肩可用于加工前肩肉眼牛排、肩胛牛排。

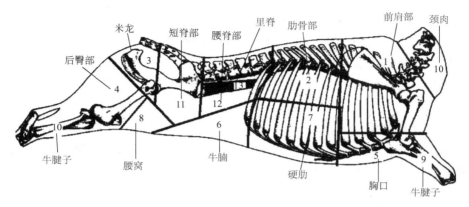

图4-1　成年牛的分割

2. 肋骨部（Rib）

由第6根至第12根肋骨组成的部位较规则的肋骨上半部和脊肉构成，肉质鲜嫩，可加工无骨或有骨的肋骨肉眼牛排。适宜烤、铁扒、煎等。

3. 米龙（Rump）

牛尾跟部、前接牛排的肉，表面有膘，肉质较嫩。适宜铁扒、煎。

4. 后臀部（Round）

主要是由米龙、里仔盖、仔盖和部分腰窝构成。仔盖又称银边，肉质较嫩，可加工银边牛排（瑞士牛排）、后臀肉眼牛排。

5. 胸口（Brisket）

位于前肩下面、前腱子和硬肋之间。该部位肉质肥瘦相间，筋也较少，适宜煮、炸等。

6. 牛腩（Thin flank）

牛腩又称薄腹，肉层较薄，有白筋，可加工成薄腹牛排、牛肉馅，及制香肠等。

7. 硬肋（Plate）

硬肋又称短肋，指第6根至第12根肋骨的下半部，肉质肥瘦相间，适宜剔筋后制作硬肋牛排、切块制作烩牛肉或加工牛肉馅，也适于牛肉制品的加工。

8. 腰窝（Thick flank）

腰窝又称后腹，肉质较嫩，适宜烩、焖等。

9. 牛腱子（Shank）

骨、筋膜较多，肉质较老，适宜烩、焖及制汤。

10. 颈肉（Sticking piece）

肉质较差，适宜煮、炖、烩，加工肉馅，制香肠等。

11. 短脊部（Short loin）

从第13根肋骨到腰脊的前半部，肉质鲜嫩，可加工成T骨牛扒。适宜烤、铁扒、煎等。

12. 腰脊部（Sirloin）

腰脊部亦称为西冷、沙朗，位于短腰和米龙之间，脊肉较短腰部脊肉粗，肉质鲜嫩，仅次于里脊肉，是加工西冷牛扒、三角状牛扒的部位。适宜烤、铁扒、煎等。

13. 里脊（Beef fillet，Tenderloin）

里脊又称牛柳、牛菲力，位于牛腰部内侧，从第13根肋骨处，由细到粗一直延伸到盆骨，左右各有一条，是牛肉中肉质最鲜嫩的部位，为制作质量上乘的牛扒用料，如当内陀斯菲力牛扒、莎桃布翁菲力牛扒、比菲迪克菲力牛扒（薄片牛扒）。

小牛肉通常可在第12根至第13根肋骨之间切开成前半段和后半段两部分。其瘦肉为淡粉红色，肌间脂肪较少，水分含量高，肉质细嫩，腥膻味小，味道清淡。其后腿肉、肩肉适于烤、制作肉卷或去骨后填馅，小牛的牛脊肉类似菲力牛扒，小牛的胸肉可去骨后填馅或制作肉卷，小牛后臀肉、腰肉可制作牛扒。通常采用烤、焖法成菜。

牛肉在西餐中可采用煎、扒、焗、烤、炖、煮、焖、烧等多种方式成菜。常作为菜品的主料，也常与其他原料相配成菜，可作为馅心、面点的用料，也是调制基础汤不可或缺的原料，并广泛用于多种少司的调制，亦常用于牛肉制品的加工。

在选择牛肉时，应从多个方面加以挑选：具有正常的牛肉特征性气味，而不应有酸味甚至腐臭味；弹性好，指压后凹陷立即恢复；表面微干或微湿润，不粘手；肌肉纹理细致而紧密，具有光泽，色泽红润；肌间脂肪分布均匀，呈大理石纹状，色洁白或呈淡黄色，有光泽，并具有的硬度。

此外，西餐中也常使用牛的副产品加工菜肴，如：牛舌，适宜烩、焖等；牛腰，适宜扒、烤、煎等；牛肝，适宜煎、炒等；牛尾，适宜黄烩、制汤等；牛脑，适宜煎、炸等；牛胃，适宜黄烩、白烩等；牛骨髓，作为涂抹食品，或制作牛骨髓少司；牛仔核，为小牛的胸腺，上部靠近颈部呈细长型，使用时去除，下部似大桃仁，呈扁圆形，色泽淡雅，为烹饪加工的部位。其质地细腻，柔嫩鲜美，被认为是珍贵的烹饪原料，通常采用蒸、扒、烩、煎、炒等方法成菜，也可制馅。

二、羊肉（Mutton）

羊肉也是西餐烹饪中常用的畜肉类，通常分为成年羊和羊仔两类。成年羊肉指取自饲龄为1年以上的羊的肉；羊仔肉则是指取自年龄为1～6个月的小羊的肉。羊仔肉被法国人认为是最佳畜肉，也是西餐烹饪中使用最多的羊肉。

目前，提供羊肉的种类主要是绵羊和山羊，其中以绵羊肉质为佳。其特点为：体形大，生长迅速，出肉率高，肉质细嫩，肌间脂肪多，切面呈大理石花纹，腥膻味小。世界上著名品种有无角多赛特、萨福克、德克塞尔及德国美利奴、夏洛来等肉用绵羊。

羊肉在具体使用过程中，也要根据取料的部位选择适当的烹调方式。西餐中对羊肉的分割见图4-2。

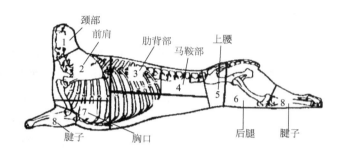

图4-2　羊肉的分割

1. 颈部（Neck）

适宜于烩、煮、烧、炖及制馅。

2. 前肩（Shoulder）

筋膜较多，适宜于烩、煮、烧、焖及制馅。

3. 肋背部（Rib，Best end）

肋背部为使用最多的部位之一，包括脊肉、第7根至第8根肋骨及其他脂肪和肌肉组织等。可加工皇冠羊排、格利羊排等，适宜与烤、煎等。

4. 马鞍部（Loin，Saddle）

马鞍部为使用最多的部位之一，指羊腰部两侧的肉。不带肋骨，但可带或不带脊骨，内侧有两条羊里脊。瘦肉多，质地嫩。可切成大块或薄片，适宜于煎、烤、扒等。

5. 上腰（Sirloin，Chump）

上腰又称巧脯，骨头少，瘦肉多。可加工带骨或不带骨的巧脯肉排，适宜于

煎、烤、扒等。

6. 后腿（Leg）

后腿为使用最多的部位之一，肉多筋少。可带骨或去骨煎、烤，也可焖、煮或制馅。

7. 胸口（Brisket）

肥多瘦少，适宜于烤、焖、烩等。

8. 腱子（Shank）

筋多质老，骨多，适宜焖、煮、烧等。

相对于其他畜肉类，羊肉的腥膻味较重，烹调中应注意去除。可采用焯水、运用香辛调味料或与洋葱、胡萝卜、萝卜、西红柿、香菜等合烹，从而体现出羊肉的鲜香风味。

三、猪肉（Pork）

猪肉也是西餐烹调中常用的畜肉类原料，尤以德式菜运用最为广泛。常分为成年猪和乳猪两大类。成年猪饲龄为1～2年，肉色淡红，质嫩味美。乳猪指尚未断奶的小猪，肉嫩色浅，水分充足，被认为是高档的原料。

在选用猪肉时，大多选用纯瘦肉，肥肉除辅佐脂肪少的肉食外，很少使用。主要使用的是腰脊部和后腿。取自腰脊部的肉（带骨或去骨）统称为"猪排"或"西排"，取自后腿部的肉主要是臀尖肉、坐臀肉、腿肉等。常采用煎、炸、扒、烤、焖、烩等方式成菜。除鲜食外，常加工腌制成火腿、培根、西式灌肠等肉制品。

四、兔肉（Rabbit）

西餐中的兔肉主要有家兔和野兔两类。家兔大多在6个月时宰杀，肉质柔软，味道清鲜，色泽粉红。野兔肉色较暗，质地较老，但鲜香味足，使用时需注意去除异味。常整只或切块后烧烤、煎、焖、烩成菜。

第四节　西餐常用禽肉原料

一、鸡（Chicken）

鸡是西餐中常用的禽类原料之一，常选用肉用型鸡入烹。根据饲龄、季节及养殖方式的不同，又分为雏鸡、春鸡、阉鸡、老鸡等。

雏鸡是指饲龄为1个月，重250～500g的仔鸡。出肉率低，但质嫩味鲜。春鸡即童子鸡，饲龄为2个半月左右，重500～1250g，鲜嫩味美。雏鸡和春鸡常采用整只烤、铁扒、煎、炸等方式成菜。阉鸡即普通肉鸡，饲龄为3～5个月，重1500～2500g的公鸡。出肉率高，质嫩，脂肪丰富，但香味不足，既可整只烤，亦可将鸡胸、鸡腿出肉后煎、炸、烩、焖等。老鸡指饲龄在5个月以上的鸡，肉质较粗硬，但味道鲜香浓郁，在西餐中常作为熬制基础汤的原料。

二、鸭（Duck）

鸭也是西餐中常用的禽类原料之一，主要使用的是肉用型鸭。饲龄为40～50天，重2.5～3.5kg。除整只烤制外，常取肥厚而鲜嫩的鸭胸以烩、焖、煎、烤等方式成菜，并喜爱以水果、果汁为调辅料，而鸭肝则是制作西式特色菜肴"肝批"的主要原料。

三、鹅（Goose）

西餐中所选用的鹅主要是肉用型鹅和肥肝用型鹅。

肉用型鹅可分为仔鹅和成年鹅。仔鹅的饲龄为2～3个月，重2～3kg。成年鹅的饲龄为5个月以上，重5～6kg。西餐中常整只烤、酿成菜，或将取下的胸脯肉、鹅腿采用烤、焖、烩、煎等方式成菜。

肥肝用型鹅来自于专门挑选、精心饲养的鹅，如法国大型鹅、法国朗德鹅、匈牙利鹅、比尼科夫白鹅、莱茵鹅等鹅种。通过"特别饲养"——填喂方式养殖后，使鹅的肝脏在短期内急剧增大至500～800g，最大的甚可重达2kg。此时将鹅宰杀后取出呈浅淡黄色的肝脏，即可用于肥鹅肝的加工。

四、火鸡（Turkey）

火鸡是欧美常用的特色禽类原料之一，常见品种有青铜色火鸡、白色荷兰火鸡、北高加索火鸡等。根据体重不同，可分为大、中、小三种类型，通常情况下，成年公火鸡体重为大型16kg，中型12kg，小型8kg。根据饲龄分为幼火鸡、老火鸡。幼火鸡重2.5～5kg，质地较嫩；老火鸡重6～10kg，甚至可达30kg，肉质较粗老。

火鸡出肉率高，胸肌和腿部肌肉发达，质嫩，味道鲜美。西餐烹饪中，幼火鸡通常是整只烤制，并常用于填馅菜式的制作；成年火鸡常去骨剔肉制作火鸡卷。

五、珍珠鸡（Guinea fowl）

珍珠鸡又名珠鸡，原产于非洲，由于其全身呈灰黑色，羽毛上有规则散布的白色圆斑，状似珍珠，故称为珍珠鸡，是欧美各国的常用禽类原料。

珍珠鸡骨骼纤细，头颈细小，胸肌、腿肌发达，出肉率高。其肉色深红，肉质细嫩而柔软，味道鲜美，为高蛋白质、低脂低胆固醇的特种禽类原料，是宴席上的高档肉禽。珍珠鸡的品种主要有大珠鸡、羽冠珠鸡和灰顶珠鸡，杂交品种也有很多。其中最常见的为灰顶珠鸡类型，如法国伊莎珠鸡。西餐烹调中既可整只烧烤，亦可出肉后扒、烩、煮、焖等。使用时应避免加热过度而使肉质变老。

六、七彩山鸡（Pheasant）

七彩山鸡即野鸡、雉鸡，原产于黑海沿岸和亚洲地区，世界上很多地区均有生长，目前，人工大规模饲养的山鸡品种主要来自于美国。

山鸡羽毛美丽，体形硕大。与野生山鸡相比，生长快，出肉率和产蛋率高。通常重500～1000g，胸肌丰满，肉质细嫩，味道鲜香。西餐烹调中常整只煎、烤，亦可焖、烩、焗等。

第五节　西餐常用鱼类原料

一、鲑鱼（Salmon）

鲑鱼又称鲑鳟鱼、撒蒙鱼、萨门鱼、三文鱼等，为鲑科生长于高纬度地区的冷水鱼类大马哈鱼属和鲑属的统称，洄游或淡水产，为西餐中最为重要的鱼类之一。常见的鲑鱼有银鲑、太平洋红鲑、大西洋鲑、国王鲑、细鳞鲑鱼、大马哈鱼等。其中以大西洋鲑和银鲑的品质最佳。

鲑鱼肉质紧实，弹性好；肉色桔红；肉味鲜美而刺少，脂肪含量高。其鱼子色泽嫣红透明，称为红鱼子，是名贵的原料，可加工红鱼子酱。西餐烹饪中，常切成片后生食，肉质细嫩鲜美；亦适于煮、煎、烤、铁扒、烩、煮汤等方法，并常用于腌制和熏制。

二、鲟（Sturgeon）

鲟广泛分布于欧洲、亚洲和北美洲，为西餐中名贵的食用鱼类，常见的有西伯利亚鲟、施氏鲟、俄罗斯鲟等，现已有人工养殖。鲟的肉质鲜美，刺少骨脆，适宜于煎、炸、烤、烩等多种烹调方法，或用于加工熏鱼，风味更佳。其卵称为黑鱼子，可加工成名贵的黑鱼子酱。

三、河鲈（Peach）

河鲈为欧洲淡水中常见的鱼类。其肉质细嫩且厚实，味道鲜美，无肌间刺，是西餐中常用的淡水鱼类之一。西餐烹饪中，常将体侧肌剔下制成鱼柳、鱼排，采用炸、煎、煮等烹调方法成菜。

四、海鲈（Sea perch）

海鲈又称为花鲈，根据体色分为黑海鲈、白海鲈、红海鲈三种。通常体重为1.5～2.5kg，最大可达25kg。海鲈肉嫩刺少，味道鲜美，西餐中常采用炸、煎、煮等方式成菜。

五、鳜鱼（Mandarin）

鳜鱼又称桂鱼、季花鱼、花鲫鱼、淡水老鼠斑等。其肉质紧实细嫩，刺少，味道鲜美，为西餐中名贵的淡水鱼类之一，可采用多种烹调方法成菜。初加工时需注意：因其背鳍硬刺有毒，应避免被刺伤，否则会红肿疼痛，甚至引起高热。

六、鳀鱼（Anchovy）

鳀鱼又称黑背鳀、银鱼、小凤尾鱼，是世界重要的小型经济鱼类之一，主要分布于太平洋西部海域。鳀鱼肉色暗红，肉质细腻，味道鲜美，因易腐，故常加工成罐头制品，如鳀鱼酱，常作为菜点的配料或少司用料。

七、石斑鱼（Grouper）

石斑鱼是鲈形目鮨科石斑鱼亚科的各属鱼类的统称，为西餐中的名贵海产食用鱼类，种类较多。常见的有赤点石斑鱼（俗称红斑）、青石斑、网纹石斑鱼、宝石石斑鱼、老鼠斑（鳖鱼）等。石斑鱼肉质嫩滑，鱼皮富含胶质，肉多刺少，风味鲜美香浓，素有"海鸡肉"之称。西餐中出肉后，常采取煮、煎、扒等方式成菜，调味以突出其鲜香本味为主。

八、比目鱼（Flatfish）

比目鱼是世界重要的经济海产鱼类之一，为西餐中常用的名贵海水鱼类之一，

包括鲆、鲽、鳎三类，品种很多，如牙鲆、大菱鲆、欧鲽、舌鳎、大比目鱼、柠檬舌鳎、英国舌鳎、都花舌鳎、宽体舌鳎等。比目鱼头小，出肉率高，肌肉色泽洁白滑嫩，味道鲜美。西餐烹饪中，一般去头、剥皮后切段使用，或剔出纯肉，适于煎、煮、铁扒、焗等多种烹调方法成菜。

九、金枪鱼（Tuna）

金枪鱼又称青干、吞拿鱼，主要分布于印度洋和太平洋西部海域，为西餐中常用的名贵海洋鱼类之一。金枪鱼肉色红润，肉质紧实而细嫩，肌间脂肪丰富，味道鲜美。西餐烹饪中多切片生食，故要求鲜度高，捕获后立即宰杀、去鳃和内脏并清洗血污后冰冻保鲜冷藏。亦可切片后铁扒、煎、炸、盐渍，并常与各种坚果搭配成菜，或做馅心。亦常加工成罐制品、熏制品，是制作三明治、开胃菜、冷盘等的常用原料。

十、鲱（Herring）

鲱又称青条鱼、青鱼、红线、海青鱼等，是世界重要的经济鱼类之一，主要分布于太平洋西北海域。鲱鱼虽然小但刺较多，肉质肥嫩柔软，脂肪含量高，味道鲜美，是西餐中常用的海水鱼类之一，常采用烤、煎方法成菜，亦常腌渍、熏制和制罐。此外，鲱鱼的产卵量大且鱼卵颗粒亦大，称为青鱼子，为名贵的原料。

十一、沙丁鱼（Sardine）

沙丁鱼又称沙脑鳁、真鳁、大肚鳁，是世界重要的小型经济鱼类之一，广泛分布在南北半球的温带海洋中。沙丁鱼肉质鲜嫩，为高脂鱼类，味道鲜美，主要用于加工罐头。

十二、鳕鱼（Cod）

鳕鱼又称鳘鱼、大头鱼，为冷水性底层鱼类，主要分布在大西洋北部的冷水区域，为西餐中常用的海水鱼类之一。鳕鱼肉色洁白，质地细嫩，刺少，味清鲜，常剔肉后采用煎、扒、烤、煮等方式成菜。

十三、真鲷（Red porgy，Genuine porgy）

真鲷又称加吉鱼、红加吉、红立，主要分布于印度洋和太平洋西部海域，为

西餐中的名贵食用鱼类之一。真鲷的肉质细腻而紧实，味清淡而鲜美。西餐中常用清煮、清炖或白汁、煮汤等方法成菜，以体现其本味。除鲜食外，还可制成罐头和熏制品。

十四、银鳕鱼（Sablefish）

银鳕鱼又称裸盖鱼、裸头鱼，为冷水性底栖鱼类，产于日本北部、勘察加半岛的白令海海岸、阿拉斯加、加利福尼亚州等海域，为许多国家的主要食用鱼类之一。银鳕鱼出肉率高，肉色洁白，肉质细嫩，鲜香浓郁，脂肪含量高。西餐烹饪中，常采用烤、煎、焗、扒等方式成菜。

十五、鳟鱼（Trout）

鳟鱼为淡水产冷水性鲑鱼类，亦有洄游种类。原产于北半球，现已被广泛引入世界各地进行养殖，盛产期为11～12月，以丹麦和日本出产的鳟鱼最为著名。主要品种有虹鳟、金鳟、山鳟等，均为质优价昂的高档鱼品。鱼体刺少肉多，肉色洁白，质地细嫩而略脆，味道鲜香。鳟鱼是西餐中常用的鱼类原料之一，鲜品常用于生食，也常用于烧烤、煮烩，或将鱼排切下煎炸成菜。

第六节　西餐常用其他水产类原料

一、对虾（Prawn）

对虾是一种暖水性经济虾类，主要分布于世界各大洲的近海海域。种类较多，常见的有大虾、日本明虾、深海明虾、斑节对虾、都柏林明虾等。对虾躯体肥硕，壳薄且光滑透明，腹部肌肉发达，出肉率高，肉质细嫩，味道鲜美。对虾为西餐烹饪中的名贵食用虾类，常采用奶油煮或水煮，整只或去壳后制成虾排煎、炸、串烤等方式成菜，也常作为海鲜沙拉、意粉、馅心的用料。最宜选用活虾，选择死虾时以虾头与虾身连接牢固、虾头未变黑、虾肉与壳紧贴、虾腹部弯曲等为佳。

二、龙虾（Lobster）

龙虾是虾类中最大的一类，栖息海底，行动缓慢，分布于世界各大洲的温带、亚热带、热带海洋中。龙虾品种较多，常见的有锦绣龙虾、波纹龙虾、中国龙虾、

日本龙虾、赤色龙虾、澳洲龙虾等。龙虾体长20～40cm，一般重约500g，大者可达3～5kg，腹部肌肉发达，肉色洁白，质地紧实而细嫩，味鲜美。龙虾是名贵的海产原料，常采用焗、烤、奶油煮等方式成菜，是制作美式龙虾汁不可或缺的原料。选择时以体长20cm左右、壳硬、鲜活者为佳。

三、波士顿龙虾（Boston spiny lobster，Homard）

波士顿龙虾又称龙鳌虾，产于大西洋北部地区，以波士顿为集散地。自然生长状态下，波士顿龙虾体长可达61.3cm，体重达19.3kg。外形与普通龙虾相似，但有发达的鳌足。波士顿龙虾肉味鲜美，食用价值高。与其类似的尚有欧洲龙鳌虾。两者的烹调运用及选择标准同龙虾。

四、淡水小龙虾（Crayfish，Crawfish，Crawdad）

淡水小龙虾又称克氏鳌虾、鳌虾、淡水鳌虾，原产于美国南部和墨西哥北部，为较大型的淡水虾。其体形粗壮，鳌足强大且小于体长，体表深红色或红黄色，头胸部特别粗大，占体长的一半，外骨骼坚硬，出肉率低，肉质细嫩但具有泥腥味。西餐烹饪中，淡水小龙虾常取肉后采用煮、烩、串烤等方式制作沙拉、开胃菜等。必须选用鲜活的淡水小龙虾。

五、海水小龙虾（Langoustine，Scampi）

海水小龙虾又称海鳌虾、挪威小龙虾等，主要产于大西洋北部，是西餐中常用的一种虾类。海水小龙虾的体色较浅、鲜艳，体形细长，鳌足较纤细且与体长几乎等长，外骨骼较薄，出肉率较高，肉质细嫩，味道鲜美。西餐烹饪中，海水小龙虾可整只烧烤、串烧，亦可取肉后采用奶油煮、薄汁煮、串烤等方式成菜。选择时以鲜活或冰鲜品解冻后虾头鲜红、虾身和虾壳之间无缝隙、尾部蜷曲、虾肉透明者为佳。

六、梭子蟹（Portunid）

梭子蟹又称三疣梭子蟹、蝤蛑、枪蟹、海蟹等，因头胸甲呈梭子形，故名梭子蟹。梭子蟹生长于近岸浅海，为广布世界海岸线的重要经济蟹类。梭子蟹的种类较多，如三疣梭子蟹、蓝蟹、天鹅绒蟹等。梭子蟹肌肉发达，出肉率高，脂膏肥满，味道鲜美。常水煮后取肉，采用多种方法成菜，如煎、煮、炸等，可作主料、配料、馅心料、调味料，可用于菜肴、西点、意粉、汤等的制作。

七、锯缘青蟹（Mud crab）

锯缘青蟹又称膏蟹、青蟹，喜栖于温暖且盐度较低的浅海，广布于印度—西太平洋热带、亚热带海域，现人工大量养殖，是重要的海产蟹之一。其头胸甲稍宽，形似椭圆形，体色青绿，螯足强大，不对称。锯缘青蟹的肉质肥嫩，味道鲜美，营养丰富，可食率达70%。常水煮后取肉，采用多种方法成菜，如煎、煮、炸等，可作主料、配料、馅心料、调味料，可用于菜肴、西点、意粉、汤等的制作。

八、皇帝蟹（King crab）

皇帝蟹又称帝王蟹、巨蟹，通常在100～180m的深海栖息，盛产于南太平洋的澳大利亚，为名贵蟹类。皇帝蟹为大型蟹类，体长可达1.6m，重可达13kg。其头胸甲呈梨形，背面有颗粒状突起，雄蟹通常大于雌蟹。根据体色分为红色、蓝色和棕色三类。皇帝蟹的出肉率很高，尤以红色帝王蟹为甚，易剥离壳体，但其肉质略显粗糙。

国际市场上销售的皇帝蟹主要有鲜活的和冰冻的两种。鲜活的皇帝蟹大多在当地出售，更多的是在捕捉后将附肢砍下，然后煮熟制成速冻品或罐头行销。对于冰冻的皇帝蟹，应先缓慢解冻或浸泡在冷水中解冻。质量较差的皇帝蟹会带有海咸味，可在入烹前在开水中焯烫一下，从而充分展现其独有的鲜甜风味。

西餐烹饪中，最简单的方法是将蟹肉取出后制作各种沙拉，或是将蟹肉取出后直接蘸融化的黄油（有时加些大蒜粒）、淋上青柠汁食用；最常用的方法是焗、煮、蒸。要注意的是：为了保护蟹肉柔嫩的质地和鲜美的风味，蒸、煮的加热时间应控制在5～8min，烤、焗时不要超过15min。

九、首长黄道蟹（Dungeness crab）

首长黄道蟹又称珍宝蟹、登杰内斯蟹，分布于太平洋北美洲沿海，主要产于北加州、俄勒冈州和华盛顿州近海水域，产量很大。该蟹背甲长16cm以上，平均体重为0.7～1kg，附肢出肉率高达60%。此外，黄道蟹分布于世界各大海洋中，为欧美重要的经济蟹类。与其类似的尚有普通黄道蟹（皮荚蟹、拳击蟹）。西餐烹饪中，可将附肢取下煮熟后食用；亦可将肉取出再行运用，制作沙拉、蟹肉饼等或煎、炸成菜。

十、鲍鱼（Abalone，Mutton fish，Paua）

鲍鱼在世界沿海国家均有出产，品种较多，以澳洲、日本、新西兰、南非、中国等国家为主要出产国，以日本、南非所产质量最佳，现已大量人工养殖。鲍鱼的足部肥厚，约占体重的40%，是主要的食用部分。西餐烹饪中应用的鲍鱼主要有活鲜品、速冻品、罐头制品三类，常以高级珍品出现在高级宴席上，生食或奶汁烤、烩，也可制汤、冷菜等。

十一、蜗牛（Edible snail，Escargot）

源于欧洲的食用蜗牛的养殖历史已有百余年，目前已遍布欧洲、亚洲、非洲、大洋洲等地，主要养殖的种类有欧洲的盖罩蜗牛、散大蜗牛、光亮大蜗牛，非洲的黑色褐云玛瑙蜗牛，亚洲的中华白玉蜗牛等。

散大蜗牛俗称庭园蜗牛、苹果蜗牛，肉质滑嫩、味道醇香而独具特色，可带壳烹调食用，属于食用蜗牛中的稀有种类，被列为食用蜗牛之首，主产国为法国和英国。盖罩蜗牛俗称法国蜗牛、葡萄蜗牛，主要分布在法国、英国、奥地利、意大利等国家，为法国等国人们喜爱的传统食品之一。光亮大蜗牛原产中欧，现分布于西欧各国，主要产于法国、意大利等国家，肉质呈淡黄色或淡黑褐色。褐云玛瑙蜗牛又称非洲大蜗牛，主要分布于非洲的热带地区，个体较大，足及颈部、身体肌肉表面呈淡黄色、乳白色，是主食蜗牛之一。白玉蜗牛又称中华白玉蜗牛、白肉蜗牛，是人工饲养的蜗牛品种中个体最大的一种，以肉色洁白而著称。

蜗牛富含蛋白质，各种必需氨基酸齐全，钙的含量约为牛肉的25倍，是法国和意大利的传统名贵原料，为高级宴席的必备名菜。除鲜活品外，亦有速冻品和罐头品。烹调前需用稀酸处理黏液，然后采用烤、烩、烧、煮、焗、酿等方式成菜，是法国和意大利的传统名贵原料，为高级宴席的必备名菜。

十二、牡蛎（Oyster）

牡蛎又称蚝、蠔等，广布于热带和温带海域，为西餐中常用的贝类原料之一，常见品种有法国牡蛎、东方牡蛎、葡萄牙牡蛎等，其中以法国牡蛎最为著名。牡蛎肉质脆嫩、嫩滑多汁、味鲜略腥。西餐中主要供生食，常配以柠檬汁淋食或蘸食；或开壳后配奶酪、大蒜等采用烤、焗等方法成菜；亦可取肉后炖、烩、煎、煮汤等。选择时以个大、鲜活、质重者为佳。

十三、扇贝（Scallop）

扇贝在世界沿海各地均有出产，为西餐中常用的贝类原料之一，品种很多，

质佳品种有海湾扇贝、地中海扇贝、皇后扇贝等。扇贝主要以发达的后闭壳肌供食。扇贝肉色洁白而透明、质地细嫩、味道鲜美，为西餐中应用的高档原料，可采用多种方法成菜，如蒸、烤、焗或取肉后煎、扒，亦可制汤，但应注意加热时间宜短。选择时以鲜活、闭壳肌肥大且透明者为佳。

十四、贻贝（Mussel，Moule）

贻贝又称壳菜、淡菜等，产于世界各地的近海海域，为西餐中常用的贝类原料之一。贻贝的品种较多，常见的有紫贻贝、翡翠贻贝、厚壳贻贝。贻贝多整体食用，其肉质柔软、质地细嫩多汁、味道清鲜。西餐中常生食、带壳加葡萄酒蒸，或焗、烤，亦常用于海鲜汤的熬制。选择时以鲜活、肉质富有弹性和光泽者为佳。

十五、缢蛏（Razor clam）

缢蛏又称蛏子、青子等，是中国、日本等邻近国家的特有种类。缢蛏的足部肌肉特别发达，味道十分鲜美。洗净后可采取煎、烤、焗、煮等方式成菜，选择时以鲜活、个大、肉质洁净者为佳。

十六、北极贝（Surf clam）

北极贝是生长在北大西洋深海沙层中、耗时十二年之久缓慢长成的贝类。通常在离加拿大海岸300km左右、无污染的北大西洋海底捕获，品质纯净。生鲜北极贝斧足发达，为红色、橘红色、白色，味道鲜美，肉质爽脆，营养丰富。因北极贝是在捕捉后即在捕捞船上经清洗、去壳、取肉、烫熟并急冻而成，因此，经自然解冻即可食用。生食最能体现其鲜甜柔嫩的特点，亦可添加在沙拉、寿司、意大利粉、开胃菜等食物中食用。

十七、象拔蚌（Geoduck clam，Gooeyduck clam）

象拔蚌又称海笋、穿石贝、象扒蚌、象鼻子蛤等，种类较多，以北美洲所产为佳。象拔蚌的水管特别发达，为食用的主要部位，其肉质爽脆，味鲜甜。初加工时，需将水管外的厚皮撕去，既可切片生食，口感脆嫩爽滑；也可煎、扒、煮汤等，但加热时间不宜长，否则使肉质老韧。另外需注意，其内脏常含有毒素，不宜食用。

十八、乌贼（Cuttlefish）

乌贼又称墨鱼、乌鱼、目鱼，在世界各大海域中均有分布。乌贼的鲜品肉色洁白，质地柔韧，口感鲜甜。多选用鲜品入烹，可生食，亦可焯煮、裹面包糠煎炸、扒、串烧，用于海鲜沙拉、主菜、汤等的制作。乌贼是意大利菜式中的常用原料，广泛用于菜肴、意粉等的制作，并喜爱在菜肴、面食中添加乌贼墨囊中的墨汁，为菜肴添加独特的味道，如威尼斯市的"黑色有味饭"和"墨汁煮墨鱼"。选择时以肉质肥厚、色泽洁白、无异味、无黏液者为佳。

十九、枪乌贼（Squid，Calamari）

枪乌贼又称鱿鱼、柔鱼、油鱼等，主要产于我国南海北部、日本九州、菲律宾群岛中部、西欧西部、美国东部与西部海域。常见种类有中国枪乌贼、太平洋斯氏柔鱼、火枪乌贼、日本枪乌贼等。枪乌贼体长，肉质肥厚，味道鲜美。西餐中多选用鲜品入烹，使用方法和选择标准与乌贼类似，此外，亦常用于酿式菜肴的制作。

二十、蛸（Octopus）

蛸又称章鱼、八带鱼、八爪鱼等，分布于世界各海域，大部分为浅海性种类。常见品种有短蛸、长蛸和真蛸等。蛸以发达的腕足为主要供食部位，其肉质柔软脆嫩，味道鲜甜，西餐中多选用鲜品入烹，使用方法和选择标准与乌贼类似。

第七节　西餐常用制品类原料

一、乳制品类

1. 奶酪（Cheese）

奶酪又称乳酪、芝士、起士，将消毒后的鲜奶经凝乳酶的作用，使蛋白质凝固析出后而得到的产品。若经过了乳酸发酵，称为酸奶酪。

奶酪的分类方法有很多。根据质地可分为特软奶酪（水分含量80%，如全部的新鲜奶酪）、软质奶酪（水分含量50%～70%，如布里奶酪、塔勒吉奶酪等）、半软质奶酪（水分含量40%～50%，如太尔西特奶酪、荷兰古乌达奶酪等）、半硬质青纹奶酪（水分含量40%～50%，如法国罗奎福特奶酪等）和硬质奶酪（水分含量30%～50%，如切达奶酪、兰开夏奶酪等）。根据奶酪的外壳可分为白色

霉菌性外壳奶酪（外壳呈白色，可食用）、洗型霉菌外壳奶酪（外壳呈橘黄色甚至红色，软而潮湿，但不粘手，不能食用）、天然干燥外壳奶酪（外壳粗硬厚实，甚至长有霉斑，不能食用）、有机型外壳奶酪（奶酪成熟后加香草或叶子）和人造外壳奶酪（奶酪表面加灰、上蜡或塑封）。根据加工工艺可分为新鲜奶酪、未压榨型成熟奶酪、压榨型成熟奶酪、经过煮制和压榨的成熟奶酪和纺丝型奶酪。

选择奶酪时以气味纯香或浓烈、表面无水珠或油滴、切面新鲜无裂缝、外观无皱褶或霉斑者为佳。西餐中，奶酪常直接食用，也可切块或切片后放入融化的奶油中食用，制作奶酪火锅，并广泛用于菜肴、西点、汤、少司等的制作，如意大利批萨、奶酪焗饭。奶酪一旦开封启用，要尽快用完，或在冰箱中短期冷藏，否则，会造成水分流失，甚至腐败变质。

2. 奶油（Cream）

奶油是鲜乳中分离出的稀奶油经杀菌、成熟、搅拌、压炼而制成的乳脂制品。其营养丰富，脂肪含量高，可直接食用，也可作为烹调用油。

按加工方式的不同可分为鲜奶油、酸性奶油和重制奶油（黄油）三类。

鲜奶油是将鲜奶浮层的油脂撇出，搅拌均匀后冷却而成。味道鲜美醇香，是制作西点和冷饮的绝好原料，也是汤菜、热菜和甜菜的调料。如奶油慕斯是宴会的佳肴；加糖抽打成膨松体的甜奶油，是制作裱花蛋糕、冷饮、西点的装饰和赋味的原料。

酸性奶油是以经杀菌的稀奶油为原料进行乳酸发酵或酵母发酵制成的淡味或咸味奶油。西餐烹饪中可作为荤素菜肴的调料，用于赋味、增香。

重制奶油即将牛乳经 $30 \sim 40℃$ 预热后，在牛乳分离机中将牛乳分离成稀奶油（含脂 $30\% \sim 50\%$）及脱脂乳两部分，然后将稀奶油经杀菌、冷却、摔油、洗涤、压炼、成型等工序制成。呈软粒状，熔融后透明无沉淀，在西餐烹调中占有重要的地位。可作为面包等的涂抹食品；亦可加入汤汁内，具有增稠和赋予奶香的作用；并可淋洒在煎、炸、烤的热菜上增加菜肴的芳香味和光泽感。

二、肉制品类

1. 火腿（Ham）

西式火腿又称盐水火腿、蒸煮火腿，是欧洲各国的主要肉制品之一，有无骨火腿和有骨火腿两类。

（1）无骨火腿　无骨火腿是将猪后腿修整成纯瘦肉，切成片状或块状，然后将用盐、味精、硝酸盐和其他辅料配成的料液注射入肉块中，接着在滚揉机中滚揉 1h 左右，加入由淀粉和盐水配成的糊料再次滚揉约 30min，使肉块相互粘连，

然后放入衬有塑料袋的长方形铝模中，密封后在水中煮熟，取出冷却后再装入塑料袋或听中冷藏。成品呈长方形，称为"方火腿"，每只约3kg，无皮，肉色淡红，质地紧密，弹性良好，口味鲜美，水分适中。若铝模为圆形，制作出的无骨火腿称为"圆火腿"。若水煮后经过熏制，称为"熏火腿"。若不用铝模，而是用纱绳捆扎成型，称为"扎肉"。

（2）有骨火腿 有骨火腿的外形类似我国传统火腿，用整只带骨的猪后腿制作。但加工方法复杂，加工时间长。先将整只后腿肉用盐、胡椒粉、硝酸盐等擦干表面，然后浸入加有香料的咸水卤中腌渍数日，取出后风干、烟熏，再悬挂一段时间，使其自然发酵成熟，从而形成良好的风味。名品有苹果火腿、法国烟熏火腿、苏格兰整只火腿、德国陈制火腿、意大利火腿等。

西式火腿在西餐中的应用非常广泛，可做主料、配料，可做冷盘，也可制热菜，可蒸、煮、煎、烤后熟食，有骨火腿还可供切片生食。

2. 培根（Bacon）

培根又称烟熏咸猪肉、板肉，因大多是用猪的肋条肉制成，亦称烟熏肋肉。通常选用猪的肋腹部肉经整形、盐渍、水浸、烟熏、包装而成。培根为半成品，原料肉可带骨或不带骨，带皮或不带皮。采用湿腌、干腌或注射盐水的方式腌渍。根据原料部位的不同，培根分为大培根、奶培根、排培根三类。大培根以猪的第三肋骨至第一节骑马骨处猪体的中段为原料经去骨制成，重7～10kg；奶培根以去骨奶脯肋条的方肉为原料加工而成，带皮的每块重2～4.5kg，去皮的一般不低于0.5kg；排培根以猪的大排为原料经去骨后制成，每块重2～4kg，是培根中质量最好的一种。

培根成品色金黄，肥瘦适度，肉质细嫩，色泽美观，有鲜香而浓郁的烟熏风味，是西餐中常用的肉类原料。最普遍的食用方法是将培根切成片状煎烤，或与鸡蛋共煎制成"培根蛋"，或生食，亦可作为汤料、馅料、少司甲料等。

3. 西式灌肠（Sausage）

西式灌肠一般以猪瘦肉、猪肥膘和牛肉等为主料，经搅碎后，加入淀粉、胡椒粉等配料和调味料制成馅，灌入肠衣，先经短时烘干，再经煮熟和烟熏而成。多为熟制品，也有半熟制品或生制品。最早见于欧洲，后传到世界各地，有数千种之多。

西式灌肠按产地分有德式小香肠、米兰色拉香肠、维也纳牛肉香肠、法国香草色拉米肠等。按照大小、加工方法等分为大红肠、小红肠、午餐肠、粉肠等。小红肠是消费量最大的灌肠，始产于维也纳，以羊小肠灌制，肠体细小，形似手指，稍弯曲，长12～14cm。大红肠以牛肉为主，辅以部分猪肉制成，以牛盲肠

灌制，肠体粗如手臂，长40～50cm。

西式灌肠口感鲜嫩细腻、风味各异。除灌肠熟制品供直接食用外，还可采用煮、蒸、煎、炸、炒、烩等多种烹饪方法制作冷盘、菜肴、汤品等。

三、其他制品类

1. 肥鹅肝（Foir gras）

肥鹅肝是将经特别肥育的鹅的整只肝取出后，加入鹅油、食盐、香料等，经长时间烹煮使之成熟入味，装入罐中即可行销世界各地。有时在制作过程中会加入黑块菌，为肥肝增鲜增香，从而产生一种特殊的香气。

肥鹅肝从重量、新鲜度、完整性、颜色等方面分级。优质肥肝600～900g，肝色微红，稍带灰黄，肥大，较坚实；一级肥肝350～599g，肝呈灰白色，大而坚实；二级肥肝250～349g，白色，肥大而质软。此外，白色带有血斑，或苍白色、肿大而质硬的肝则不能作为原料使用。

肥鹅肝中脂肪含量高达60%左右，加热后可产生特别诱人的香味。另外，鹅肝的脂肪熔点为35℃，接近人体的体温。所以，质量上乘的肥鹅肝柔嫩细腻滑润、入口即溶、醇厚浓腴、鲜香悠长、无异无腥，给人们带来一种绝妙的感官享受。

肥鹅肝的食用方法有很多种，可作开胃菜、热菜或冷菜，也可作为汤菜、少司的原料，法式菜中的应用最为广泛。

2. 鱼子酱（Caviar）

鱼子以大马哈鱼（红鱼子）、鲟鳇鱼（黑鱼子）、鲱鱼（青鱼子）、鲐鱼、大黄鱼等鱼的卵为原料腌制而成。分为红鱼子酱和黑鱼子酱两大类，以黑鱼子最为名贵，红鱼子也为上品。成品呈颗粒状，酱汁较少，风味咸鲜，有特殊腥味。

鱼子可直接夹在面包片、馒头片里食用，也可用于凉拌，常作为开胃小吃或冷菜的赋味、装饰、点缀，并可作为少司的原料，如莫斯科少司。

第八节 西餐常用调味香草及其品质鉴别

一、龙蒿（Tarragon，Estragon）

龙蒿又称他拉根香草、太兰刚香草，主要产于俄罗斯东南部地区和南欧。全株具有浓烈的香味，通常选用其嫩苗叶，广泛用于肉食菜肴以及汤品的调味、装饰，是法式菜肴中最常用的香料之一。干枝龙蒿可浸没在红酒醋中制作成别具风味的龙蒿香醋，常用于少司的调味。若将干燥的龙蒿磨成细粉可直接用于法式沙

拉、汤品的调味。

二、迷迭香（Rosemary）

迷迭香又称海洋之露，原产于欧洲南部及北非地中海沿岸，以法国、西班牙所产较多，法国所产质量最佳。迷迭香全株具强烈的青草香气，是在法式和意式西餐烹饪中常用的香草。广泛用于肉类、禽类、海鲜、蔬菜等菜肴和汤品的调香。由于迷迭香风味浓烈，用量宜少，以免压抑主味。

三、牛至（Oregano）

牛至又称满坡香、五香草、阿里根奴香草，主要产于地中海沿岸。牛至具有浓烈的芳辛香气，西餐烹饪中以叶和花序顶端部分的干品作香辛料，用于多种味浓菜点的赋味和调味料的调配，如炸鱼、牛仔肉、奶油鸡、酿白菌、苋菜汤等；尤其是在制作意大利的"批萨薄饼"时，必须添加牛至，因此，又被称为"批萨草"。此外，牛至的风味与番茄及干酪十分相配，也多用于配制番茄少司。牛至还常与其他香料混合使用，是调配墨西哥、意大利、希腊等国风味菜式的重要香辛料。由于风味浓烈，使用时应注意用量，并避免长时间加热。

四、甘牛至（Marjoram）

甘牛至又称花薄荷、墨角兰、马佐连等，意大利称之为"蘑菇草"，原产于西亚和北非，主产区为法国、美国、德国、意大利及欧洲其他地区，以西亚地区所产最佳。甘牛至具有温雅的芳香气息，是西餐烹饪中常用的香辛料，主要见于英式菜、德式菜和意式菜的制作中，以花期干燥植物体上端的茎、叶和花序部分作为香辛料，广泛用于肉类、禽类、鱼类及其他水产类、多种蔬菜的增香赋味，尤其是为鸡肉和火鸡的填馅料增香效果很好，也用于味重的意式面点如批萨饼的调香。因其香气浓烈，宜少量使用，并避免长时间加热。

五、百里香（Thyme）

百里香又称麝香草、山胡椒等，原产于地中海沿岸，法国、意大利、美国等国家栽培较多。百里香具有特殊且浓郁的香气，略苦，是西餐主要的香料之一，鲜用或干用，是法式香草束（再加上欧芹、月桂叶）的组成之一，常用于鱼类、肉类、汤类、少司等的调味，鲜品亦可直接拌制沙拉或烹炒后作为配菜食用。百里香香气十分浓烈，宜少量使用。

六、罗勒（Basil）

罗勒又称毛罗勒、甜罗勒、丁香罗勒、甜藿香、紫苏薄荷等，原产于亚洲和非洲热带地区，以法国所产最佳。鲜罗勒的香味辛甜似薄荷，并略有丁香味感，干燥后味道略苦。西餐烹饪中，鲜嫩茎叶可作香辛蔬菜使用，生食、制汤或煎熟后用油盐调味食用，如著名的意大利"热那亚风味罗勒酱"。此外，新鲜的茎叶或干品可用于菜肴的调味，多见于美式菜、意式菜中，除了广泛用于肉类、蛋类、鱼类、奶酪、面食的压异增香外，最常用于番茄类菜式中，如番茄汤、番茄杂菜沙拉等，也用于水鱼清汤、意大利杂菜汤以及含醇饮料、酒醋的调香，如法国的罗勒香醋。

七、洋苏叶（Sage）

洋苏叶又称茜子、水治香草、撒尔维亚，原产于地中海沿岸。洋苏叶的茎叶芳香浓郁，是西餐中常用的香草，尤为英国人、意大利人所喜爱。在西餐菜肴的制作中，常将洋苏叶的叶片经阴干后粉碎作香辛料使用，主要用于以肉类、禽类、海产类等为原料的菜肴制作及其制品的加工，尤其是常常加入猪肉馅中用来制作猪肉饼、灌肠等；或是与大蒜粉、胡椒粉混合，用于上述原料烹制前的增香除异。此外，新鲜的洋苏叶叶片常用于沙拉、奶酪等的调香；或作为面包、小松饼等其他食品食用时的香辣调味汁的香料。

八、欧芹（Parsley）

欧芹又称荷兰芹、法香、洋芫荽、番芫荽、旱芹菜等，原产于地中海沿岸，以荷兰所产最多、质量最佳。鲜嫩的欧芹具有独特香味和浓绿色泽，是西菜制作中不可缺少的香辛调味蔬菜。嫩叶除了用于冷热菜、拼盘的配色点缀外，还常用于动物性原料的制作，尤其是鱼类菜肴和高加索式菜肴；亦可直接炒食等；或是用于调味酱汁的制作，如欧芹酱、欧芹浇汁等。

九、香芹菜（Caraway）

香芹菜又称藏茴香、葛娄子，广泛分布于欧洲、亚洲及北美地区，其中以荷兰所产质量最佳。香芹菜全草及果实均含有松子和薄荷的混合香气，并略有柠檬香气，味清甜微苦，西餐烹饪中多用于德式菜的制作。其白色肉质直根可以作为西菜的配料，其嫩叶常用于冷热菜中，起增香、配色、装饰的作用，其籽可供提取精油、或磨成粉末，广泛用于肉类制品、乳制品以及面包、罐头、酒类等食品的增香。

十、细叶芹（Chervil）

细叶芹又称雪维菜、山萝卜、西洋芹、茴香芹等，原产于黑海和地中海地区以及亚洲西部，在欧洲栽培历史悠久。细叶芹全株具有挥发性香气，鲜用具有增香除异、点缀装饰菜点的作用，也可将叶片干制后使用。广泛用于蛋类、鱼类、肉类、沙拉和汤品的调味，如俄式菜"胡椒土豆烧牛肉"常用细叶芹；或作为禽、鱼的填馅料。此外，也是配置各类调味料、奶酪和烘烤食品的风味料的主要香料。由于细叶芹的风味加热后会大大减弱，因此，应在起锅前或食用时再添加。

十一、薄荷（Mint）

薄荷又称野薄荷、水薄荷、苏薄荷、南薄荷、鱼香草等，广泛分布于北半球温带地区。薄荷茎叶具有令人愉快的芳香和清凉感，并略带甜味，具有赋香、除异、解腻、防腐的作用。可用于肉类、鱼类菜肴的烹制，面点、小吃的赋味，以及冷饮、酒类的调味。如在西餐制作中，将鲜嫩的薄荷叶撒在牛肉、羊肉菜肴的表面，或榨汁后淋入；作为沙拉的用料或配菜；用于甜点的制作等等。由于薄荷的香气易受热损失，故多用于冷菜、冷点中，若用于热菜，则需在起锅后或食用前加入。

十二、留兰香（Spearmint）

留兰香又称香花菜、绿薄荷、青薄荷，原产于欧洲，现在世界各地广泛栽培，以美国产量最大，英国所产质量最佳。留兰香具有清新凉爽的气息，略有甜味和辛辣味。西餐烹饪中常以其嫩茎叶的鲜品或干品作为香料使用，尤以鲜品的香味浓郁宜人，可加入酒或果汁中增香，如鸡尾酒、威士忌、汽水、冰茶、果子冬等；或添加在菜肴中赋味，如沙拉、汤、肉类菜肴。此外，也常用于菜点的装饰。由于留兰香的香气易受热损失，故多用于冷菜、冷点中；若用于热菜，则需在起锅后或食用前加入。

十三、莳萝（Dill）

莳萝又称土茴香、小茴香、刁草等，原产于欧洲南部，现在世界各地广泛栽培，主要产于西班牙、俄罗斯和德国，以德国所产最佳。莳萝的鲜草及干燥果实可作为香料，主要用于美式烹饪中。鲜嫩的茎叶作为香辛蔬菜，既可单独蔬食，亦可用作鱼类菜式、汤品、沙拉、腌渍蔬菜的调味料，其籽干燥去脂后磨成粉末用作香辛料，为调味汁、红肠、面包、咖喱粉或腌渍品等调香。若要将莳萝的风

味激发出来，则需注意：用于热的调味料配制时，需烧煮 10min 以上；用于冷的调味料配制时，需拌和 30min 以上。

十四、番红花（Saffron）

番红花又称西红花、藏红花，原产于欧洲南部，欧洲主要产于西班牙，以伊朗所产红色至橙色的风味最强。番红花的花柱具有独特而强烈的苦香味，烹饪中可作为香料，即从新鲜的尚未盛开的番红花花朵中将柱头取出，然后晒干，便为番红花丝，为世界上最昂贵的香料。番红花中含藏红花酸，呈现黄色至红色，因此，亦可用于菜点的增色。作为香料，由于其价格昂贵，多用于非常有特色的地方菜肴制作中，如西班牙鳕鱼、斯堪的纳维亚半岛地区的糕饼等。此外，也广泛用于汤品、少司、米饭、蛋糕、面包、冰淇淋等的增色调香。由于番红花色重味香，使用极少量便可赋予菜肴、甜品独特的香味和色泽。另外，若要将番红花的色泽和香味完全展现出来，使用前需先浸泡在热水中约 5min，再加以应用。

十五、香薄荷（Savory）

香薄荷又称夏香薄荷，主要产于欧洲南部和北美洲，地中海沿岸为著名产区。香薄荷叶具有芬芳的清香气息，略辛辣，可替代胡椒使用。最常用于豆类菜点的烹制，故有"豆类香草"之称。在意大利香肠、鳟鱼等的制作中亦需用香薄荷增香。此外，也常用于制作小牛肉、猪肉、煮鱼、沙拉、烤鱼等菜肴。法国五香粉的主要成分即为香薄荷，并常用于各式辣酱油和少司的调味。由于香薄荷风味浓郁，使用时宜少量。热菜在起锅时加入为宜。

十六、香草（Vanilla）

香草又称香子兰、香草兰，原产于墨西哥，现在世界上最大的栽培区为印度，其香草产量占全世界总产量的 80%。香草的果实经加工后具有芳香怡人、浓郁的气味，其价格仅次于藏红花，是世界上第二昂贵"香料之王"，也是世界上最重要的调味料之一。主要用于西点、甜品、巧克力、饮料的调香。如奶油蛋羹、香草冰淇淋、蛋糕、布丁、奶油慕斯、香草咖啡等。在为菜点赋香时，使用少量的香草即可。

十七、韭葱（Leek）

韭葱又称洋大蒜、扁葱、扁叶葱、洋蒜苗等，原产于欧洲中南部，栽培历史悠久。韭葱叶扁而宽，呈绿色；叶鞘粗肥而白嫩，层层包裹形成圆筒形"假茎"（葱白）。韭葱有香辛气味，但比葱的气味要淡，烹饪中具有增香、去异等作用，

是西餐烹饪中常用的香辛蔬菜，常生用于菜肴、汤品等的调味和装饰。假茎部分则常作为熬制汤料、调制热少司的调味。

十八、多香果（Allspice，Jamican pepper）

多香果又称众香子、牙买加胡椒、占米加胡椒、甘椒、药椒等，原产于西印度群岛和拉丁美洲地区，以牙买加所产的质量最佳。多香果的干燥果实具有类似锡兰肉桂、胡椒、丁香和肉豆蔻的刺激性混合芳香气味，是西餐烹饪中重要的香料，最常见于英国、美国和德国烹饪中，可作为畜肉、禽肉、鱼肉的增香料，尤其适用于熏制、烤制和煎制肉类的赋味，是著名的巴比烤肉的主香料。此外，亦广泛用于汤品、蔬菜腌渍品、甜点、各式调味料、各式面点风味料等的调香。

十九、柠檬香茅（Lemon Grass）

柠檬香茅又称柠檬草、香茅、姜草等，原产于印度、斯里兰卡、印尼等南亚国家和非洲热带地区。柠檬香茅具有浓郁的柠檬香气，是一种重要的香料植物。烹饪中多选用柠檬草茎叶。鲜茎刮去外皮后使用里面白色的茎髓部分，可整根使用，亦可切碎或与其他原料混合后捣成浆状；干茎则需浸泡后才能使用。常用于汤品、菜肴、甜点的增香。

二十、水瓜柳（Caper）

水瓜柳又称刺山柑、水瓜钮、续随子，原产于地中海沿岸。常在夏初未开花前收采水瓜柳的花蕾，然后浸在醋或盐水中腌制为香辛料，是欧洲南部及非洲北部居民常用的调酸调香料。常用于调制炖、烩肉类的调味料，或作为沙拉及批萨薄饼的调配料，也常用于少司的调制。使用时应注意：醋浸水瓜柳应密封于玻璃瓶中，并储存于暗处，以保存其风味。使用盐渍水瓜柳前应在水中浸泡脱盐后，再用于调味。

二十一、杜松子（Juniper）

杜松子的种子具有浓郁的木香及松香气味。杜松子的球果干燥后被作为调味料使用于菜肴、饮用酒的调味。如在斯堪地那维亚半岛的渍菜、野味、猪肉的烹调中都常加入杜松子，以增加独特的风味；法国菜色中也将杜松子用于肉类食物的制作或少司的调制。此外，杜松子更是调制金酒不可或缺的香料。要注意的是：肝脏有问题的患者及孕妇避免食用杜松子，以免造成病情恶化或流产的发生。

第二篇　西餐技能篇

第五章　常见西餐原料的加工

西餐常用原料包括植物性原料和动物性原料两大类，其中大多数原料是不可能直接用来烹调的，必须经过初步加工的程序、方法和步骤，使常用原料能按照不同的种类、不同的性质、不同的部位、不同的用途以及不同菜肴成品的要求进行不同的加工，然后才可以进行切配、烹调。如果原料的加工不符合规格、标准和要求，不但会直接影响菜肴烹调的出品质量和型格美学，而且还会造成原料的浪费，甚至影响到成本控制。所以，西餐原料的加工不是一个简单的操作，它是一次复杂的生产过程和精细的技术。在整个烹饪过程中起到举足轻重的作用和具有重要的现实意义。常见西餐原料的加工分为原料的初加工和刀工成型技术。

第一节　西餐刀工与成型

在西餐烹饪中，刀工、火候、调味是三个重要环节，彼此相互促进。如果刀工不符合规格，原料形体不一致，会在烹调中出现调味不均、生熟不一、色泽差异等现象，严重影响菜肴的品质。因此好的刀工才能使菜肴达到完美的境地。

一、刀工技术

（一）刀工的定义

刀工是根据烹调或食用的要求，应用不同的刀法，将烹调原料或食物加工成符合要求的形状的操作过程。菜肴品种繁多，烹调方法也因品种不同而各异，这就需要用不同的刀法将原料加工，以符合烹调的要求或食用风格的要求。

从整个烹调过程来说，刀工技术直接影响到成品菜肴的质量、成型和成本，因此，刀工技术对烹调者有着非常重要的意义。

（二）刀工的作用

菜肴的原料复杂多样，同时对原料的形状和规格都有严格的要求，因此需经

过刀工处理。刀工技术不仅决定原料的形状，而且对菜肴的色、香、味、形等方面也起着重要的作用。刀工的作用主要有以下几点。

1. 便于烹饪，便于食用，便于入味

对于一块体积较大的食物，人们在进食时往往感到不方便，这时就需要厨师用刀具将大块的原料改切成小块，才能方便烹饪及食用。整块体积较大的原料如果不切开，那么在加入调味品后味道不容易渗透到原料内部，必须运用刀工技术将其切成各种形状或在其表面刻上刀纹，以此扩大原料的受热面积、快速加热使原料成熟，并容易使其入味，从而保持菜肴的风味特色，使其质感、味道都获得最佳的效果。

2. 美化原料，美化菜肴，增进食欲

同一原料，采用不同的刀工处理后会形成不同的形状，会使菜肴种类、形式上多样化。经过刀工处理，菜肴的片、丝、条、块，规格一致，匀称统一，整齐美观。使用不同的刀工技术，运用各种刀法，再结合烹饪美学艺术，则能制作出集艺术与技术为一体、多姿多彩、各种各样的菜肴，烹制出来的菜肴会显得更为协调美观，增进食欲。

3. 丰富菜肴的内容

实际操作中，运用不同的刀法，可以把烹饪原料加工成不同的形状，可以制作成各式各样、造型优美、生动别致的菜肴。因此合理运用刀工刀法，可大大增加菜的数量与品种。

4. 改变原料的质感

烹饪原料的自然形态各不相同，质地有老有嫩，有骨无骨等各种区别。各种各样的烹调方法要用不同的火候，必须用刀工技术进一步加工处理来改变原料的体积大小、形状、质地，确保原料在烹调后达到理想的质感。通过刀工的处理可使原料的纤维组织断裂或解体，再通过烹调即可取得菜肴的嫩化效果。

5. 掌握菜肴的定量

西餐的习惯吃法是每人一份，很多菜肴都是一块整料，如各种牛扒、鱼块等，每份的量都是相同的，这要求厨师熟练掌握菜肴的定量，操作时运用合适的刀法，下刀准确，使每份菜肴都符合定量标准，制作份量统一的菜肴。因此，好的刀工、刀法才能保证菜肴标准化及菜肴的定量。

（三）刀工操作规范

1. 刀工操作准备

刀工操作前应使操作台稳定，不摇晃，摇摆不稳的操作台容易造成人身伤害，

降低工作效率。然后调整菜墩，使菜墩平整，垫好毛巾，确保菜墩在刀工操作时不滑动。注意操作台及周围与个人卫生。比如首先要求洗手和清洗干净所用工具等，确保整个操作环境的卫生。确保工具的锋利。俗话说"工欲善其事，必先利其器"，"磨刀不误砍柴工"。刀工操作者要想保证工具锋利，要经常磨刀。一般磨刀常用磨刀石与磨刀棒。用磨刀石磨刀时应选择合适的磨刀角度，通常保持角度在20°～30°。角度过小与过大都影响刀具的锋利。用磨刀棒磨刀时应从西餐刀的刀根或刀尖向另外一端磨，两侧磨得均匀一致。磨完刀要用水洗干净，再用毛巾擦干，防止生锈，确保刀具的卫生。

2. 操作姿势

刀工是细腻且劳动强度较大的手工操作技术，合适的姿势是保证刀工质量的前提。一般操作时，要求两腿自然分开站稳，上身略向前倾斜，腰背挺直，目光注视双手操作部位，身体与菜板保持约10cm的距离。一般右手握刀，左手持原料配合落刀，双手应紧密有节奏地配合。如左手按住原料，控制移动的距离和移动的快慢。切原料时左手弯曲，手掌压着原料，中指上端第一关节顶着刀身，使刀有目标地切割；刀刃不能抬得过高，否则容易切伤手指。右手下刀要准。注意切配时生熟原料的放置，防止交叉污染。

3. 刀工操作要求

烹调师要有健康的身体，有耐久的臂力与腕力；操作时思想高度集中，脑、眼、手合一，双手紧密而有规律的配合，注意安全；熟悉各种刀法；注意操作姿势；操作时讲究卫生。

4. 原料使用要求及原则

刀工操作时，要有计划地使用原料，掌握"量材使用、小材大用、物尽其用"的原则。同样的原料，选用合适的刀法，不仅能使成品美观，还能节约原料，降低成本。

（四）西餐常见刀法

刀法，就是使用不同的刀具将原料加工成形时采用的各种不同的运刀技法。简单来说就是对原料进行切割时的具体运刀方法。根据运刀时刀身与菜墩平面及原料的角度，一般分为直刀法、平刀法、斜刀法及其他刀法。

1. 直刀法

直刀法是操作时刀刃向下，刀身与菜墩成90°进行切割的运刀方法。直刀法是西餐中运用最为广泛的刀法。由于原料性质和形态要求不同，直刀法又可分为切、剁、砍等几种。

（1）切　切是指刀与菜墩和原料保持垂直的角度，左手按稳原料，右手持刀，由上而下的一种运刀方法。切时以腕力为主，小臂力为辅运刀。一般用于植物性原料与无骨动物性原料的切割。操作中根据运刀方向的不同，又可分为直切、推切、锯切、滚刀切，拉切、铡切等切法。

① 直切。直切又称跳切，是指运刀方向直上直下，刀与菜板方向垂直的运刀方法。操作时右手持刀，运用腕力，带动小臂，左手按稳原料。一般是左手弯曲，并用中指上端第一关节抵住刀身，与其余手指配合，根据切片规格，不断向后移动；右手持刀一刀一跳直切断料，双手密切配合。直切适用于脆性植物性原料。

② 推切。推切是刀的着力点在中后端，刀与菜板或原料垂直，运刀方向由原料的右上方向左下方推进的切法。操作时持刀稳，靠手腕力量，从刀前端推刀后端，一刀到底切断原料。推切时，进刀轻柔有力，确保推断原料。如切三明治采用此刀法。推切适用于略有韧性的原料及细嫩的原料。

③ 锯切。锯切又称推拉切，是运刀方向为前后来回推拉的切法。适用于质地坚韧或松软易碎的熟料。如大块牛肉、面包等原料。锯切下刀要垂直，不偏外、偏里，否则不仅加工原料的形状、厚薄、大小不一，而且还会影响以后的下刀效果。锯切时，下刀用力不宜过重，需腕灵活，运刀稳，收刀干脆。某些易碎、易裂、易散的原料，如下刀过重或者收刀过缓，会断裂散烂。另外，锯切时，对待特别易碎、易裂、易烂的原料，应适当增加切的厚度，以保证形状完整。

④ 滚刀切。滚刀切是指原料滚动一次切一刀的连续切法。适用于圆形或长圆形质地硬的原料。如萝卜、土豆、香肠等。操作时左手按住原料，并按原料成型规格要求确定角度滚动，如大块原料滚动角度大，反之角度小，右手下刀的角度与速度必须密切配合原料的滚动，滚动一次，切一刀。

⑤ 拉切。拉切又称"拖刀切"，指运刀方向由左上方向右下方拖拉的切法。适用于体积小，质地细嫩易裂的原料。操作时，先进刀再顺势向后方一拉到底，刀的着力点在刀的前端。

⑥ 铡切。西餐中的铡切指的是以刀尖压在菜板上作为支点，刀的中端或前端压住原料，然后再压下去的切法。铡切时，右手握住刀柄，左手按住刀背前端。运刀时，刀跟着墩，则刀尖抬起；刀跟抬起，则刀尖着墩。刀根刀尖一上一下，反复铡切断原料。运刀时，双手配合，用力要均匀，恰到好处，以能断料为度。

（2）剁　剁是指刀垂直向下频率较高地剁碎原料或剁松原料的刀法。剁时右手持刀稍高于原料，运刀时用手腕带动小臂，刀口垂直向下反复剁碎原料。剁分为排剁与点剁。

① 排剁。刀与原料垂直，一般双手持刀，高效率地将原料切成茸的方法。

② 点剁。点剁是在原料表面用刀尖或刀跟剁数下，剁断相连的筋膜，使原料，特别是动物性原料在加热过程中不易变形、不易收缩的方法。

（3）砍　砍又称劈，指用砍刀用力向下将原料劈开的刀法。根据砍的力度不同，砍分为直刀砍、跟刀砍两种。

① 直刀砍。直刀砍是将刀对准要砍的部位，运用臂膀之力，垂直向下断开原料的方法。一般适用于体积较大的原料，如火鸡，火腿等。操作时右手必须紧握刀柄，将刀对准原料要砍的部位直砍下去。以"稳、准、狠"为原则，下刀准，速度快，力量大，以一刀断料为好。有骨的原料如反复砍，容易出现有碎骨的情况，影响菜肴品质。

② 跟刀砍。跟刀砍是将刀刃先稳稳地嵌进要砍原料的部位，刀与原料一起落下，垂直向下断开原料的切法。一般适用于下刀不易掌握、一次不易砍断且体积又不是很大的原料。

2. 平刀法

平刀法又称片刀法，是使刀身平面与菜板面平行或接近平行的一类刀法。按运刀的不同手法，又分为平刀片、推刀片、拉刀片、推拉刀片。适用于加工无骨的原料。

① 平刀片。平刀片是指刀身与菜板平行，刀刃从原料一端一刀平片至另一端断料。一般用于无骨细嫩的原料。操作时，持平刀身，进刀后控制好厚度，一刀平片到底。双手配合要好，左手按住原料的力度合适，右手持刀要稳，不能抖动，使原料断面尽量平整。

② 推刀片。推刀片是指刀身与菜板平行，刀刃前端从原料右下角平行进刀，然后由右向左将刀刃推进，片断原料的刀法。适用于体积小、脆嫩的植物性原料。操作时，持刀要稳，左手食指平按原料上，力度合适，右手推刀果断有力，一刀切断原料。

③ 拉刀片。拉刀片是指刀身与菜板平行，刀刃后端从原料右上角平行进刀，然后由右向左将刀刃推进，运刀时向后拉动片断原料的刀法。其操作要领是，持刀要稳，刀身与原料平行，出刀有力，一刀断料；拉刀的着力点放在刀的前端，刀片进后由前向后片下来。

④ 推拉刀片。推拉刀片又称锯片，是推刀片与拉刀片合并使用的刀法。

3. 斜刀法

斜刀法指刀身与菜板成斜角的一类刀法。按运刀方向不同又分为正斜刀法与反斜刀法。

① 正斜刀法。正斜刀法又称内斜刀，指刀背向右、刀口向左、刀身与菜板成锐角并保持角度切断原料的方法。适用于韧性、体薄的原料。操作时，主要根据

原料掌握对片的薄厚、大小及斜度，靠眼睛观察双手的动作与落刀位置。

② 反斜刀法。反斜刀法又称外斜刀法，指刀背向左、刀口向右，刀进原料后由里向外运刀切断原料的方法。适用于脆性植物原料与易滑动的动物性原料。

4. 其他刀法

① 旋。旋又称"车"。右手持刀，左手持原料，入刀后左手将原料向右旋转，刀与持原料的手相互用力，不停转动，使原料外皮薄而均匀地片下。旋苹果、梨等。

② 拍。用拍刀拍蒜、肉类等原料的一种方法。

③ 剔。剔是指对带骨原料进行剔骨，剔肉等。

④ 砸。砸又称捶，用刀背将原料砸成泥茸的刀法。

⑤ 挖。利用挖球器挖原料的一种方法。

⑥ 刮。用刀将原料表皮或者污垢去掉的运刀方法，如刮鱼鳞等。

⑦ 削。用刀平去掉原料表层的运刀方法，如原料初加工，削菜头、芦笋等。

二、原料成型

原料经过相应的刀工处理后，形成不同的形状，便于烹调和食用。西餐中的原料是多种多样的，常见的成形形状有块、丁、粒、末、丝、条、片、橄榄、旋花、球形、沟槽形等。

1. 块

使原料成块状，一般采用切与砍或斩两种刀法。

（1）切　原料的质地松软或脆嫩都采用切的方法。如蔬菜类都可以直接切；去骨原料可以用推切或者拉切的方法切成各种形状。切块时，一般先将原料的皮、瓤、筋、骨去掉。如原料块大，先改成条形，再切成块；如原料体形较小，即可直接切块。

（2）砍或斩　对于质地较韧，或有皮有骨的原料及大块，如各种带骨的鱼类、肉类等，可用砍、斩等刀法砍、斩成块。原料体积、形体较大时，要先分段分块加工成宜于砍块的条形后再砍成块状。

2. 丁、粒、末

通常0.6～2mm见方的小块称为丁。一般先将原料切成厚片，将厚片切成条，再将条切或斩成丁。丁的大小决定于条的粗细与片的厚薄。丁一般要见方。粒的形状较丁小，其粒的成形与丁相同。通常1～3mm见方的颗粒（小丁）称为末。一般是将原料剁、铡成细末。如肉末、法香末。

3. 丝、条

切丝时，一般先将原料切片，然后把片排叠后切成丝。切丝的粗细与片的厚

薄和切丝的刀距直接有关：片厚，刀距长则丝粗；片薄，刀距短则丝细。将片排叠一般有三种方法：其一是排成梯形，大部分原料适合排成梯形；其二是整齐叠切，适用于少数原料，如芝士片等；其三是卷筒形叠放，适用于面积较大、较薄的原料。

条的形状与切法都和丝相似。将原料先切成厚片，再将厚片切成条。

4. 片

使原料成片状，可采用切和片两种刀法。

（1）切　切为最常用的制片法，适用于有韧性、细嫩的原料，如肉类可以采用推切或拉切的刀法；蔬菜类可以采用直切的刀法。

（2）片　片适用于质地较松软，直切不易切整齐或形状偏小，无法直切的原料。如鲜鱼类、鸡肉等原料。

5. 橄榄

使原料成橄榄状，一般采用旋的刀法。如胡萝卜橄榄，首先将胡萝卜切成节，再横竖各一刀将胡萝卜接切成四份，然后采用旋刀法将每块胡萝卜均匀地旋出六个面，形成橄榄形状，要求表面光滑，棱角分明。

6. 旋花

主要适用于白蘑菇。将小刀的刀尖顶在蘑菇的中点上，用腕力压动刀刃，顺时针方向在蘑菇盖上依次刻出沟槽。

7. 球形

用蔬果挖球器从蔬果中挖出圆形的小球。

8. 沟槽形

用雕刻刮槽刀，在原料表面刮出均匀V形槽，再切成圆片或半圆片。

西餐中常见食物原料的形状规格如表5-1所示。

表5-1　西餐中常见食物原料的形状规格

名称	成型规格
末	1～3mm 见方的颗粒
小丁（块）	6mm 见方的颗粒
中丁（块）	10mm 见方的颗粒
大丁（块）	20mm 见方的颗粒
丝	3mm×3mm×60mm 的条
条	6mm×6mm×80mm 的条
粗条	（8～12）mm×（8～12）mm×75mm 的条
片	3～8mm 各种形状的片
滚刀	长条形状原料滚动下刀，切成多角形块状
橄榄	5或6个面，2～8cm长

第二节　植物性原料加工

植物性原料是指用于烹饪的一切植物界原料及其制品的总称，主要包括粮谷类原料、蔬菜类原料和果品类原料。在烹饪中对植物性原料进行合理加工有着非常重要的意义。植物性原料加工一般分为初加工与成形加工。

一、粮谷类原料的初加工

粮谷类原料在膳食中占有非常重要的地位，供给人们能量、碳水化合物和蛋白质，同时提供维生素、矿物质。

（一）初加工

谷类原料的加工比较简单，因为多数是加工好的精料，一般仅为淘洗。洗的次数越多，洗得越干净，其营养素的流失率也越高。为了使某些谷类口感更加软糯，烹调前要用水提前浸泡。豆类原料加工前要进行挑选、清洗，必要时提前浸泡。薯类必须清洗干净，同时去掉腐烂变质部分，根据需要选择去皮、挖去嫩芽等合适的初加工方法。

（二）粮谷类原料的选择与保管

要选择饱满、均匀、有光泽，腹白少的大米。面粉要根据制作的品种来选择合适的加工精度，上等优质的面粉面筋质含量多，色泽洁白，水分含量低，无杂质、生霉等现象。选择豆类时要注意形状饱满，有光泽，无虫害等。选择薯类时主要看是否新鲜，有无腐烂、病虫害等。

粮谷类原料通常保管在通风、干燥的地方。

二、蔬菜类原料的初加工

蔬菜是指可以用来做菜或制成其他食品的除粮谷类外的其他植物。蔬菜提供人们多种营养素，在烹调时常作为主料、配菜、调料与装饰料，具有重要的意义。

对蔬菜的加工主要是摘剔加工与洗涤加工。

（一）择拣整理

此过程要去除黄叶、老边、茎叶、植物的根与须及果菜类的皮与籽粒，不宜食用的外皮以及泥土、污物、变质的部位。根据菜肴对蔬菜部位的要求，首先将蔬菜按档次加工，还要按原料的粗细、长短、大小等规格，分别整理，适应刀工

和烹调需求。

（二）洗涤

根据要求清洗蔬菜：有的洗涤后整理，有的整理后洗涤；有的削剃后洗涤，有的洗涤后削剃。总之要保证加工后蔬菜类原料的卫生质量。

（三）蔬菜类原料的选择与保管

在选择蔬菜原料时应注意原料的新鲜程度。尽量选择没有碰伤的原料，同时也应选择应季的优质原料。

新鲜蔬菜原料主要采用冷藏的保存方法，温度控制在4～10℃。根据蔬菜特性合理放置在通风、阴凉、干湿处，以确保蔬菜加工后的质量。

三、果品类原料的初加工

果品类原料是指自然可以直接生食的果实，通常是水果和干果的统称。

（一）初加工

果品类原料的初加工主要是清洗、去皮、去核或去壳，但水果一般生食居多，在清洗过程中要注意卫生和去除虫卵等。根据具体情况，可采用冷水、温水、盐水等进行浸泡或洗涤，以确保干净卫生；还可根据其特点选择去皮、去核等方式来进行初加工。

（二）果品类原料的选择与保存

在选择果品类原料时要注意色泽是否自然、形状是否美观、成熟度是否满足烹调需要，常采用冷藏保存法。在选择干果类原料时应注意水分含量，是否颗粒饱满，无霉变等，保管时注意通风、干燥。选择果制品中的果脯、蜜饯等时注意色泽是否自然，在保管时注意密封。

四、植物性原料的加工训练

（一）植物原料切末训练

利用西餐刀的前部将原料切成丝，切丝一般采用三种方法：一是用刀尖拉切，二是将刀向下压，三是用西餐刀的刀根来铡切（刀尖不离开菜板，用刀根铡切）。切丝后，将原料转90°，再用整个刀身将原料切成末。原料形状不同，应采取不同的切末方法。

1. 洋葱切末

（1）训练目的　熟练掌握洋葱等原料的切末技术。

（2）训练工具　菜板、厨刀、蔬菜刀、盛菜盘、马斗等。

（3）训练原料　洋葱或分葱。

（4）训练步骤

① 洋葱洗净后，剥去老皮，用刀切去洋葱的根。

② 将洋葱纵切，切成两半，平放在菜板上。

③ 刀沿纹理方向切成丝（根部相连）。

④ 左手按住根部，平片3～4刀。

⑤ 用直刀法，将洋葱切碎。

⑥ 可用铡切方法将原料进一步切碎。

2. 西芹切末

（1）训练目的　熟练掌握西芹等原料的切末技术。

（2）训练工具　菜板、厨刀、盛菜盘、马斗等。

（3）训练原料　西芹。

（4）训练步骤

① 将老的、黄的叶子摘除，西芹梗留用。

② 用去皮刀削去老皮。

③ 用厨刀沿纹理方向将西芹切成丝。

④ 将丝旋转90°切碎。

3. 蒜切末

（1）训练目的　熟练掌握蒜等原料的切末技术。

（2）训练工具　菜板、厨刀、小刀、盛菜盘、马斗等。

（3）训练原料　蒜。

（4）训练步骤

① 将蒜用刀轻轻压破，剥去蒜外皮，同时用小刀切去根部。

② 用刀背将蒜拍碎。

③ 用左手按住厨刀刀尖做支点，右手握刀柄上下轻轻按动，进一步铡切成蒜碎。

④ 将蒜碎用油浸泡，放置备用。

4. 欧芹切末

（1）训练目的　熟练掌握欧芹等原料的切末技术。

（2）训练工具　菜板、厨刀、盛菜盘、马斗等。

（3）训练原料　欧芹。

（4）训练步骤

① 将欧芹叶子撕下，不要梗，只要叶，然后洗净，甩干水分。

② 将欧芹叶捏成团。

③ 将团用刀第一次切碎。

④ 一手按住刀尖做支点，一手轻轻握刀柄上下按动，将其均匀再次切碎。

5. 细香葱切末

（1）训练目的　熟练掌握细香葱等原料的切末技术。

（2）训练工具　菜板、厨刀、盛菜盘、马斗等。

（3）训练原料　细香葱。

（4）训练步骤

① 将细香葱洗净，摘去老的外皮，将葱的前端对齐。

② 切成合适长度，再对齐。

③ 一手按住葱段，一手持刀将葱切碎。

6. 番茄切碎

（1）训练目的　熟练掌握番茄等原料的切末技术。

（2）训练工具　菜板、厨刀、盛菜盘、马斗等。

（3）训练原料　番茄。

（4）训练步骤

① 将番茄洗净，去蒂。

② 在番茄表面划上十字刀纹。

③ 将番茄在沸水中焯水约20s，取出冲冷水，去皮。

④ 将番茄切去籽。

⑤ 将番茄果肉切丝。

⑥ 将丝切碎。

7. 胡萝卜切碎

（1）训练目的　熟练掌握胡萝卜等原料的切末技术。

（2）训练工具　菜板、厨刀。

（3）训练原料　胡萝卜。

（4）训练步骤

① 将胡萝卜洗净，然后去皮。

② 胡萝卜切成薄片。

③ 将片叠起，用刀将片切丝。

④ 将丝切碎即可。

（二）植物原料切块训练

1. 马铃薯、洋葱、胡萝卜、红菜头、萝卜、茄子、根芹切块

（1）训练目的　熟练掌握马铃薯、洋葱、胡萝卜、红菜头、萝卜、茄子、根芹的切块技术。

（2）训练工具　菜板、厨刀、盛菜盘、马斗等。

（3）训练原料　马铃薯、洋葱、胡萝卜、红菜头、萝卜、茄子、根芹等原料。

（4）训练步骤

① 原料洗净后切去外皮。

② 先将原料切厚片。

③ 将厚片切粗条状。

④ 最后将条切成方块。

2. 番茄等原料切块

（1）训练目的　熟练掌握番茄等原料切块技术。

（2）训练工具　菜板、厨刀、盛菜盘、马斗等。

（3）训练原料　番茄等原料。

（4）训练步骤

① 原料洗净后去外皮。

② 将番茄横向切成两半。

③ 将番茄去籽。

④ 将番茄肉切成厚片。

⑤ 最后将番茄厚片旋转90°，将其切成方块。

（三）植物原料切丝训练

1. 韭葱、洋葱、分葱等原料切丝

（1）训练目的　熟练掌握韭葱、洋葱、分葱的切丝技术。

（2）训练工具　菜板、厨刀。

（3）训练原料　韭葱、洋葱、分葱等原料。

（4）训练步骤

① 原料洗净然后除去外皮。

② 用厨刀在中间纵向对剖。

③ 沿纹理方向切丝即可。

2. 青椒、甜椒等原料切丝

（1）训练目的　熟练掌握青椒、甜椒等原料的切丝技术。

（2）训练工具　菜板、厨刀、盛菜盘、马斗等。

（3）训练原料　青椒、甜椒等原料。

（4）训练步骤

① 原料洗净，厨刀切去蒂，然后将青椒纵向剖开，切去籽。

② 再将青椒切成片。

③ 最后将片切成丝。

3. 生菜、卷心菜等原料切丝

（1）训练目的　熟练掌握生菜、卷心菜等原料的切丝技术。

（2）训练工具　菜板、厨刀、盛菜盘、马斗等。

（3）训练原料　生菜、卷心菜等原料。

（4）训练步骤

① 原料洗净。

② 将原料撕成片。

③ 将片叠加起来或卷起后切丝。

4. 马铃薯、胡萝卜、萝卜等原料切丝

（1）训练目的　熟练掌握马铃薯、胡萝卜、萝卜等原料的切丝技术。

（2）训练工具　菜板、厨刀、盛菜盘、马斗等。

（3）训练原料　马铃薯、胡萝卜、萝卜等原料。

（4）训练步骤

① 原料洗净，然后去皮。

② 原料修整后用擦菜板或直接用刀切成片。

③ 将片叠加起来后切丝。

5. 西芹切丝

（1）训练目的　熟练掌握西芹原料的切丝技术。

（2）训练工具　菜板、厨刀、盛菜盘、马斗等。

（3）训练原料　西芹。

（4）训练步骤

① 原料洗净，去皮。

② 将西芹切成薄片。

③ 将片沿着纹理方向切丝。

（四）植物原料切其他形状训练

1. 橄榄形

（1）训练目的　熟练掌握马铃薯、胡萝卜、萝卜等原料的加工技术。

（2）训练工具　水果刀、雕刻刀、盛菜盘、马斗等。

（3）训练原料　马铃薯、胡萝卜、萝卜等原料。

（4）训练步骤

① 原料洗净。

② 切成符合要求长度的段。

③ 原料纵切成两块或四块。

④ 用一块采用旋刀法从原料上端成弧形削至低端。

⑤ 采用旋刀法将原料削成六面的橄榄形或鼓形，左手持原料，右手持刀从原料的顶端呈弧线切割。

2. 旋花

（1）训练目的　熟练掌握蘑菇等原料的加工技术。

（2）训练工具　水果刀、雕刻刀、盛菜盘、马斗等。

（3）训练原料　白蘑菇等原料。

（4）训练步骤

① 将白蘑菇等原料洗净。

② 在白蘑菇菌帽的中心处用小刀划出十字作为中点，左手持原料，右手握刀。

③ 刀刃顶在中点上，用腕力压动刀刃，从原料顶端向下压刀，顺时针方向在菌盖上依次刻出纹理。

3. 球形

（1）训练目的　熟练掌握挖球的加工技术。

（2）训练工具　挖球器、盛菜盘、马斗等。

（3）训练原料　西瓜、哈密瓜等原料。

（4）训练步骤

① 原料洗净。

② 原料切开，从果肉中用专门的挖球器挖出球形的小球。

4. 沟槽形

（1）训练目的　熟练掌握槽沟的加工技术。

（2）训练工具　V形戳刀。

（3）训练原料　萝卜、柠檬等原料。

（4）训练步骤

① 原料洗净。

② 用V形戳刀在原料表面刮出搅匀的V形小槽，然后再切成圆片或者半圆片。

第三节　动物性原料加工

动物性原料指来自动物界用于烹饪的一切原料及其制品的总称，主要包括禽类、畜类、水产品等原料。各种原料有不同的品质特征，在西餐中有不同的用途，合理加工原料才能做到物尽其用。动物性原料加工一般分为初加工与成形加工。

一、禽类原料初加工

（一）初加工

禽类加工工艺主要是宰杀、褪毛、开膛、整理内脏、洗涤几个步骤。但目前西餐中使用的禽类原料基本是已经经过初加工及分档处理过的原料。因而对买回来的原料进行初加工比较简单，主要是清洗、去污、去杂质即可。

（二）选择与保存

选择禽类原料时应从以下几个方面来选择：眼球饱满，有光泽；表皮干燥微湿，不粘手，颜色淡黄，无异味；鸡肉结实有弹性。

禽类的保存一般分为冷藏与冷冻：冷藏在4℃左右，可存放3～5天；冷冻在-18℃以下，可保存半年左右。

二、畜类原料初加工

目前西餐中畜类原料也都是经过初加工、分档好的半成品原料，只要清洗、去血污及杂质等并做妥善保存即可。冷藏或冷冻保存即可。

三、水产品原料初加工

水产品种类繁多，初加工方法各异，主要介绍鱼类水产品的初加工。其初加工程序可以归纳如下：洗涤干净—体表处理（刮鱼鳞，去鱼鳃，去鱼鳍，去皮，去黏液等）—开膛去内脏—清洗整理待用。冷藏或冷冻保存即可。

四、动物性原料加工训练

（一）畜类加工

1. 肉扒的加工

鲜肉制作肉扒时通常用拍刀或者肉锤，把里脊和外脊加工成有厚度的肉片。冻肉则通常直接用锯骨机锯成有厚度的肉片。

（1）训练目的　熟练掌握肉扒的加工技术。

（2）训练工具　厨刀、菜板、肉锤或拍刀。

（3）训练原料　牛柳、猪柳等原料。

（4）训练步骤

① 将肉修整成符合烹调需求的形状，去筋，去杂质。

② 切成符合标准的肉块。

③ 将肉块用肉锤或拍刀捶打成所要厚度。

④ 将肉扒边缘修整齐。

2. 肉排的加工

肉排多指有肋骨的肉。

（1）训练目的　熟练掌握西餐肉排的加工技术。

（2）训练工具　厨刀、菜板、剔骨刀。

（3）训练原料　猪肉、牛肉、羊肉等原料。

（4）训练步骤

① 沿脊骨方向，用去骨刀将脊骨与肉分离。

② 在每根肋骨间下刀，分成单块肉排。

③ 用剔骨刀距肋骨前缘3～5cm处剔净骨尖上多余的肉，使肋骨上端的骨露出来。

④ 精细修整肉排，使其成形美观。

（二）禽类加工

1. 整鸡去骨

整鸡去骨是剔除鸡肉中的全部骨骼或主要骨骼，同时又要保持原料完整形态的操作工艺。

（1）训练目的　熟练掌握整鸡去骨的加工技术。

（2）训练工具　厨刀、菜板、厨刀、剔骨刀。

（3）训练原料　整鸡。

（4）训练步骤

① 整鸡宰杀褪毛后，清水洗净，保持鸡皮不破。剔骨时，先在鸡头颈处两翅肩的中间地方，沿着颈骨直划一刀，将颈部的皮划开一个6cm长的口，用手把皮肉拨开，将颈骨拉出，并用刀尖在靠近鸡头处将颈骨折断（刀尖不能碰破鸡皮），从开口处掏出来，用钩勾住（或用绳绑住）吊起来。

② 从颈头刀口处将鸡皮翻开，将鸡头以下连皮带肉缓缓向下翻剥，剥至两膀的关节露出，用刀尖将关节的筋割断，使翅膀骨与鸡身骨脱离，将翅膀骨抽出。

③ 取出翅膀骨后，一手抓住鸡颈，一手按住鸡胸部的尖骨，将其往里按（避免向下翻剥时骨头将鸡皮划破），将皮肉继续向下翻剥（剥时要注意鸡的背部因肉少、皮紧，贴脊部分容易被划破），用刀将皮与骨轻轻割离。剥到腿部时，将两腿和背部翻开，使大腿关节露出，用刀将关节的筋割断（不能割破尾部的皮），鸡翅膀尖连在鸡身上，冲洗干净。这时鸡身骨骼已与肉分离，可将骨骼（包括内脏）全部取出。

④ 剔大腿骨。先将小腿近上关节部位和近下关节部位的腿皮割开，抽出小腿骨，然后再把小腿上关节开口处的皮肉向大腿上翻，使大腿骨露出肉外，将大腿骨筋切断，右手用刀刮骨，左手用力拉出。

⑤ 鸡的骨骼全脱出后，将鸡皮翻转朝内，用清水冲洗干净，形体上保持完整。

2. 鸡腿加工

（1）训练目的　熟练掌握西餐中煎扒类鸡腿的加工技术。

（2）训练工具　厨刀、菜板、剔骨刀。

（3）训练原料　鸡腿。

（4）训练步骤

① 刀尖沿着鸡腿骨方向将鸡腿划开1/3。

② 切断关节，取出大腿骨。

③ 用刀背敲断小腿骨上端，余留1～2cm的腿骨。

④ 取出余下腿骨。

⑤ 修整鸡腿，使其成形美观。

3. 带骨鸡胸加工

（1）训练目的　熟练掌握鸡胸的加工技术。

（2）训练工具　厨刀、菜板、剔骨刀。

（3）训练原料　净鸡。

（4）训练步骤

① 整鸡鸡胸向上，顺着鸡胸骨下刀，将鸡胸连着鸡翅取下。

② 保留翅根，其余两节鸡翅切除。

③ 将鸡翅根上的肉剔除，并用剔骨刀刮干净即可。

4. 净鸡胸的加工

（1）训练目的　熟练掌握鸡胸的加工技术。

（2）训练工具　厨刀、菜板、剔骨刀。

（3）训练原料　净鸡。

（4）训练步骤

① 整鸡鸡胸向上，顺着鸡胸骨下刀，将鸡胸连着鸡翅取下。

② 将鸡翅取下。

③ 撕下鸡皮，去除多余的油头。

（三）水产品加工

1. 鱼柳的加工

（1）训练目的　熟练掌握鱼柳的加工技术。

（2）训练工具　厨刀、菜板、剔骨刀。

（3）训练原料　鱼。

（4）训练步骤

① 鱼宰杀整理后清洗干净。

② 鱼鳃鱼尾处各横切一刀，切到鱼骨出，不断料。

③ 沿着鱼脊骨方向入刀，将鱼骨肉分离。

④ 整理剔下的鱼肉，剔去鱼排，成净鱼柳，亦称菲力鱼柳。根据需求有时需剔除鱼皮。

2. 鱼排的加工

（1）训练目的　熟练掌握鱼排的加工技术。

（2）训练工具　厨刀、菜板、剔骨刀。

（3）训练原料　三文鱼、银鳕鱼、鲈鱼。

（4）训练步骤

① 鱼宰杀整理后清洗干净（去鳞、去鳃、去内脏）。

② 将鱼头切除。

③ 横切成鱼段，根据烹调需求来控制薄厚即可。每段鱼都带脊骨。

3. 虾的加工

（1）训练目的　熟练掌握虾的加工技术。

（2）训练工具　厨刀、菜板、剪刀。

（3）训练原料　虾。

（4）训练步骤

① 虾清洗干净。

② 用剪刀剪去虾的爪尖与虾须。

③ 在虾的背部上，从虾的头部下刀，将虾剖开，取出虾肠即可。根据烹调要求去掉虾壳或保留虾壳。

4. 生蚝（扇贝）的加工

（1）训练目的　熟练掌握生蚝的加工技术。

（2）训练工具　厨刀、菜板、蚝刀、刷子。

（3）训练原料　生蚝。

（4）训练步骤

① 生蚝外壳刷洗干净。

② 左手握生蚝（手与生蚝间放块毛巾或带上专用手套以保护手），右手握生蚝刀，将生蚝刀插入壳内，紧贴扁平壳（生蚝壳通常一半扁平，另外一半呈碗状）运刀，将其腱割断，撬开生蚝壳，保持蚝肉完整，保留另外的壳。

5. 墨鱼（鱿鱼）的加工

（1）训练目的　熟练掌握墨鱼的加工技术。

（2）训练工具　厨刀、菜板。

（3）训练原料　墨鱼。

（4）训练步骤

① 将墨鱼清洗干净，擦干水分。

② 拉出头部，抽出脊背骨，除内脏，去皮；头部切去眼睛，留须。

6. 龙虾的加工

（1）训练目的　熟练掌握龙虾的加工技术。

（2）训练工具　厨刀、菜板、剪刀。

（3）训练原料　龙虾。

（4）训练步骤

① 将龙虾洗净后，剪去过长的须尖、爪尖。

② 将龙虾腹部朝上，放平，用刀自胸部至尾部切开，再调转方向从胸部至头部切开，将龙虾分为两半。剔除龙虾肠、白色的鳃及其他污物，然后将龙虾肉从

龙虾壳内剔出即可。亦可从龙虾的背部开刀，其加工方法同上。

7. 蟹的加工

（1）训练目的　熟练掌握蟹的加工技术。

（2）训练工具　厨刀、菜板。

（3）训练原料　蟹。

（4）训练步骤

① 将蟹清洗干净。

② 从尾部一端将蟹壳掰开，除去腮、内脏，冲洗干净即可。

第六章　西餐基础汤制作

基础汤简称"高汤"，是西餐菜肴调味、烹制和汤菜制作时的半成品底汤，具有汤汁清亮、香味浓郁、浓稠适度的特点。用法文表示为Fond de Cuisine，简称为Fond；用英文表示为Foundation of Cooking，简称为Stock。

第一节　基础汤分类和作用

由于中西方饮食文化习惯不同，基础汤的分类方法也不尽相同，这里以法式西餐的分类习惯对西餐常用基础汤的类型和作用做简要介绍。

一、基础汤的种类

基础汤根据色泽的不同，分为两大类：白色基础汤和褐色基础汤；根据原料运用的变化，又可进行细分。

1. 白色基础汤（White stock）

用肉骨主料、各种香味蔬菜和香料，加水，小火慢煮而成的高汤。因为汤色清亮，近似白色，故称"白色基础汤"。根据肉类品种的变化，可细分为：白色小牛肉基础汤、白色牛肉基础汤、白色鸡肉基础汤、白色海鲜基础汤和蔬菜基础汤等。其中把"白色海鲜基础汤"习惯称为"鱼精汤"。

2. 褐色基础汤（Brown stock）

褐色基础汤指将肉骨主料，经煎、烤上色后，加水、香味蔬菜和香料，用小火慢煮而成的高汤。因为汤呈棕褐色，称为"褐色基础汤"，也可音译为"布朗基础汤"。常见类型有：布朗小牛肉基础汤、布朗鸡肉基础汤、布朗鸭肉基础汤、布朗鸽肉基础汤、布朗羊肉基础汤和布朗野味基础汤等。

二、基础汤的作用

现代西餐中，部分西餐厅基础汤已经被一些食品工业化的调味剂所替代，主

厨很少专门熬制这种基础汤。因为制作基础汤，要大量的肉骨和人工，花费较高的成本。但是这种用工业调味剂制作菜肴高汤的方法，失去了菜肴本身应有的特色风味，容易形成千篇一律的特点。所以，通常在较高档次和有特色的现代西餐厨房中，始终保持着手工制作基础汤的工序。

1. 决定少司酱汁和菜肴的品质

西餐烹饪的精髓在于少司，没有好的基础汤就没有好的少司。优秀的主厨更讲究基础汤的制作，选用品质上佳的小牛骨、小牛膝、牛尾、脂肪少的海鱼骨、新鲜蔬菜等制作最好的基础汤，以确保少司纯正的风味。基础汤质量的高低，直接影响菜肴成品的效果。因此，能否制作出优质的基础汤，也是评价西餐厨师工作质量的重要标志之一。

2. 确定酱汁和菜肴的风味

俗语称"厨师的汤，唱戏的腔"。基础汤作为一种特殊的调味物质，是制作菜肴的重要辅料，是形成菜肴风味特色的关键因素。无论是低档或高档原料，都要用基础汤加以调配，味道才更鲜美。这种原汁原味的风味，不是味精、鸡精等许多增鲜剂能够代替的。

第二节　基础汤制作

基础汤是由厨师提前加工熬煮而成，选料广泛，制作考究，烹煮时间长。通常一次性做好后，循环重复使用。基础汤的好坏直接影响菜肴的风味。不同种类的基础汤带有不同的香味，应用于特定的原料和菜式。例如鱼精汤、白色鸡肉基础汤和布朗牛肉基础汤等具有自身独特的香味，通常只能分别应用于海鲜类菜肴、鸡肉类菜肴和畜肉类菜肴，不能互换使用。只有白色小牛肉基础汤因为口味清鲜，风味自然，被视作是一种中性风味的基础汤，可以被通用为各种菜肴的基础汤。

一、基础汤制作原则

1. 选料

选料新鲜，无异味。基础汤是菜肴成菜品质保证的关键环节，必须选用最新鲜的原料来加工制作。在这个前提下，可以使用原料加工中余下的新鲜边角余料，如牛肉加工时，剔除的碎牛肉和牛骨等；鱼类加工时，取下的新鲜鱼骨等。既可以节约成本，又可以合理用料，两全其美。

2. 刀工

西餐基础汤原料的刀工成型规格，严格来说，要求不高，原料成型的丝、丁、

片、块、条等都没有具体限制，不过，有一个总体原则，即便于出味迅速，便于加工制作。例如，白色基础汤的肉类主料和香味蔬菜料，都应该用大块的原料，以便煮汤时不易浑汤，保持汤色的清亮；而褐色基础汤，风味更浓厚，肉类主料和香味蔬菜料都应该切成小块、小丁或小片等，以便煮汤时出味更透彻，不易浑汤，保持汤色的浓厚度。

3. 火候

基础汤煮制中，火候控制方法通常是，先大火煮沸，再转小火保持汤面微沸，随时撇除浮沫和浮油，根据汤质要求控制煮制时间即可。

4. 成品

成品要求汤色纯正，汤面无浮油和浮沫，香味浓郁无异味。

二、基础汤制作案例

1. 白色鸡肉基础汤（White chicken stock）

（1）原料（成品1000mL）　老母鸡2000g，鸡骨架、鸡翅、鸡脚等1000g，胡萝卜100g，洋葱100g，西芹80g，韭葱200g，丁香2g，香叶1g，百里香1g，法香菜2g，大蒜头20g，香叶芹10g，清水2000mL，胡椒粒2g。

（2）设备器具　汤灶、汤锅、西餐刀、砍刀、菜板、电子秤、量杯、汤筛、细孔滤网、纱布、吸水纸等。

（3）加工时间　2h。

（4）制作方法

① 将鸡骨、老母鸡漂洗干净。

② 将胡萝卜、洋葱、西芹和韭葱等蔬菜去皮后洗净，切成大块。洋葱切成两瓣，断面切口处放煎锅内煎上色，再把丁香放入洋葱内。用香叶、百里香、香叶芹、西芹和韭葱等制成香料束。

③ 将洗净的鸡骨、老母鸡放入汤锅中，加清水淹没，大火煮沸，2～3min后，离火取出骨料，用流水冲洗干净，倒去煮汤备用。

④ 汤锅洗净，重新放入鸡骨料，加足量清水煮沸，撇去浮沫和浮油，转小火，放入胡萝卜、洋葱、西芹、韭葱、大蒜头、香料束等，煮2～5h。中途去除浮沫和浮油。（若汤汁过少，可加入沸水补充。）

⑤ 将汤过滤，去除浮油，迅速冷却，密封冷藏（3℃）备用。

（5）技术要点

① 选用新鲜的鸡骨，以保证汤味的鲜醇。

② 主料多次清洗、冲漂，去除血水和异味；氽烫后，除去过多的血污；最后

以小火微煮，以保持鲜美的滋味。

③ 基础汤是底汤，制作中不能加盐，否则使肉中的蛋白质过早凝固，影响汤的鲜美滋味。

④ 煮汤时，先旺火煮沸，再小火煮制。中途不断撇去浮沫和浮油，使汤色清亮、香鲜无异味。

⑤ 胡萝卜等蔬菜料可以切成大块或用整形，以便最后取出，用于制作蔬菜慕斯等配菜。

（6）质量标准　汤色清澈，鲜香味醇，鸡肉和蔬菜味浓，多用于禽、肉类菜肴的烹制中。

（7）适用范围

① 白色基础汤用于制作白色浓汁少司。

② 用于制作白色浓汤或奶油浓汤等。

③ 用于制作鸡肉清汤。

④ 用于制作鸡肉的胶冻类菜肴。

⑤ 用于制作鸡肉的白汁类烩菜或米饭类菜品。

2. 布朗小牛肉基础汤（Brown veal stock）

（1）原料（成品1000mL）　牛骨1000g，小牛肉1000g，牛足250g，胡萝卜100g，洋葱100g，西芹60g，韭葱120g，大蒜头20g，香叶1g，百里香1g，法香菜2g，鲜番茄200g，番茄酱30g，蘑菇50g，清水或白色牛肉基础汤2000mL，胡椒粒2g。

（2）设备器具　汤灶、汤锅、西餐刀、砍刀、菜板、电子秤、量杯、粗孔汤筛、细孔滤网、纱布、吸水纸等。

（3）加工时间　4～6h。

（4）制作方法

① 将牛骨锯成小块，小牛肉切3cm的块；胡萝卜、洋葱、西芹和韭葱等切成2cm的丁；番茄去籽切丁；大蒜拍碎。将香叶、百里香、香叶芹、韭葱、西芹等制成香料束。

② 烤炉预热到250℃。

③ 将牛骨送入烤炉中烤约20min，中途翻面后继续烤制。

④ 待牛骨烤成棕褐色后取出，加入洋葱、胡萝卜、西芹和韭葱拌匀，一同烤香，再加番茄酱炒匀。将牛肉煎成棕褐色。

⑤ 把烤香的牛骨、牛肉和蔬菜料一同放入大汤锅中。去除烤盘内多余的油脂，倒入少量清水煮沸，融化盘底的焦糖浆。

⑥ 将烤盘内的煮汁倒入汤锅中，倒入足量清水，大火煮沸，转小火保持微沸，撇去浮沫和浮油。加入小牛足、番茄碎、大蒜碎和香料束，继续熬煮。

⑦ 煮4～6h后，将汤过滤，去除浮油，迅速冷却，加盖冷藏（3℃）备用。

（5）技术要点

① 选用新鲜的牛骨和牛肉，以保证汤味的鲜醇。

② 用高温烤牛骨，中途翻动，使表面呈棕褐色。切忌烤焦。

③ 若牛骨有轻微烤焦的部分，可用刀刮去焦质备用。

④ 煮制中要不断清除浮沫和浮油，以使汤鲜、无异味。

⑤ 成品汤分两次过滤。先用粗孔汤筛滤出大块原料，再用细孔滤网加纱布滤出汤汁。过滤时切忌挤压，以汤汁自然滤出为佳。

（6）质量标准　汤呈棕褐色，汁稠发亮，牛肉和蔬菜味浓郁，多用于肉类菜肴和少司酱汁的制作中。

（7）适用范围

① 用于西餐常用的基础母少司及变化少司：如布朗少司、西班牙少司、烧汁等。

② 用于制作西餐烧烩类、罐焖类菜肴的汤汁等。

3. 布朗鸡肉基础汤（速成法）(Brown chicken stock)

（1）原料（成品1000mL）　鸡骨、鸡翅、鸡脚等下脚料1000g，胡萝卜100g，洋葱100g，西芹60g，韭葱60g，香叶1g，百里香1g，法香菜2g，龙蒿香草1g，香叶芹2g，大蒜头20g，鲜番茄200g，番茄酱30g，蘑菇50g，清水1200mL，布朗牛肉基础汤80g，胡椒粒2g。

（2）设备器具　汤灶、汤锅、西餐刀、砍刀、菜板、电子秤、量杯、粗孔汤筛、细孔滤网、纱布、吸水纸等。

（3）加工时间　45min。

（4）制作方法

① 把鸡头、颈、爪、内脏、鸡骨等主料（鸡肝除外）切成3cm的块；胡萝卜、洋葱、西芹和韭葱等切成2cm的丁；番茄去籽切成丁；大蒜拍碎。将香叶、百里香、龙蒿香草、香叶芹、韭葱、西芹等制成香料束备用。

② 将烤炉预热到250℃备用。

③ 将鸡骨等下脚料放入烤盘内，送入烤炉中烤约20min，中途翻面烤制。

④ 待鸡骨烤成棕褐色后取出，加入洋葱、胡萝卜、西芹和韭葱烤香，再加番茄酱炒匀。

⑤ 把烤香的鸡骨料和蔬菜料一同放入大汤锅中。去除烤盘内多余的油脂，倒

入少量清水煮沸，融化盘底的焦糖浆。

⑥ 将烤盘内的煮汁倒入大汤锅中，倒入足量清水，大火煮沸，转小火保持微沸，撇去浮沫和浮油。加入番茄碎、大蒜碎和香料束等，继续熬煮。

⑦ 煮30min后，倒入布朗牛肉基础汤，小火煮15min，撇去浮沫和浮油。

⑧ 将汤分次过滤，去除浮油，迅速冷却，加盖冷藏（3℃）备用。

（5）技术要点

① 这是布朗基础汤的快速制法。这种方式做成的基础汤用料简单，口味相对清淡一些。

② 传统的布朗基础汤因为使用了牛骨等原料做主料，要熬煮至少4～6h才能充分出味；而若使用小的碎骨或各种分档后剩余的肉类原料，这样熬煮出味的时间可以节省到2～3h，不过使用成本相对要高些。

（6）质量标准　汤呈棕褐色，汁稠发亮，香味浓郁，多用于肉类菜肴和少司酱汁的制作中。

（7）适用范围

① 用于制作西餐常用的基础母少司及变化少司，如布朗少司、西班牙少司、烧汁等。

② 用于制作西餐烧烩类、罐焖类菜肴的汤汁等。

4. 鱼基础汤（Fish stock）

（1）原料（成品1000mL）　海鲜鱼骨（龙利鱼、大比目鱼、牙鳕鱼等）500g，红葱30g，洋葱80g，韭葱50g，蘑菇50g，香叶1g，百里香1g，法香菜2g，龙蒿香草1g，香叶芹2g，干白葡萄酒100mL，水1000mL，盐和胡椒粉适量。

（2）设备器具　汤灶、汤锅、西餐刀、砍刀、菜板、电子秤、量杯、粗孔汤筛、细孔滤网、纱布、吸水纸等。

（3）加工时间　40min。

（4）制作方法

① 整理、洗净龙利鱼、大比目鱼、牙鳕鱼等鱼骨。去净杂质，切成小块，放入流动的清水中冲漂、去尽血污备用。

② 将洋葱、红葱、韭葱和蘑菇等切成1cm的小丁。用香叶、百里香、法香菜、香叶芹、龙蒿香草等制成香料束备用。

③ 将鱼骨取出，沥水后放入汤锅中。倒入干白葡萄酒和清水，水量刚好淹没鱼骨。大火煮沸，转小火保持微沸，撇净浮沫。

④ 将切好的洋葱丁、红葱丁、韭葱丁和香料束放入汤中，小火煮30min。

⑤ 把汤倒入铺有纱布的汤筛中过滤，成清亮的鱼精汤。

⑥ 将汤迅速冷却，送入冰柜冷藏备用。

（5）技术要点

① 去净鱼骨中的内脏、鱼眼、鱼鳃、血筋等杂质，洗净血污，漂去血水，去除鱼腥味。

② 制作调味用的鱼基础汤，应该用白肉鱼的鱼骨，以减少鱼腥味。

③ 可以尽可能多用些新鲜的鱼骨，以便味浓。

④ 鱼基础汤可以用作鱼类清汤的主料，为保证汤汁清亮，鱼骨和各种香味蔬菜等都不用油炒制，可直接放入锅中加水熬煮，以避免产生油脂，影响汤质。

⑤ 制作鱼基础汤，过滤时不要挤压，应该自然过滤，以免滤出多余的杂质。

（6）质量标准　汤清味醇，适用面广。

（7）适用范围　鱼精汤汤汁清澈，主要用作鱼类清汤菜肴和海鲜胶冻类菜肴的汤汁。

5. 白酒鱼精汤（White wine fish fumet）

（1）原料（成品1000mL）　海鲜鱼骨（龙利鱼、比目鱼、牙鳕鱼等）600g，黄油40g，红葱30g，洋葱80g，胡萝卜50g，韭葱段30g，蘑菇50g，番茄皮3g，香料束（香叶芹、龙蒿等）1束，清水1000mL，干白葡萄酒100mL，盐和胡椒粉适量。

（2）设备器具　汤灶、汤锅、西餐刀、砍刀、菜板、电子秤、量杯、粗孔汤筛、细孔滤网、纱布、吸水纸等。

（3）加工时间　30min。

（4）制作方法

① 整理、洗净龙利鱼、大比目鱼、牙鳕鱼等鱼骨。去净杂质，切成小块，放入流动的清水中冲漂、去尽血污备用。

② 将红葱、洋葱、胡萝卜、韭葱和蘑菇等切成1cm的小丁。用香叶、百里香、法香菜、香叶芹、龙蒿香草等制成香料束备用。

③ 将鱼骨取出，沥水备用。

④ 锅中加黄油烧热，放入红葱、洋葱、胡萝卜和韭葱炒香，加海鱼骨炒匀，倒入干白葡萄酒煮干。

⑤ 倒入清水，水量刚好淹没鱼骨。大火煮沸，转小火保持微沸，撇净浮沫。

⑥ 汤中加入蘑菇、番茄皮和香料束，小火煮30min。

⑦ 把汤倒入铺有纱布的汤筛中过滤，加盐和胡椒粉调味，成鱼精汤，冷却备用。

（5）技术要点

① 白酒鱼精汤以选用白肉鱼的鱼骨制作为佳，如龙利鱼、大比目鱼、牙鳕鱼、无须鳕和海鲂等，这些鱼的腥味少，脂肪少，做出的鱼汤味鲜香，汤汁清澈。若选用脂肪含量重的鱼骨，则汤汁灰暗，腥味重。

② 若所选鱼骨很新鲜，则不要用水冲漂，可以直接洗净使用。

③ 制作中，水量以刚好淹没鱼骨为佳。煮制时间不宜过长，30min即可，以免煮出鱼骨的涩味。一般不提前制作，现制现用。

④ 鱼骨和各种香味蔬菜都应切成小丁，以便充分出味。

⑤ 煮汤时，应及时去除浮沫，使汤清无异味。

⑥ 煮汤中，将洗净的龙利鱼皮和大比目鱼皮加入汤中一同煮制，可增加风味。

（6）质量标准　汤色清澈，海鲜和蔬菜味浓。

（7）适用范围

① 白酒鱼精汤用于制作海鲜类的白酒少司。

② 白酒鱼精汤常常用作煮焖类或烩烧类海鲜菜肴的汤汁，以增鲜提味。

③ 若将白酒鱼精汤单独浓缩煮稠后冷藏保存，可用作其他海鲜类乳化少司的提鲜剂，以增加风味。

第七章 西餐调味技术

在西餐菜肴的烹饪中，能否准确调控味道是菜肴烹制成败的关键，因为人们在进餐中，不仅是为了达到饱腹的目的，还要得到身心的愉悦，获取到有营养价值的美味食物。因此，西餐调味常被认为是西餐烹饪的技术核心。

第一节 西餐调味的特点和原则

西餐和中餐在调味的理念和方法上有差异。因为中餐往往是采用主辅料混合型的烹调方式，因此更多的是菜肴复合味道的综合体现。而西餐更多的是采用主辅料分开单独烹调的成菜形式，烹饪过程中，更讲究表现每一种原料自身的独特风味。

一、西餐调味的特点

1. 崇尚自然，保持新鲜，追求本味

烹制西餐菜肴时，要注重保持原料本身的风味。烹饪菜肴的最终目的是呈现和突出食物本身最核心的本味，以感受食物最自然的风味。如煎牛肉，要吃到牛肉本身原有的味汁和香味；土豆泥，要体现出土豆自然的清香味。因此，西餐调味的味型，更注重食物本身单一味的表现，以不掩盖原料自身的本味为原则，对食物的新鲜度要求极高，始终坚持"食物新鲜"是烹饪的唯一前提标准。

2. 选料严格，烹饪简单，风味清淡

西餐烹饪选料以健康、自然和时令为首要标准。烹饪原料不仅以市场采购为主，主厨还常常自己动手，寻找、开发品质更佳的原料。许多具有特色的西餐厅都有专供的新鲜香草和蔬菜的种植园，为日常的调味和烹饪创造了极佳的便利条件。

3. 善用香料，配菜灵活，风味独特

西餐主料的烹调往往较为简单，以保留食材的原汁原味。配料和酱汁的制作

就颇费工夫了，所使用的原料，无论是肉汤、酒类、奶油、芝士、黄油或各式香料、水果等，都运用得非常灵活。许多大厨都有自己独创的特色少司酱汁、配方和菜式，还常常用自己的名字来命名所创的特色酱汁和菜肴，以此作为招牌，吸引客人。

二、西餐调味的原则

1. 注重营养和健康

以法餐为例，在17世纪以来的传统法餐"高级烹饪"调味中，主厨深受法国宫廷皇家烹饪风格的影响，其制作的菜肴中的少司酱汁味厚油腻，虽然风味浓厚，但是不易被人体消化吸收，不利于营养健康。

而近代法餐"新派烹饪"中，菜肴调味以低卡路里、营养均衡为特点，讲究新鲜、自然的特色。少司酱汁口味清爽，油少不腻，浓稠适度，量少而精，易于人体消化吸收，符合现代均衡膳食的发展趋势。

2. 加工精细，应用严格

西餐调味品注重对细节的加工，如厨师会随时撇去浮沫和浮油等，以得到更清亮的汤和少司，保证菜肴油少、健康。基础汤的应用要求十分严格，不同的原料和菜肴要使用不同的基础汤。如烹制小牛肉类的菜肴，用小牛肉基础汤；烹制鸭肉类菜肴，用鸭肉基础汤；烹制鸡肉类菜肴，用鸡肉基础汤；烹制舌鳎鱼菜肴用舌鳎鱼基础汤等。只有如此，才能进一步确保菜肴的原汁原味。

3. 制作严谨，工艺规范

西餐调味对基础汤的要求更高，汤清味醇，带有大量的肉胶。制作基础汤时，要用到大量的牛膝、牛足、牛尾等胶质原料，使汤增稠。根据菜肴的风味特色，选用不同的浓稠料，如制作风味清淡的酱汁时可以用黄油拌面酱增稠；制作白汁类少司酱汁时可以用白色油面酱增稠；制作黄色类少司酱汁时可以用黄色油面酱；制作褐色类少司酱汁时可以用褐色油面酱增稠，还有一些特殊的增稠料应用，如萨芭雍蛋黄酱、蔬菜泥、鸡（猪）血、龙虾卵等。

4. 大量使用酒类，以浓味增香

现代西餐的少司制作更加简便、快捷。除了烧汁、白汁等基本的母少司外，多数少司都是现烹现制的。制作中，讲究"浇锅底"的烹制技法，即用酒来融化锅中煎肉时余下的风味物质，以保持烹饪过程中菜肴的原汁原味。

在西餐少司酱汁制作中，调味用的酒类选用比较灵活，根据原料风味和菜品特色而定，一般多用波尔多酒、马德拉酒、努瓦里酒、干白葡萄酒、红葡萄酒、

苹果酒、赫雷斯酒、覆盆子酒、黑菌汁等。

5. 大量使用特色香草或香料

在追求西餐调味的开发与创新上，特色香草或香料的作用功不可没。香料在西餐调味中的应用相当广泛，常用香叶、百里香、莳萝、鼠尾草、罗勒等。而一些特色香料也被借鉴应用在菜点中，产生了独特的风味，如青胡椒、黑胡椒、孜然粉、咖喱粉等。其中，以中国四川省特有的花椒在西餐和西点中的应用最为独到，如花椒味的冰激凌、鹅肝酱等，别具特色。随着全球性餐饮文化的不断交流与发展，相信会有更多的特色香料在西餐调味中得到广泛应用，产生更大的影响。

第二节　西餐少司的分类

西餐烹调中的原料以大块或整形为主，烹制中不易入味，上菜时多伴有调味酱汁——少司，以辅助调味。少司是西餐烹饪的一大特色，被称为西餐调味的"灵魂"。

一、少司的概念

少司是英文单词Sauce的音译，又称为酱汁或调味汁，简称为"汁"。如黑胡椒少司可以简称为"黑胡椒汁"。少司是西餐菜肴和点心的调味汁。

少司制作是一项单独的工作，通常由具有丰富经验的厨师专门制作。少司调制的技能，是鉴别一位优秀厨师的重要标准之一。人们常说："一名好的少司调味师不一定是一位优秀的厨师；但一位优秀的厨师必定是一名好的少司调味师。"因此，人们常常将西餐调味烹饪简称为少司烹饪，由此可见少司调味在西餐烹饪中的重要作用。

二、少司的作用

1. 确定菜肴的风味

少司调制的原则是在不影响原料自身原味的基础上，突出菜肴的风味，把原料和少司的香味融合在一起，形成独特的风味。

2. 增加菜肴的美观

制作中，将香浓的少司淋在原料上，可以使菜肴的色泽更加艳丽、光亮，增进美观。

3. 热少司可以保持菜肴温度

西餐热菜讲究鲜、热的风味，热菜菜肴成菜时，装菜的盛器要热烫，食材和酱汁也要保持热烫的温度，以保持新鲜的风味，有句俗语"一烫当三鲜"。因此，热的少司，淋在菜肴表面也可以起到保持菜肴温度，增加风味的作用。

4. 点缀和装饰

在西菜（点）制作时，厨师常常将色泽艳丽的少司（如烧汁、红椒汁、巧克力汁、草莓汁等）淋在盘中形成漂亮的图案，产生独特的装饰效果，诱人食欲。

三、少司的构成

1. 液体原料

液体原料是构成少司的基本原料之一。常用的液体原料有基础汤、牛奶、液体油脂等。

2. 增稠原料

增稠原料也称为稠化剂或增稠剂，也是制作少司的基本原料。

一般来说，液体原料必须经过稠化产生黏性后，才能够成为少司，以免少司不容易粘在菜肴的主料上，菜肴的味道比较淡薄。因此，稠化技术是制作少司的关键。

3. 调味料和各种香草

西餐调味崇尚原料食材的本味，在此基础上，附以独特的酱汁，辅助调味。因此在调味料的使用中，多以盐和胡椒粉为主，不破坏原料自身的风味配搭。在酱汁应用中，多选用香叶、百里香、迷迭香、罗勒、欧芹、莳萝、茴香等香草调味，制作出许多变化万千的特色酱汁。

四、西餐常用的稠化剂

1. 油面酱（Roux）

油面酱，也称面捞、面粉糊、黄油面酱等，它是油脂与相等重量的面粉，在低温下用小火煸炒而成的糊状原料。黏性强，可增稠浓味。通常分为白色油面酱、黄色油面酱、褐色油面酱三类。

2. 油面糊（Beurre manié）

油面糊，也称黄油拌面糊，它是由小片黄油与相等重量的面粉，用餐叉搅和拌匀的油面糊。通常用作红酒类少司的增稠剂，尤其在应急情况下可快速调节少司的浓稠度。

3. 干面糊（Dry roux）

干面糊，是将面粉直接撒在烤盘内或原料上，用烤炉烤香上色后，与液体原

料一同形成增稠剂的原料。通常用于红烩类的菜肴，如马玲古烩牛肉等。

4. 蛋黄奶油芡（Egg yolk and cream liaison）

蛋黄奶油芡，是利用蛋黄受热后蛋白质凝固的特性增稠的，但是这种稠度变化较小，通常应用在奶油浓汤类菜肴和白汁类菜肴中。方法是，将蛋黄和奶油事先充分调匀，使用前再加入少量煮沸的汤汁稀释，最后缓缓倒入调好的少司或浓汤中，搅匀后略煮增稠。制作蛋黄奶油芡的关键是避免温度过高，使蛋黄过多凝固而分离。

5. 水粉芡（White wash）

水粉芡，是利用淀粉糊化后的增稠作用来使汤汁或少司增稠的。水粉芡的应用有点类似中餐菜肴的勾芡，在西餐中，主要应用于带甜香味的少司酱汁增稠上，特点是芡汁光亮度很好，淋汁后酱汁很细腻，相对黄油面酱的浓稠效果，水粉芡的黏稠度要低一些。

6. 面包渣（Bread crumbs）

面包渣可以和汤汁融合胶化，产生增稠作用，一般用于制作酿馅菜肴的馅心，将面包渣和牛奶或奶油混匀后，加入肉馅中，起到定型、增稠的作用。

7. 大米（Rice）

大米在西餐制作中的增稠作用较小，主要应用于一些不需要特别浓稠的，只需带有一些类似米汤状薄芡效果的汤菜或菜品中。如制作蟹肉浓汤时，将少量大米放入汤中煮制，产生如米汤状的薄芡增稠效果。

8. 蔬菜泥或水果泥（Vegetable puree，Fruit puree）

利用含有淀粉类物质较多的蔬菜或水果，制作出的菜泥和水果泥，能达到使汤汁浓稠的作用，常见的蔬菜浓汤有土豆浓汤。

五、少司的种类

少司的种类众多，一般可以根据色泽、口味、原料等进行分类。如根据色泽可分为褐色少司类、红色少司类、白色少司类和黄色少司类等；根据原料可分为牛肉类少司、鸡肉类少司、海鲜类少司、野味类少司、奶油类少司和黄油类少司等；根据少司的性质可分为稳定的乳化少司和不稳定的乳化少司等；根据温度可分为冷少司类和热少司类等。

这里根据法式西餐的习惯，将常用的少司分为四类：基础少司类（以基础汤为主料制作的传统基础少司）；乳化少司类（以油脂为主料制作的少司）；黄油酱类（以黄油为主料制作的酱类少司）；甜点酱汁类（以西餐甜品为主的甜点酱汁少司）。

第三节 西餐常用少司制作

西餐少司制作常被作为测试厨师基本技能的重要标准之一。无论是传统少司（如白汁少司）还是现代少司（如红椒酱少司）的调制，都要极高的专业经验和技巧。一道成功的少司，体现了厨师对食物本身特性的准确理解，和控制菜肴中原料的色彩搭配、风味组合的能力。

西餐的少司多数都是在上菜前制作的，但是常用的基础少司如白汁少司、布朗少司等都是提前制作好后，放入冰柜中冰冻，再分类冷藏存放，以备使用的。在使用前将其取出，用水浴加热的方法热透后备用。下面介绍一些常用的少司。

一、基础少司类

基础少司主要包括烧汁类少司、浓汁类少司、白汁类少司、番茄类少司等。这些少司曾一度被称作母少司，因为很多少司是在这些母少司的基础上变化而来的。尽管在现在看来，它们都很传统，但是直到今天，基础少司在现代西餐厨房里仍然起着举足轻重的作用。

（一）烧汁类少司（Demi-glace）

1. 布朗少司（Brown sauce，La sauce espagnole）

（1）原料（成品1000mL） 布朗基础汤1500mL，培根50g，胡萝卜50g，洋葱50g，番茄300克，番茄酱40g，蘑菇50g，大蒜10g，香叶1g，百里香1g，法香菜2g，香叶芹2g，黄油60g，面粉60g，盐和胡椒粉适量。

（2）设备器具 燃气灶、少司锅、少司保鲜盒、西餐刀、菜板、电子秤、量杯、细孔滤网、炒勺、汁勺、蛋抽、冰柜等。

（3）加工时间 1.5h。

（4）制作方法

① 将培根、胡萝卜、洋葱切成小粒。大蒜切碎。将香叶、百里香、法香菜、香叶芹等香草用棉线扎成香料束。

② 将培根用黄油炒香，加胡萝卜、洋葱炒匀，加面粉炒上色。

③ 放入大蒜碎、蘑菇碎、番茄碎和番茄酱炒匀，离火晾凉备用。

④ 分次倒入布朗小牛肉基础汤，搅匀后煮沸，加入香料束。

⑤ 转小火煮稠后去除香料束，撇去浮沫和浮油，加盐和胡椒粉调味，过滤，

离火加黄油搅化，保温备用或迅速冷却，冷藏备用。

（5）技术要点

① 可以单独炒褐色面酱，炒香后加入汤中，调剂浓稠度。

② 可将少司和少司锅一同置于低温烤炉内，低火烤制浓缩，中途搅动，撇去浮沫，效果更佳。

（6）质量标准　色泽棕褐，汁稠发亮，番茄和牛肉味香浓。

（7）适用范围

① 适用于各种肉禽类菜肴的调味汁。

② 适用于布朗少司的各种变化少司。

2. 布朗小牛肉浓缩汁（Le fond brun de veau lié）

（1）原料（成品1000mL）　布朗基础汤1000mL，淀粉50g，洋葱15g，胡萝卜15g，西芹15g，干红葡萄酒30mL，雪利酒30mL，黄油30g，盐和胡椒粉适量。

（2）设备器具　燃气灶、少司锅、少司保鲜盒、西餐刀、菜板、电子秤、量杯、细孔滤网、炒勺、汁勺、蛋抽、冰柜等。

（3）加工时间　20min。

（4）制作方法

① 将洋葱、胡萝卜和西芹洗净切碎。淀粉加干红葡萄酒和雪利酒调匀。

② 将洋葱、胡萝卜和西芹用黄油炒香，倒入布朗基础汤煮沸，撇去浮沫后小火浓缩。出香味后，加淀粉酒汁勾芡。

③ 汁稠时过滤，加盐和胡椒粉调味，加黄油搅化，成布朗小牛肉浓缩汁。

（5）技术要点

① 酱汁以浓稠粘勺，勺背有清晰刮痕，汁稠发亮为佳。

② 小火浓缩是少司制作的关键，不宜用大火。

③ 做好的少司若不立刻使用，可以装袋，急冻后保存备用。

（6）质量标准　色泽棕褐，少司浓稠，味咸鲜香浓。

（7）适用范围

① 适用于各种肉禽类菜肴的调味汁。

② 适用于布朗少司的各种变化少司。

3. 烧汁（Demi-glace）

（1）原料（成品500mL）　布朗小牛肉浓缩汁或布朗少司2000mL，黄油15g，蘑菇150g，波特酒或马德拉酒100mL，盐和胡椒粉适量。

（2）设备器具　燃气灶、少司锅、少司保鲜盒、西餐刀、菜板、电子秤、量

杯、细孔滤网、炒勺、汁勺、蛋抽、冰柜等。

（3）加工时间　20min。

（4）制作方法

① 将蘑菇切片。

② 将蘑菇用黄油炒香，加波特酒，煮至酒汁将干时，倒入布朗小牛肉浓缩汁或布朗少司转小火煮稠。

③ 过滤后迅速冷却，冷藏备用。

（5）技术要点

① 烧汁是极其重要的基础酱汁，它是各种褐色类少司的源泉，被称为褐色类少司的母少司。

② 烧汁应突出浓郁的烤牛肉香味。制作中，各种香味蔬菜、番茄和香料的风味不能盖住牛肉的本味。

③ 烧汁色泽呈深棕褐色，黏稠粘勺，细腻润滑。

（6）质量标准　色泽呈深褐色，汁稠发亮粘勺，牛肉香味浓郁，蔬菜味清香。

（7）适用范围

① 应用很广泛，常用做烧烤类菜肴的调味汁，如烤羊腿、烤西冷牛脊和烤火鸡等。

② 适用于制作各种褐色类变化少司。

4. 肉胶冻汁（Glace）

（1）原料（成品200mL）　布朗小牛肉基础汤2000mL，牛骨200g，牛肉200g，牛膝腱200g。

（2）设备器具　燃气灶、烤炉、少司锅、少司保鲜盒、西餐刀、菜板、电子秤、量杯、细孔滤网、炒勺、蛋抽、汁勺、冰柜等。

（3）加工时间　1.5h。

（4）制作方法

① 将牛骨、牛肉、牛膝腱放入烤炉中，烤香成棕褐色。

② 放入布朗小牛肉基础汤煮沸，转小火浓缩1.5h。

③ 过滤后迅速冷却，冷藏备用。

（5）技术要点

① 牛骨、牛肉、牛膝腱烤成棕褐色，增加牛肉香味。

② 用小火浓缩，也可将酱汁加盖放入烤炉中，慢火烤制浓缩。

③ 浓缩过程中，要不断搅动，中途过滤2～3次，以免煳锅。

（6）质量标准　色泽棕黑，味浓醇香。热时呈半流体状，冷时呈凝固的胶冻状。

（7）适用范围

① 用于烧烤类菜肴的调味汁。

② 在制作其他少司时，若香味不浓，也可加入肉胶冻汁浓味。

③ 可与其他少司调配，有调色、增亮、装饰和点缀等作用。

④ 在浓缩过程中，若汁量减少了，应换成小的少司锅继续加热浓缩。

5. 波尔多红酒汁（Bordelaise sauce）

（1）原料（成品480mL）　红葱碎30g，香叶0.2g，百里香1g，黑胡椒碎1g，熟牛骨髓10g，法香菜1g，肉胶冻汁20mL，黄油10g，波尔多红酒1000mL，烧汁1000mL，盐和胡椒粉适量。

（2）设备器具　燃气灶、烤炉、少司锅、少司保鲜盒、西餐刀、菜板、电子秤、量杯、细孔滤网、炒勺、汁勺、蛋抽、冰柜等。

（3）加工时间　30min。

（4）制作方法

① 将红葱碎、黑胡椒碎、香叶、百里香和波尔多红酒倒入锅中，用小火煮至酒汁将干时。

② 倒入烧汁转小火煮稠，过滤后加牛骨髓粒、肉胶冻汁搅匀。

③ 加盐和胡椒粉调味，放入小块黄油搅化，撒法香菜碎即成。

（5）技术要点

① 选用红葱做主料。若用洋葱，则会熬煮出太多甜味，影响少司的整体风味。

② 用小火煮出红酒过多的酸味，将香味熬煮出来。不宜用大火熬煮。

（6）质量标准　色泽深褐，酒香浓郁，汁稠发亮，味厚不腻。

（7）适用范围

① 适用于各种红肉类、禽类及野味类菜肴。

② 用波尔多白酒代替红酒，可用于海鱼类和白肉类菜肴，风味独特。

（二）浓汁类少司（Velouté）

1. 白色浓汁少司（Velouté）

（1）原料（成品1000mL）　白色基础汤或鱼精汤1000mL，黄油50g，黄油（增亮）20g，面粉50g，盐和胡椒粉适量。

（2）设备器具　燃气灶、少司锅、少司保鲜盒、西餐刀、菜板、电子秤、量杯、细孔滤网、炒勺、汁勺、蛋抽、冰柜等。

（3）加工时间　20～30min。

（4）制作方法

① 将面粉用黄油50g炒香（未变色），离火晾凉。

② 分次加入白色基础汤或鱼精汤，用蛋抽搅匀，上火煮沸，转小火煮稠后过滤。

③ 加盐和胡椒粉调味，加入黄油20g搅化，保温备用，或迅速冷却，冷藏备用。

（5）技术要点

① 以小火炒制黄油面酱，切忌焦煳。

② 基础汤应分次加入面酱中。将热的基础汤倒入冷的面酱中搅拌，面酱不会结块，容易搅匀。

（6）质量标准　色泽乳黄，酱汁浓稠，咸鲜清淡，适口不腻。

（7）适用范围

① 作为西餐浓汁类酱汁的基础少司，加入其他的调料，变化成各种风味的特色浓汁少司。如白酒少司，曙光少司，贝尔西少司，束法少司等。

② 适用于各种蔬菜、白肉类和煮制海鱼类菜肴。

2. 白色束法汁（White chaud-froid sauce）

（1）原料（成品1000mL）　白色基础汤1000mL，黄油60g，面粉60g，明胶片40g，淡奶油1000mL，柠檬汁10g，盐和胡椒粉适量。

（2）设备器具　燃气灶、少司锅、少司保鲜盒、西餐刀、菜板、电子秤、量杯、细孔滤网、炒勺、汁勺、蛋抽、冰柜等。

（3）加工时间　30min。

（4）制作方法

① 黄油炒面粉，制成白色黄油面酱，离火晾凉，分次加入热的白色基础汤，制成白色浓汁。

② 倒入淡奶油煮沸，转小火煮稠，加入化软的明胶片，加柠檬汁、盐和胡椒粉调味。

③ 过滤后冷藏，待酱汁黏稠时，淋在原料上装饰即成。

（5）技术要点

① 制作酱汁中，小火加热，边加热边搅动，避免酱汁煳锅粘底。

② 明胶片用水泡软，加入酱汁中搅化，避免结块。

（6）质量标准　色泽乳白，酱汁黏稠，味清淡适宜。

（7）适用范围

① 适用于西式自助餐中常见的镜盘装饰菜品。如整型的鸡、鸭、海鱼类等束法菜肴装饰。

② 适用于小型盘饰的菜肴装饰。

（三）白汁类少司（Bechamel sauce）

1. 白汁少司（Bechamel sauce）

（1）原料（成品1000mL）　牛奶1000mL，洋葱30g，黄油10g，香叶0.2g，百里香2根，豆蔻粉1g，黄油60g，面粉60g，盐和胡椒粉适量。

（2）设备器具　燃气灶、少司锅、少司保鲜盒、西餐刀、菜板、电子秤、量杯、细孔滤网、炒勺、汁勺、蛋抽、冰柜等。

（3）加工时间　15min。

（4）制作方法

① 洋葱用黄油炒香，加牛奶煮沸，加豆蔻粉、香叶、百里香、盐和胡椒粉煮15min。

② 黄油炒面粉，制成白色黄油面酱，加入热牛奶搅匀。

③ 上火煮沸，转小火煮稠后过滤，加盐和胡椒粉调味，加黄油搅化，保温备用；或迅速冷却，冷藏备用。

（5）技术要点

① 将热牛奶加入晾凉的面酱中搅匀，可以避免面粉成团。

② 少司做好后，应加入黄油搅化，起到增亮和防止干皮的作用。

（6）质量标准　色泽奶白，酱汁浓稠，咸鲜清淡，适口不腻。

（7）适用范围　白汁少司是最基础的"母少司"，加入各种不同的调料，则变成其他的变化少司。

2. 奶油少司（Cream sauce）

（1）原料（成品1000mL）　白汁少司1000mL，蛋黄2个，淡奶油200mL，柠檬汁10g，黄油（增亮）20g，黄油70g，面粉70g，牛奶800mL，淡奶油200mL，豆蔻粉、盐和胡椒粉适量。

（2）设备器具　燃气灶、少司锅、少司保鲜盒、西餐刀、菜板、电子秤、量杯、细孔滤网、炒勺、汁勺、蛋抽、冰柜等。

（3）加工时间　15min。

（4）制作方法

① 将鸡蛋黄和200mL淡奶油搅匀成蛋黄奶油芡。将800mL牛奶和200mL奶油放入锅中煮沸。

② 锅中加黄油烧化，放入面粉炒匀。待面粉出香味（未变色）时，将面酱离火晾凉。

③ 将煮沸的牛奶和奶油混合汁倒入晾凉的黄油面酱中，制成白汁少司。

④ 将白汁少司加热浓缩6～8min，边加热边搅动。

⑤ 将剩余的淡奶油和蛋黄奶油芡倒入少司中，继续浓缩约5min，加柠檬汁、盐和胡椒粉调味。

⑥ 将少司过滤，放入少许黄油搅化，增亮即成。

（5）技术要点

① 把牛奶和面酱搅匀后，再上火煮制。中途要不断地搅动锅底，以免粘底、煳锅。

② 应该离火加入蛋黄奶油芡，搅匀后再上火加热，以免过度受热，起蛋花。

③ 少司做好后，应加入黄油搅化，增亮和防止干皮。

（6）质量标准　色泽乳白，酱汁浓稠，奶香味浓，咸鲜适口不腻。

（7）适用范围　适用于各种海鱼类、蔬菜和白肉类菜肴。

3. 毛恩内少司（Mornay sauce）

（1）原料（成品1000mL）　白汁少司1000mL，黄油20g，蛋黄4个，淡奶油200mL，古老耶芝士80g，盐和胡椒粉适量。

（2）设备器具　燃气灶、少司锅、少司保鲜盒、西餐刀、菜板、电子秤、量杯、细孔滤网、炒勺、汁勺、蛋抽、冰柜等。

（3）加工时间　20min。

（4）制作方法

① 将蛋黄和奶油调匀成蛋黄奶油芡。

② 制作白汁少司，离火加入蛋黄奶油芡搅匀。

③ 将②的少司上火煮沸后过滤，上菜前，加古老耶芝士拌匀，加黄油搅化，保温即成。

（5）技术要点

① 通常在上菜前将古老耶芝士加入到酱汁中，风味才最佳，不宜过早放入。

② 也可以用法国汝拉芝士或瑞士爱芒特芝士代替古老耶芝士，风味亦佳。

（四）番茄类少司（Tomato sauce）

1. 番茄少司（Tomato sauce）

（1）原料（成品1000mL）　白色基础汤1000mL，黄油100g，培根100g，胡萝卜100g，洋葱100g，番茄1000g，番茄酱100g，蘑菇50g，大蒜20g，香叶1g，

百里香1g，法香菜2g，香叶芹2g，面粉60g，细砂糖、盐和胡椒粉适量。

（2）设备器具　燃气灶、少司锅、少司保鲜盒、西餐刀、菜板、电子秤、量杯、细孔滤网、炒勺、汁勺、蛋抽、冰柜等。

（3）加工时间　2h。

（4）制作方法

① 将培根、胡萝卜、洋葱切成小丁。大蒜切碎。番茄去皮、去籽、去蒂，切碎。将香叶、百里香、法香菜、香叶芹等香草用棉线扎成香料束。

② 培根用黄油炒香，加胡萝卜、洋葱炒匀，加面粉炒上色。

③ 加入蘑菇、大蒜、番茄、番茄酱炒匀。

④ 分次倒入热的白色基础汤，煮沸后加入香料束、细砂糖、盐和胡椒粉。

⑤ 锅加盖，大火转小火煮稠；或送入160℃烤炉内，焖煮1.5h。

⑥ 去除香料束，撇去浮沫和浮油，加盐和胡椒粉调味，过滤，离火加黄油搅化，保温备用或迅速冷却，冷藏备用。

（5）技术要点　汁中加入细砂糖，有中和口味的作用，用量宜少，以不显现甜味为佳。

（6）质量标准　色泽棕红，汁稠发亮，番茄味浓厚。

（7）适用范围

① 番茄少司是西餐中常用的调味汁，适用于各种面食和蔬菜类菜肴。如意大利细面条、意大利馄饨、意大利芝士烙面等。也适合各种蔬菜、焗烤类菜肴。

② 常用作各种番茄类变化少司的基础汁。

2. 美式少司（American sauce）

（1）原料（成品1000mL）　梭子蟹1000g，海鱼骨500g，橄榄油50mL，澄清黄油30g，胡萝卜碎100g，洋葱碎100g，红葱碎40g，番茄碎400g，番茄酱40g，大蒜碎20g，香叶1g，百里香1g，法香菜2g，香叶芹碎2g，龙蒿香草碎2g，鱼精汤1500mL，淡奶油200mL，干白葡萄酒200mL，科涅克白兰地酒50mL，黄油面酱100g，豆蔻粉、盐和胡椒粉适量。

（2）设备器具　燃气灶、少司锅、少司保鲜盒、西餐刀、菜板、电子秤、量杯、细孔滤网、炒勺、汁勺、蛋抽、电动捣碎机、冰柜等。

（3）加工时间　40min。

（4）制作方法

① 将香叶、百里香、法香菜、香叶芹等香草用棉线扎成香料束。烧热橄榄油和澄清黄油，放入梭子蟹，用大火炒至蟹壳变成大红色，加入胡萝卜碎、洋葱碎、

红葱碎炒香。

②倒入白兰地酒点燃，烧出火焰，加干白葡萄酒，煮至酒汁将干时，加番茄碎、番茄酱、香料束、香叶芹和龙蒿香草炒匀，放入海鱼骨和鱼精汤煮15min，撇去浮沫和浮油。

③将蟹取出，去壳取肉，切丁后加白兰地酒浸味。将蟹壳捣碎，放入煮汁中再熬煮15min。

④将煮汁过滤，加入黄油面酱搅匀，上火煮沸后转小火煮稠。

⑤加盐和胡椒粉调味，过滤，放入黄油搅化，保温备用。

⑥上菜前加入香叶芹碎和龙蒿香草碎即成。

（5）技术要点

①制作酱汁时，注意突出蟹肉的鲜香味。选用鲜活的梭子蟹，不用死蟹。

②也可以用小龙虾代替梭子蟹，风味亦佳。

（6）质量标准　色泽棕红，酱汁浓稠，鲜香味浓，蟹肉味厚，适口不腻。

（7）适用范围　美式少司是一种特色酱汁，适用于煮焖的各种海鱼类、蔬菜和米饭类菜肴。

二、乳化少司类

（一）冷的不稳定乳化少司（Les Sauces émulsionnées instables froides）

1. 基础油醋汁（Basic vinaigrette）

（1）原料（成品10人份）　赫雷斯白酒醋100mL，色拉油300mL，芥末酱40g，盐和胡椒粉适量。

（2）设备器具　不锈钢汁盆、少司锅、少司保鲜盒、西餐刀、菜板、电子秤、量杯、细孔滤网、汁勺、蛋抽、果汁搅碎机、冰柜等。

（3）加工时间　10min。

（4）制作方法

①将芥末酱、盐和胡椒粉加入酒醋搅匀。

②分次倒入色拉油，拌匀后冷藏备用。

③上菜前，将酱汁的调料再次搅匀，淋汁即成。

（5）技术要点

①油和醋的比例为3:1。味感以咸中带酸，芥末香味浓郁为佳。

②油醋汁是不稳定的乳化少司。油和醋不能完全融合，在调制时，要用力充分搅匀。若放置时间过长，油和醋会分离，所以在拌味前，还应再次搅匀。

③ 酒醋品种根据原料而变化。如白酒醋口味清淡，适用于蔬菜沙拉；红酒醋味道浓烈，适合肉类和海鲜菜肴；内脏、猪脚等异味较重，可用大蒜酒醋或他里根香草酒醋调味；若菜肴中的水果量多，可以加苹果酒醋增加风味。

（6）质量标准　酱汁开胃解腻，咸中带酸，有芥末香味。

（7）适用范围　是蔬菜沙拉和水果沙拉的调味汁，营养丰富。

2. 意大利油醋汁（Italy vinegar sauce）

（1）原料（成品10人份）　意大利香脂黑醋150mL，橄榄油300mL，红葱碎20g，洋葱碎25g，黑橄榄碎20g，酸黄瓜碎20g，水瓜柳碎20g，大蒜碎20g，红椒碎20g，黄椒碎20g，细香葱碎20g，罗勒香草碎5g，芥末酱10g，盐和胡椒粉适量。

（2）设备器具　不锈钢汁盆、少司锅、少司保鲜盒、西餐刀、菜板、电子秤、量杯、细孔滤网、汁勺、蛋抽、果汁搅碎机、冰柜等。

（3）加工时间　10min。

（4）制作方法

① 将芥末酱、盐和胡椒粉拌匀，倒入意大利黑醋搅匀。

② 分次倒入橄榄油搅匀成油醋汁。上菜前加入各种香味调料碎，搅匀后成意大利油醋汁。

（5）技术要点

① 上菜前，应再次搅匀，使味汁融合。

② 油醋汁调好后，应该立刻上菜使用，或密封后送入冰柜冷藏备用。

（6）质量标准　色泽酱褐色，咸酸适口，香草味浓。

（7）适用范围　适用于海鲜类开胃菜肴。

（二）热的不稳定乳化少司（Les sauces émulsionnées instables chaudes）

1. 清黄油汁（Beurre fondu）

（1）原料（成品500g）　黄油500g，水50mL，柠檬汁50mL，西班牙红粉、盐和胡椒粉适量。

（2）设备器具　不锈钢汁盆、燃气灶、少司锅、少司保鲜盒、西餐刀、菜板、电子秤、量杯、细孔滤网、炒勺、汁勺、蛋抽、冰柜等。

（3）加工时间　10min。

（4）制作方法

① 将黄油切成小片备用。

② 将水和柠檬汁倒入厚底的少司锅中，煮沸后转小火浓缩。

③ 至原来体积的1/4时，离火，分次加入黄油小片，用蛋抽搅匀。

④ 至黄油融化成乳稠液时，加西班牙红粉、盐和胡椒粉调味，保温即成（45～50℃）。

（5）技术要点

① 选用小的厚底少司锅。若少司锅太大，则加热黄油时融化太快，不便于控制。

② 黄油可以事先冰冻后，切成小片，方便加工。

（6）质量标准　色泽乳黄，咸鲜酸香，味浓独特。

（7）适用范围　适用于口味清鲜的蔬菜类菜肴、海鲜类菜肴等。

2. 白黄油少司（Le beurre blanc）

（1）原料（成品500g）　黄油500g，红葱碎100g，白葡萄酒100mL，白酒醋50mL，淡奶油100mL，西班牙红粉、盐和胡椒粉适量。

（2）设备器具　不锈钢汁盆、燃气灶、少司锅、少司保鲜盒、西餐刀、菜板、电子秤、量杯、细孔滤网、炒勺、汁勺、蛋抽、冰柜等。

（3）加工时间　10min。

（4）制作方法

① 将黄油冰冻后切成小片；红葱切碎备用。

② 将红葱碎、白葡萄酒、白酒醋和淡奶油放入厚底少司锅内，浓缩至原来体积的1/4时，离火保温（50℃）。

③ 将黄油小片分次加入酒醋汁中，搅动均匀。

④ 至黄油熔化成均匀的黄油汁时，过滤，加盐和胡椒粉、西班牙红粉调味，保温备用（45～50℃）。

（5）技术要点

① 白黄油少司主要应用于煮、蒸制类的海鱼类和蔬菜类菜肴，制作中还可根据需要，加入细香葱、香叶芹、薄荷叶、咖喱粉、红椒粉等调料提味。

② 白黄油少司是一种基础酱汁，可加入不同的辅料，制成其他风味的黄油酱汁。如香草黄油汁，水果黄油汁等。

（6）质量标准　少司色泽乳黄，黄油香味浓厚。

（7）适用范围

① 浓缩时用小火。红葱也可以先用适量黄油炒香后，再加其他调味料进行浓缩，以增进风味。

② 离火加入黄油时，应慢慢地搅动。若温度过低，可以将锅重新置于小火上加热，待黄油熔化时离火，重复步骤，至黄油均匀熔完为止。

（三）冷的稳定乳化少司（Les sauces émulsionnées stables froides）

1. 马乃司少司（Mayonnaise sauce）

（1）原料（成品1000mL） 色拉油1000mL，鸡蛋黄4个，酒醋50mL，芥末酱2g，盐和胡椒粉适量。

（2）设备器具 不锈钢汁盆、少司锅、少司保鲜盒、西餐刀、菜板、电子秤、量杯、细孔滤网、汁勺、冰柜等。

（3）加工时间 10min。

（4）制作方法

① 将鸡蛋黄、芥末酱、盐和胡椒粉、少许酒醋等一同放入不锈钢汁盆中，用蛋抽搅匀。

② 逐渐加入色拉油，边加油边搅拌。

③ 至蛋液浓稠、上劲时，加入酒醋调匀，继续加油搅拌。

④ 至再次搅稠后，又加醋调匀。重复步骤2～3次，直至把油加完。

⑤ 待油加完后，调试口味，密封冷藏备用。

（5）技术要点

① 选用新鲜的鸡蛋，以确保少司纯正的口味。

② 控制好蛋黄、色拉油和白酒醋之间的用料比例。若蛋黄过多，则蛋腥味重；若油过多，则味感太油腻。白酒醋可以用柠檬汁代替，有解油腻、去异味的作用，适量即可，否则会使少司过稀，影响使用。

③ 容器以玻璃器皿或不锈钢容器为佳，忌用铝、铁和铜制器皿。

④ 搅拌的速度应先慢后快；加油的量应先少后多。待蛋液浓稠后，再增大加油的量和搅拌的速度。

⑤ 家庭制作时，若蛋液始终无法搅稠，可以另取一个蛋黄，重新搅拌，待把蛋液搅稠后，将原来调稀的蛋液倒入新搅稠的蛋黄酱中，继续加油搅拌即可。

⑥ 存放时要加盖密封，避免高温、冷冻和强烈震动，以防脱油。一般以3℃冷藏为佳。

（6）质量标准 色泽乳白，有光泽，呈稠糊状，酸咸适度。

（7）适用范围 适用于各种蔬菜、水果和肉类菜肴，应用广泛。

2. 鞑靼少司（Sauce tartare）

（1）原料（成品1000mL） 马乃司少司1000mL，酸黄瓜碎300g，水瓜柳碎60g，熟鸡蛋碎120g，洋葱碎50g，法香菜碎30g，香叶芹碎30g，龙蒿香草碎30g，细香葱碎30g，伍斯特郡辣酱油1g，塔巴斯科辣椒酱1g，盐和胡椒粉适量。

（2）设备器具 不锈钢汁盆、少司锅、少司保鲜盒、西餐刀、菜板、电子秤、

量杯、细孔滤网、汁勺、冰柜等。

（3）加工时间　10min。

（4）制作方法

①将水瓜柳等辅料分别切碎后备用。

②将马乃司少司、酸黄瓜等辅料和调料等一同放入不锈钢汁盆中，搅匀，调味即成。

（5）技术要点

①各种蔬菜辅料应分别切细。

②酱汁调好后，可以密封冷藏备用，效果更佳。

（6）质量标准　色泽乳白，咸酸开胃，香草味香浓。

（7）适用范围

①主要适用于炸制类的海鱼类和虾蟹类菜肴。

②其次适用于各式炸制类菜肴。

③也适用于各式沙拉类菜肴，用作调味酱汁。

3. 千岛少司（Thousand island dressing）

（1）原料（成品200g）　马乃司少司100g，番茄少司50g，熟鸡蛋60g，酸黄瓜15g，水瓜柳5g，洋葱10g，法香菜5g，青椒15g，大蒜15g，柠檬汁、盐和胡椒粉适量。

（2）设备器具　不锈钢汁盆、少司锅、少司保鲜盒、西餐刀、菜板、电子秤、量杯、细孔滤网、汁勺、冰柜等。

（3）加工时间　10min。

（4）制作方法

①将熟鸡蛋、酸黄瓜、水瓜柳、洋葱、青椒、大蒜和法香菜等切碎。

②将上述原料加入马乃司少司中，拌匀后加番茄少司、柠檬汁、盐和胡椒粉，搅匀即成。

（5）技术要点

①千岛少司色彩鲜艳，呈粉红色，少司中有许多的调料颗粒，乍看犹如海洋中的数千个岛屿，因此而得名。

②千岛少司是英式少司，广泛应用于西餐的冷、热菜中，尤其适合与海鲜菜肴搭配。如面拖黄鱼、炸虾球等。

（6）质量标准　色泽粉红，咸香酸甜，清爽解腻，四季皆宜。

（7）适用范围

①主要适用于炸制类的海鱼类和虾蟹类菜肴。

② 其次适用于各式炸制类菜肴。

③ 也适用于各式沙拉类菜肴，用作调味酱汁。

（四）热的半流体状乳化少司（Les sauces émulsionnées semi-coagulées chaudes）

1. 荷兰少司（Holland sauce）

（1）原料（成品500g）　鸡蛋黄8个，黄油500g，柠檬1个，纯净水50mL，西班牙红粉、盐和胡椒粉适量。

（2）设备器具　不锈钢汁盆、燃气灶、厚底少司锅、少司保鲜盒、西餐刀、菜板、电子秤、量杯、细孔滤网、汁勺、蛋抽等。

（3）加工时间　15min。

（4）制作方法

① 将黄油切成小片，放入不锈钢汁盆中，水浴加热。

② 至黄油完全熔化后离火，取表层的澄清黄油（底部的奶水不用），保温备用。

③ 将鸡蛋黄和冷水放入厚底少司锅内，用蛋抽搅打成起泡的萨芭雍蛋黄酱。把锅放入60℃的热水中或小火上，继续用蛋抽搅动。

④ 至萨芭雍蛋黄酱变成乳稠状时，分次加入热的清黄油，边加油边搅动。

⑤ 待油加完，蛋黄酱搅泡后加柠檬汁、西班牙红粉、盐和胡椒粉调味，过滤后成荷兰少司，保温备用（40～50℃）。

（5）技术要点

① 做澄清黄油时，水浴加热的水温不宜太高，以70～80℃为佳，做好后将黄油保温备用（50～60℃）。切忌将装有黄油的小盆直接放在明火上加热，这样黄油会迅速熔化，奶汁和澄清黄油融为一体，不会析出澄清黄油。

② 制作荷兰少司时，一般选用中号的厚底少司锅或厚底不锈钢锅。不要选用薄底的锅具，以免在水浴加热和保温时，蛋黄过度受热而凝固，影响少司的品质。

③ 搅打蛋黄的温度应该保持在50～60℃，才利于发泡和起稠。一般可用水浴加热法，或在小火边上保温的方法制作，注意不要过度受热。

④ 制作中，应该严格控制蛋黄和澄清黄油的比例，否则会过于油腻或蛋腥味重。以2个鸡蛋黄配125克澄清黄油为准。

⑤ 制好后的荷兰少司若过于浓稠，可以加入适量的温水调节。

⑥ 荷兰少司制好后，应加盖保温备用。切忌过夜存放，只能现制现用，因为

少司中的蛋白质和油量丰富，在温热的环境下，过夜保存容易变质。

⑦ 保存荷兰少司的过程中不要接触银制品，否则容易氧化。

（6）质量标准　色泽浅黄，有光泽，成乳膏状，绵软细腻，咸鲜微酸。

（7）适用范围

① 主要用作蒸、煮、铁扒类的海鲜类、蛋类、蔬菜类菜肴的酱汁。如花椰菜、焗通心粉等，风味独特。

② 还用作焗制类菜肴的辅助酱汁。

③ 荷兰少司还有为其他海鲜类少司浓味增香的作用。如制作煮海鱼白酒少司时，最后加入适量的荷兰少司，可以使味感更加香浓、色泽更加美观。

2. 斑尼士少司（Bearnaise sauce）

（1）原料（成品500g）　鸡蛋黄8个，黄油500g，红葱100g，粗黑胡椒10g，龙蒿香草30g+30g，香叶芹20g+20g，白葡萄酒100mL，白酒醋或龙蒿酒醋100mL，盐和胡椒粉适量。

（2）设备器具　不锈钢汁盆、燃气灶、厚底少司锅、少司保鲜盒、西餐刀、菜板、电子秤、量杯、细孔滤网、汁勺、蛋抽等。

（3）加工时间　10min。

（4）制作方法

① 将黄油切成小片，放入不锈钢汁盆中，水浴加热。

② 至黄油完全熔化后离火，取表层的澄清黄油（底部的奶水不用），保温备用。

③ 将红葱、粗黑胡椒、龙蒿香草、香叶芹香草等分别切碎备用。

④ 将白葡萄酒、酒醋、红葱碎、粗黑胡椒碎、龙蒿香草碎30g和香叶芹碎20g一同放入厚底的少司锅中，用小火浓缩。

⑤ 至原来体积的1/4时，离火晾凉，成浓缩香草汁备用。

⑥ 将鸡蛋黄放入冷的浓缩香草汁中，加入适量纯净水调匀，用蛋抽搅打成起泡的萨芭雍蛋黄酱。把锅放入60℃的热水中或小火上，继续用蛋抽搅动。

⑦ 至萨芭雍蛋黄酱变成乳稠状时，分次加入热的清黄油，边加油边搅动。

⑧ 待油加完，蛋黄酱搅泡后加盐和胡椒粉调味，过滤后备用。

⑨ 上菜前，加入剩余的龙蒿香草碎30g和香叶芹碎20g，成斑尼士少司，保温备用（40～50℃）。

（5）技术要点

① 在制作斑尼士少司时，若少司过于浓稠，可以加入适量的热水搅匀，以调节浓度和口味。

② 小火浓缩煮制香草汁，不要煮焦煳。

③ 一般在上菜前才加入剩余的他里根香草碎和香叶芹碎，以保持香草翠绿的色泽和清新的香味。

④ 与荷兰少司一样，斑尼士少司制好后，应加盖保温备用。切忌过夜存放，只能现制现用，因为少司中的蛋白质和油量丰富，在温热的环境下，过夜保存容易变质。

（6）质量标准　色泽黄绿，呈乳膏状，香草味浓，软滑细腻，咸鲜微酸。

（7）适用范围　斑尼士少司是法国少司，又可音译为"贝亚恩少司"。用于铁扒的肉类和海鱼类菜肴，如亨利四世牛扒、铁扒西冷牛柳、铁扒三文鱼等。

三、黄油酱类

黄油酱类是西餐调味酱汁中常用的一个大类，制作简单，应用广泛。它主要是以黄油为主料制作而成的，多数呈固态，通常用于特定的菜肴，配合热菜使用，也有部分配冷菜。

制作好的黄油少司，除了白黄油汁以外，都可以放在保鲜膜或是锡箔纸上，卷成长的圆条形，再送入冰柜中冷冻。待凝结冻硬时，冷藏备用（3℃）。在使用前取出来，切成厚片即可。

（一）冷制生料黄油酱类（Beurres composés réalisés à froid, à base d'ingrédients crus）

1. 酒店管事黄油酱（Beurre maître d'hôtel）

（1）原料（成品10人份）　黄油200g，法香菜25g，柠檬1/2个，盐和胡椒粉适量。

（2）设备器具　不锈钢汁盆、燃气灶、厚底少司锅、少司保鲜盒、西餐刀、菜板、电子秤、量杯、细孔滤网、汁勺、蛋抽、微波炉等。

（3）加工时间　20min。

（4）制作方法

① 将法香菜切碎，柠檬去籽，榨汁备用。

② 将黄油切成小块，放入碗中，送入微波炉内加热。

③ 至黄油变软后取出，用蛋抽搅匀。

④ 加入法香菜碎、柠檬汁、盐和胡椒粉调味，成软化的黄油酱。

⑤ 将黄油酱放于保鲜膜或油纸上，卷裹成直径3cm的长条，送入冰柜冷藏备用；或将黄油酱放入裱花袋中，挤成漂亮的花形，冷藏备用。

⑥ 使用前取出切片，上菜即成。

（5）技术要点

① 搅拌黄油时，环境温度不宜过高或过低，以使黄油逐渐软化，呈软膏状。

② 少司做好后，可以放在保鲜膜或是锡箔纸上，卷成直径约3厘米的长圆条，送入冰柜中冷冻。待凝结冻硬后取出，切成厚片，以备使用。

（6）质量标准　细腻软滑，咸中带酸，香味浓郁，风味独特。

（7）适用范围　酒店管事黄油酱主要适用于铁扒的肉类和海鱼类菜肴。

2. 蜗牛黄油酱（Beurre d'escargots）

（1）原料（成品10人份）　黄油200g，法香菜30g，红葱30g，大蒜30g，面包糠或杏仁粉30g，茴香酒30mL，盐和胡椒粉适量。

（2）设备器具　不锈钢汁盆、燃气灶、厚底少司锅、少司保鲜盒、西餐刀、菜板、电子秤、量杯、细孔滤网、汁勺、蛋抽、微波炉等。

（3）加工时间　20min。

（4）制作方法

① 将法香菜、红葱、大蒜切碎，柠檬去籽，榨汁备用。

② 将黄油切成小块，放入碗中，送入微波炉内加热。

③ 至黄油变软后取出，用蛋抽搅匀。

④ 加入法香菜碎、红葱碎、大蒜碎、茴香酒、盐和胡椒粉调味，呈软化的黄油酱。

⑤ 将黄油酱放于保鲜膜或油纸上，卷裹成直径3cm的长条，送入冰柜冷藏备用；或将黄油酱放入裱花袋中，挤成漂亮的花形，冷藏备用。

⑥ 使用前取出切片，上菜即成。

（5）技术要点

① 搅拌黄油时，环境温度不宜过高或过低，以使黄油逐渐软化，呈软膏状。

② 少司做好后，可以放在保鲜膜或是锡箔纸上，卷成直径约3cm的长圆条，送入冰柜中冷冻。待凝结冻硬后取出，切成厚片，以备使用。

（6）质量标准　细腻软滑，咸中带酸，香味浓郁，风味独特。

（7）适用范围　蜗牛黄油酱是一种主要应用于焗蜗牛、焗青口、焗文蛤类菜肴的黄油少司。如法式焗蜗牛、焗青口等。

（二）冷制熟料黄油酱类（Beurres composés réalisés à froid，à partir d'ingrédients cuits）

1. 酒店黄油酱（Beurre hôtelier）

（1）原料（成品 10 人份） 酒店管事黄油200g，鲜蘑菇碎200g，黄油25g，洋葱20g，红葱20g，法香菜碎20g，柠檬汁、盐和胡椒粉适量。

（2）设备器具 不锈钢汁盆、燃气灶、厚底少司锅、少司保鲜盒、西餐刀、菜板、电子秤、量杯、细孔滤网、汁勺、蛋抽、微波炉等。

（3）加工时间 20min。

（4）制作方法

① 将蘑菇切成很细的碎，洋葱、红葱和法香菜分别切碎。

② 少司锅中加黄油烧化，放入洋葱碎和红葱碎炒香，加蘑菇碎炒软，加盐和胡椒粉调味，用小火煮干蘑菇汁，加法香菜碎拌匀，离火晾凉备用。

③ 将炒香的蘑菇馅放入软膏状的酒店管事黄油中，拌匀后调味，呈软化的酒店黄油酱。

④ 将黄油酱放于保鲜膜或油纸上，卷裹成直径3cm的长条，送入冰柜冷藏备用；或将黄油酱放入裱花袋中，挤成漂亮的花形，冷藏备用。

⑤ 使用前取出切片，上菜即成。

（5）技术要点

① 选用新鲜蘑菇，以保证少司的纯正风味。

② 蘑菇最好提前洗净，沥干水分后，再放入果汁搅碎机中搅碎，这样可以保持蘑菇新鲜的效果。

③ 制作中可以加少量柠檬汁，防止蘑菇变色，但是不能呈现出酸味；若柠檬汁加多了，多余的酸味会影响少司的口味。

④ 先把洋葱和红葱炒香，再加入蘑菇碎。浓缩蘑菇碎时要用小火，时间较长，待蘑菇的水汽被煮干后，香味会更浓郁。

（6）质量标准 少司色泽浅褐，蘑菇鲜香味浓，黄油味浓厚。

（7）适用范围 酒店黄油酱主要用于煎、炸、铁扒类的菜肴。

2. 巴黎黄油酱（Beurre parisien）

（1）原料（成品 10 人份） 黄油200g，红葱碎30g，洋葱碎50g，水瓜柳5g，刁草2g，龙蒿香草5g，银鱼柳2g，大蒜10g，咖啡粉2g，红椒粉2g，柠檬皮2g，橙皮1g，蛋黄1个，橙汁20mL，辣酱油10mL，马德拉酒20mL，白兰地5mL，第戎芥末酱5g，西班牙红粉、盐和胡椒粉适量。

（2）设备器具 不锈钢汁盆、果汁搅碎机、燃气灶、厚底少司锅、少司保鲜盒、西餐刀、菜板、电子秤、量杯、细孔滤网、汁勺、蛋抽、微波炉等。

（3）加工时间　20min。

（4）制作方法

① 将柠檬皮和橙皮分别放入沸水中焯水，煮去苦涩味后，沥水备用。

② 将黄油切成小块，放入碗中，送入微波炉内加热。至黄油变软后取出，用蛋抽搅匀。

③ 将除蛋黄外的所有原料放入果汁搅碎机中搅碎，再放入化软的黄油中，搅匀后过滤，加盐和胡椒粉调味，呈软化的黄油酱。

④ 将黄油酱放于保鲜膜或油纸上，卷裹成直径3cm的长条，送入冰柜冷藏备用；或将黄油酱放入裱花袋中，挤成漂亮的花形，冷藏备用。

⑤ 使用前取出切片，上菜即成。

（5）技术要点

① 柠檬皮和橙皮一定要放入水中焯水，煮去苦涩味。

② 用果汁搅碎机搅打少司，效果更佳。

（6）质量标准　少司香辛味浓，风味独特。

（7）适用范围　巴黎黄油酱用于海鱼类菜肴等。

（三）热制黄油酱类（Beurres composés réalisés à chaud）

以海味虾酱黄油酱（Beurre rouge ou beurre de crustacés-homard，écrevisses）为例，制作过程如下。

（1）原料（成品 10 人份）　黄油200g，各种虾蟹肉（小龙虾、大虾、蟹等）200g，虾蟹油、虾蟹卵、西班牙红粉、盐和胡椒粉适量。

（2）设备器具　不锈钢汁盆、燃气灶、厚底少司锅、少司保鲜盒、西餐刀、菜板、电子秤、量杯、细孔滤网、汁勺、微波炉、绞肉机、蛋抽等。

（3）加工时间　20min。

（4）制作方法

① 将虾蟹肉等用绞肉机搅碎成虾蟹肉茸，煮熟浓缩成虾蟹肉酱备用。

② 将黄油切成小块，放入碗中，送入微波炉内加热。至黄油变软后取出，用蛋抽搅匀。

③ 将浓缩虾蟹肉酱放入化软的黄油中，搅匀后过滤，加盐和胡椒粉调味，呈软化的黄油酱。

④ 将黄油酱放于保鲜膜或油纸上，卷裹成直径3cm的长条，送入冰柜冷藏备用；或将黄油酱放入裱花袋中，挤成漂亮的花形，冷藏备用。

⑤ 使用前取出切片，上菜即成。

（5）技术要点　选用新鲜的虾蟹制作浓缩虾蟹肉酱，用果汁搅碎机搅碎后过滤，便于精细加工，酱汁更细腻。

（6）质量标准　色泽浅红，咸鲜香浓，适口不腻，虾蟹肉味鲜美。

（7）适用范围　主要用作海鲜虾蟹类菜肴的少司或汤的补充调味汁。如主教少司，龙虾少司，龙虾奶油汁，海军元帅少司少司，维多利亚少司。

四、甜点酱汁类

1. 尚蒂伊鲜奶油酱（Crème chantilly）

（1）原料（成品1000mL）　鲜奶油1000mL，香子兰香草粉少许，糖粉150g。

（2）设备器具　不锈钢汁盆、电子秤、量杯、汁勺、蛋抽、台式果汁搅碎机等。

（3）加工时间　20min。

（4）制作方法

① 将鲜奶油倒入不锈钢汁盆内，加入香子兰香草粉拌匀。

② 将装有鲜奶油的不锈钢盆放于装有冰块的大盆中，隔冰水用蛋抽将奶油打发。

③ 至鲜奶油发泡、挺身时，加入糖粉拌匀即成。

（5）技术要点

① 适合选用优质的不锈钢盆制作。小盆装奶油，大盆装冰块，制作方便。

② 制作时要求奶油冰冷，若温度过高可以隔冰块搅打，便于打发。

③ 奶油不宜过度打发，否则成品不饱满，无光泽。

（6）质量标准　酱汁松泡，香甜适口，奶香味足。

（7）适用范围　使用面广，主要应用于各式西式甜点或糕点的配汁和装饰等。

2. 英式鲜奶油酱（Crème anglaise）

（1）原料（成品1000mL）　牛奶1000mL，鸡蛋黄8～10个，香子兰香草荚1个，糖粉200g。

（2）设备器具　不锈钢汁盆、燃气灶、厚底少司锅、少司保鲜盒、电子秤、量杯、汁勺、蛋抽、台式果汁搅碎机、细孔滤网等。

（3）加工时间　20min。

（4）制作方法

① 将牛奶倒入少司锅中，加入剖开的香子兰香草荚煮沸，保温备用。

② 将鸡蛋黄装入不锈钢盆中，加糖粉搅匀，用蛋抽搅打至发白、起稠。

③ 将煮沸的牛奶分次倒入蛋黄酱中，边倒边搅动，至牛奶全部倒完。

④ 将搅匀的蛋奶浆重新倒入少司锅中，上火加热，边加热边搅动。

⑤ 至蛋奶浆浓稠、粘勺时，离火过滤，倒入盆中，用冰水迅速冷却，冷藏备用即可。

（5）技术要点

① 制作时，将牛奶加香子兰香草荚煮沸，增加牛奶的香味。

② 分次将煮沸的牛奶倒入搅匀的蛋黄中，边加边搅动，以免蛋黄过度受热凝固成块。

③ 煮制蛋奶浆时用小火，边煮边搅拌，至蛋奶浆接近微沸时离火，以免蛋黄过度受热凝固成块，影响酱汁的细腻度。

④ 可以用浓缩咖啡粉或可可粉或开心果等代替香子兰香草荚等，制作出不同风味的牛奶酱汁。

（6）质量标准　酱汁乳黄，香甜适口，奶香味足。

（7）适用范围　使用面广，主要应用于各式西式甜点或糕点的配汁等。如雪花蛋奶等餐后甜点。

3. 时令水果酱（Coulis de fruits rouges）

（1）原料（成品 1000mL）

① 果酱 1：覆盆子 1000g，细砂糖 400g，柠檬 150g。

② 果酱 2：草莓 1000g，细砂糖 400g，柠檬 150g。

③ 果酱 3：覆盆子 300g，草莓 500g，醋栗 200g，细砂糖 400g，柠檬 150g。

④ 果酱 4：覆盆子 200g，桑葚 100g，草莓 200g，醋栗 100g，欧洲越橘 200g，黑加仑 200g，细砂糖 400g，柠檬 150g。

（2）设备器具　不锈钢汁盆、燃气灶、厚底少司锅、少司保鲜盒、电子秤、量杯、汁勺、蛋抽、果汁搅碎机、细孔滤网、冰柜等

（3）加工时间　25min。

（4）制作方法

① 将各种水果浸水洗净后取出，放于吸水纸上，沥干水分备用。

② 根据水果的特点，将水果去蒂、去核后备用。

③ 将处理干净的水果放入果汁搅碎机中，搅成茸酱，加入柠檬汁和细砂糖继续搅匀。

④ 将水果酱过滤后，迅速冷藏备用。

（5）技术要点

① 制作时，主料的选择宜精细，以新鲜饱满、味香甜为佳。

② 除了覆盆子以外，还可选用黑莓、蓝莓等，风味亦佳。

③ 制作时，也可以在水果酱中加入适量的樱桃白兰地和白葡萄酒，置于小火上加热浓缩，以增加风味。

（6）质量标准　香甜适口，果香味足。

（7）适用范围　使用面广，主要应用于各式甜点的酱汁等。

第八章　西餐烹调方法

　　西餐烹调方法是指将食物原料放在热源中加热烹制，改变食材的物理和化学特性，使之易于消化和吸收，产生独特风味的方法。

　　西餐烹调方法的种类多样，首先具有杀菌消毒，保证食品卫生安全的作用；其次可以改变食材的风味，形成特色的菜式；同时还有保持菜肴温度，提味增香，使食物更容易消化吸收的作用。

　　西餐烹调中热传递的方式分为三种类型：传导、对流和辐射，通过这三种热量传递的方式，使食物烹调成熟，增加风味。

一、传导

　　传导在西餐烹调中表现为，热量通过火焰的加热传导到锅具，然后由锅具传导给接触锅具的食物本身；其次是食物原料自身的热量，由外表向内部逐渐传导的过程。因此，在烹制中，小块食物加热透心的时间短，成熟快；大块食物加热透心的时间长，成熟慢。

二、对流

　　对流在西餐烹调中表现为，随着液体或气体的温差不同，较热的部分上升，较冷的部分下降，循环流动而产生了热量的传递和交换。在烤制和蒸制菜肴中，因为热量较大，加上风扇的作用，使烤箱内的热空气或蒸柜中的水蒸气循环流动，操作中，要适当地翻动原料，以便受热均匀。

三、辐射

　　辐射是西餐烹调中，通过红外线辐射和微波辐射的方式来进行热量传递的一种方式。例如常用的面火焗炉是利用加热的电器原件发出高温的红外线辐射使原料烹制成菜的方式；还有常用的微波炉，通过微波特性使食物烹调成菜。

　　西餐烹调方法根据传热介质和方法不同，可以分为以下类型。

（1）西餐腌制技术　西餐腌制技术是指食物原料在烹调加热前，用各种香味调料和酒汁等腌制，以便预先辅助调味，去异增香，以最大限度地发挥食物本身风味特性，产生更多新风味的方法。

（2）以水为介质的烹调方法　这是一种以水、汤或水蒸气为介质给食物加热烹调的方法，热传递的方式是传导和对流。又可以分为低温加热和高温加热两种不同的类型，如煮、烩、煨、蒸等。根据原料品质不同，烹调方法的应用方式不同。

（3）以油为介质的烹调方法　这是一种以油为介质给食物加热烹调的方法，热传递的方式是传导和对流。如煎、炸、铁扒等。烹调时，通常会使原料表面水分迅速挥发，产生棕色或金黄色的外观，增加独特的风味。

（4）以空气为介质的烹调方法　这是一种以空气为介质给食物加热烹调的方法，热传递的方式是辐射和对流，如烤、焗、罐焖等。烹调时，通常很少破坏食物本身的形状，从而保持原汁原味的风味。

（5）其他类烹调方法　以微波加热和低温真空加热的方法等。低温真空方法是通过长时间的低温加热，在不破坏原料自身品质的基础上，最大限度地保持原汁原味的方法，被现今烹饪广为采用。

第一节　西餐腌制技术

西餐菜肴中的原料在烹调前，为了使原料进一步去异增香，增添风味，就要对原料进行事先调味或预处理，这是西餐中常见的原料腌制技术。

一、西餐腌制的定义

西餐腌制技术是指将加工好的大块或整形的肉类、禽类或海鲜原料，放入盆中，加入香料和专用的腌制酱料，经过浸泡腌制后，使原料增香、嫩滑、延长保存时间，以备烹制的半成品加工技术。

二、西餐腌制的作用

1. 去异增香

在腌制的过程中，食物原料浸泡于腌制液体或油脂中，通过液体的渗透作用和扩散作用，去除原料自身的异味，增加独特的香料或酒脂香味，使菜肴风格更加独特，这是西餐烹饪中常用的烹调方法。经过腌制后的腌制料和腌制酱汁，既可以作为"浇锅底"的汤料，也可以用于少司酱汁的制作，以保证西餐菜肴的原汁原味。

2. 嫩化肉类原料的肌肉纤维结构

结缔组织中的胶原蛋白是肉类原料质感发硬的主要成分之一，所以通常胶原蛋白含量高的肉类，在烹调中的软化时间会更长。而经过腌制后的肉类原料在烹制中，培根酱中的酸性物质可以起到进一步嫩化肉质的作用。肉类经过腌制后，各种酸性物质扩散在肌肉组织中，烹调时会加速胶原蛋白的水解。因此肉类原料经过腌制后，有松软肉质的作用，同时也增进了香味物质的交换和扩散，进一步优化了成菜的口感。

3. 延长半成品冷藏保鲜的时间

在原料的腌制过程中，培根汁内有各种酸性原料、酒类原料，如盐和酒醋等；另外还有油脂，起到隔绝氧气的作用。所有腌制的原料要求在3℃的冷藏柜中冷藏保鲜备用，这样不仅降低了腐败变质的几率，也为厨师安排菜肴烹调工序创造了便利条件。

三、西餐腌制的类型

1. 生料腌制（Les marinades crues）

（1）定义　生料腌制是指将经过初加工的大块或整形肉类原料放入盆中，加各种未煮制的香味蔬菜、特制香料和酒类调料，经过浸泡腌制后，以备烹制的半成品加工技术。主要用于畜肉类和野味类原料，有去异增香、软化肉质、延长保存时间的作用。

（2）原料（以2000mL培根汁为例）　洋葱100g，胡萝卜100g，红葱50g，西芹30g，大蒜2个，香料束1束，干白葡萄酒或干红葡萄酒1500mL，酒醋250mL，干邑白兰地100mL，色拉油50mL，丁香、胡椒碎、杜松子、盐适量。

（3）设备器具　不锈钢盆、菜板、西厨刀、恒温冷藏柜、保鲜膜。

（4）制作方法

① 将洋葱、胡萝卜、红葱、西芹和大蒜去皮、洗净，切成小丁备用。

② 先将1/2的洋葱丁、胡萝卜丁、红葱丁、西芹丁、大蒜丁放入盆底，再放上肉类主料。

③ 在肉类主料表面均匀地铺满余下的洋葱丁、胡萝卜丁、红葱丁、西芹丁、大蒜丁，撒入盐、丁香、胡椒碎、杜松子、香料束等香料。

④ 倒入葡萄酒、干邑白兰地和酒醋等液体调料，将原料浸泡腌制备用。

⑤ 将盛有原料的培根盆用保鲜膜密封，送入3℃的恒温冷藏柜中，腌制冷藏备用。

（5）技术要点

① 洋葱、胡萝卜、红葱、西芹和大蒜等蔬菜香料量大，酒汁量足，要充分淹没肉类主料，以达到提味、增香的作用。

② 传统腌制中，厨师喜欢用干白葡萄酒做培根汁；现代腌制中，更多厨师偏向用干红葡萄酒做培根汁，风味更浓郁。

③ 腌制过程中，不同原料加不同的香料。应注意添加原则，不能随意添加，否则会使香料之间风味相冲，影响成菜质量。如鼠尾草和杜松子通常用于野味菜肴的腌制中；迷迭香、百里香和牛至在野兔类菜肴的腌制中效果最佳。

④ 现在的厨师多用真空密封袋来进行腌制，效果更佳。

⑤ 相对来说，熟料腌制比生料腌制的应用范围小得多。因为熟料腌制主要用于肉质较老，异味较重的野味原料，如野猪腿的腌制等。

⑥ 现代西餐腌制中，常用"真空密封腌制法"腌制原料，效果更佳。方法是将原料放入真空密封袋中，加腌制料，进行真空冷藏腌制。这种方法的腌制时间只需传统的1/3，具有入味更均匀，操作更简便的特点。

（6）加工特色

① 生料腌制适用于肉质鲜嫩的肉类和野味类原料，如牛肉、羊肉、麂子肉、野兔肉等。

② 培根汁一般由干白葡萄酒或干红葡萄酒、酒醋、白兰地、胡萝卜、洋葱、红葱、西芹、大蒜、香叶、百里香等香味蔬菜料和胡椒碎、丁香、杜松子等香料组成。

③ 原料浸入培根汁中，送入3℃的冷藏柜中，传统要求冷藏腌制2～3天为佳。

④ 适用于烤制、煨制和烩制等烹调方法。

2. 熟料腌制（Les marinades cuites）

（1）定义　熟料腌制是指将加工好的大块或整形肉类、禽类或野味等原料，放入盆中，加各种烹制出味后晾凉的香味蔬菜料、特制香料和液体调料等，浸泡腌制入味后，以备烹制的半成品加工技术。

（2）原料（以2000mL培根汁为例）　洋葱100g，胡萝卜100g，红葱50g，西芹30g，大蒜2个，香料束1束，干白葡萄酒或干红葡萄酒1500mL，酒醋250mL，干邑白兰地酒100mL，油50mL，丁香、胡椒碎、杜松子、盐适量。

（3）设备器具　不锈钢盆、菜板、西厨刀、恒温冷藏柜、保鲜膜、燃气灶、少司锅。

（4）制作方法

① 将洋葱、胡萝卜、红葱、西芹和大蒜去皮、洗净，切成小丁备用。

② 将洋葱丁、胡萝卜丁、红葱丁、西芹丁、大蒜丁放入热油中炒香，呈金

黄色。

③ 将葡萄酒、干邑白兰地和酒醋等倒入炒香的洋葱等蔬菜料中拌匀，撒入盐、丁香、胡椒碎、杜松子、香料束等各种香料。

④ 将锅置于大火上煮沸，转小火保持微沸，浓缩30min，离火迅速冷却备用。

⑤ 将肉类主料放入盆中，倒入冷透的培根汁，淹没原料后，汁面放少许油成熟料培根汁。

⑥ 将盛有原料的培根盆用保鲜膜密封，送入3℃的恒温冷藏柜中，腌制冷藏备用。

（5）技术要点

① 洋葱、胡萝卜、红葱、西芹和大蒜等香味蔬菜只需炒香、上色即可，不可炒焦，否则影响腌制菜肴的风味。

② 腌制料中不要忘记放盐和香料，以便充分入味。

③ 小火浓缩培根汁。若用大火浓缩，酒汁会被很快煮干，香料的香味未充分浸出，导致酒汁不足，无法淹没原料进行腌制。

④ 培根酒汁必须冷透才能使用。若酒汁未完全冷透，腌制时容易滋生细菌，影响卫生和品质。

⑤ 用于腌制的不锈钢盆应大小适中，便于充分淹没和浸泡主料。若培根酒汁不足，可以再加入一些冷透的酒汁补充。

（6）加工特色

① 熟料腌制主要适用于整形、肉厚、肉质较老、异味较重的肉类和野味类原料，如野猪肉等。

② 熟料腌制的培根汁与生料腌制类似，通常由干白葡萄酒或干红葡萄酒、酒醋、白兰地、胡萝卜、洋葱、红葱、西芹、大蒜、香叶、百里香等香味蔬菜料和胡椒碎、丁香、杜松子等香料组成。不过熟料腌制的香味蔬菜料要提前炒香，晾凉后使用。

③ 原料浸入培根汁中，送入3℃的冷藏柜中，通常要求冷藏腌制2～3天为佳。

④ 适用于烤制、煨制和烩制等烹调方法。

3. 快速腌制（Les marinades instantanées）

（1）定义 快速腌制是指将加工好的小块肉类、禽类、内脏类、海鲜类和蔬菜类原料，放入盆中，加柠檬片、色拉油、特制香料和液体调料，浸泡腌制入味后，以备烹制的半成品加工技术。此方法的腌制时间较短，适应面广，常用于铁扒类、煎制类、炸类菜肴的腌制。

（2）原料

①　铁扒肉类。如小羊排、特色肉扒、串烧类肉食原料，腌制料用色拉油、香叶、百里香、大蒜、普罗旺斯香草；如鸡胸肉、比吉达肉扒等原料，腌制料用色拉油、柠檬汁、咖喱粉、红椒粉、藏红花、鼠尾草等。

②　煎扒野味类。如鹿肉扒、野兔肉扒、野兔肉柳等原料，腌制料用橄榄油、柠檬汁、干邑白兰地、干白葡萄酒、红葱碎、香叶、百里香、迷迭香、杜松子碎。

③　小牛或羔羊的内脏类。如牛犊或羊羔的脑髓、脊髓、肠膜、牛足等原料，腌制料用色拉油、柠檬汁、盐和胡椒粉、普罗旺斯香草碎。

④　肉酱批类。腌制料用干邑白兰地、马德拉酒、波特酒、黑菌汁、什锦香料。

⑤　铁扒海鲜鱼肉类。如龙利鱼、大菱鲆幼鱼、大菱鲆鱼块、三文鱼块等原料，腌制料用色拉油、柠檬片、茴香、罗勒、香叶、百里香、藏红花、莳萝、八角。

⑥　铁扒虾蟹类。如小龙虾、大虾等原料，腌制料用色拉油、柠檬片、香叶、百里香、什锦香草碎。

⑦　生腌海鱼类。如三文鱼片或块、鲷鱼、狼鲈鱼、海鲂等原料，腌制料用盐、细砂糖、橄榄油、莳萝、八角、柠檬汁。

⑧　熟腌海鱼类。如鲭鱼、鲱鱼等原料，腌制料用干白葡萄酒、酒醋、香料等。

（3）设备器具　不锈钢盆、菜板、西厨刀、恒温冷藏柜、保鲜膜。

（4）制作方法

①　将柠檬切去两端，去净柠檬皮，将柠檬果肉切成圆片。将新鲜的香叶和百里香摘成小段备用。

②　将柠檬片、香叶、百里香、色拉油和其他香味蔬菜料和腌制料放入不锈钢盘中拌匀。

③　放入要腌制的肉类原料，拌匀腌制，冷藏保鲜备用。

（5）技术要点

①　应该沥干要腌制主料的水分，否则影响腌制效果。

②　切去柠檬皮时，要求柠檬果肉上不带白色的内瓤，否则有苦涩味。柠檬果肉切成薄片，便于出味。

③　制作培根汁时，不用加太多油浸泡，只需加适量油没过原料底部即可，保持口味清爽。

④　快速腌制法一般选用花生油或葵花油做腌制料，也可以用品质更佳的橄榄油。

⑤　快速腌制时，一般不提倡提前加盐调味，以免损失过多的肉汁，影响风味。

⑥　也可以用"真空低温腌制"，效果更佳。

（6）加工特色　腌制时间根据品种不同有所区别。肉酱批类原料、大块野味原料、蔬菜和熟腌海鱼等需要长时间腌制（2～3h）；小块肉类、肉扒、肉排等需要较短时间腌制（5～10min）。

第二节　以水为介质的烹调方法

西餐烹调中，以水为传热介质的烹调方法，因为烹饪简便，温度不高于100℃，最大限度地保持了原料的原汁原味与营养价值，被广泛使用。

一、煮（Boil）

1. 焯水（Cuisson à l'anglaise départ à chaud）

（1）定义　焯水是指将加工好的原料，放入煮沸的盐水中，迅速烫煮后取出，然后放入冰水中冷却的烹调方法。焯水主要适用于蔬菜原料，成菜后的蔬菜口感脆嫩，色泽鲜艳。上菜前通常可以加黄油炒香，增香调味。

（2）原料（以煮四季豆为例，10人份）　四季豆2000g，黄油150g，粗盐适量。

（3）设备器具　带盖的大汤锅、不锈钢长托盘、燃气灶、保温柜。

（4）制作方法

① 四季豆洗净，切成段。锅中加足量清水，加盐用大火煮沸。

② 煮至四季豆断生、刚熟时捞出，迅速放入冰水中冷却。

③ 沥水后备用，上菜前用黄油炒香即成。

（5）技术要点

① 水锅中的水量要充足，事先加盐，以充分淹没原料，保持煮制效果。

② 焯水时，要旺火沸水，快速煮制，时间不宜过长，以保持蔬菜鲜艳的色泽。

③ 焯水后的蔬菜要迅速用冰水冷却，以免蔬菜在沥水后，因过高的温度后熟，影响成品的色泽和质感。

（6）质量标准　蔬菜色泽鲜艳，质感鲜嫩，清香适口。

2. 沸水煮（Pocher départ à chaud）

（1）定义　沸水煮是指将加工好的原料，放入煮沸的液体中，煮制成熟的烹调方法。沸水煮的菜肴具有色泽浅白，质地柔嫩，口味清淡，本味鲜美的特点。沸水煮可以选用各种香味浓郁的汤料来煮原料，还可以在汤中加入各种香味蔬菜来提味，如各种基础肉汤、海鲜鱼汤、清汤或白色酱汁等。上菜时，菜肴切片后的嫩度和口感与烤制类菜肴近似。

（2）原料（以煮羊腿为例，10人份）　羊腿2500g，胡萝卜250g，洋葱200g，

西芹150g，大蒜4个，香料束1束，盐和胡椒粉适量。

（3）设备器具　带盖的大汤锅、不锈钢长托盘、燃气灶、保温柜。

（4）制作方法

① 将胡萝卜、洋葱、西芹、大蒜去皮洗净，切大块备用。

② 羊腿去筋、剔去肥油和杂质，整理成型后，用棉线捆扎成型备用。

③ 锅中放入胡萝卜、洋葱、西芹、大蒜等香味蔬菜，倒入足量的盐水或羊肉汤煮沸。

④ 将羊腿浸入沸水中，当水再次煮沸时，转小火。保持汤面微沸，继续煮制。

⑤ 控制羊腿的煮制火候。捞出沥水，切片后装盘，配煮制好的香味蔬菜和少司酱汁即成。

（5）技术要点

① 胡萝卜等香味蔬菜应切成大块或用整形。沸水煮肉类的时间较长，小块蔬菜容易被煮烂；大块或整形蔬菜在上菜时还可以用作配菜。

② 用足量的沸盐水煮制，可以辅助调味，也便于保持肉类的原汁原味。煮羊腿的煮汁中加盐量为每升水加20g盐。

③ 羊腿等大型肉类用旺火煮沸后，应转小火煮制，以避免肉质过度收缩，口感干硬，丧失风味。用小火煮出的羊腿，肉质松软、柔嫩，风味独特。

④ 控制煮制火候。羊腿一般煮30min左右，以羊腿中心肉质温度55℃左右为佳。

（6）质量标准　外表浅白色，肉质柔嫩多汁，咸鲜味浓，口味适宜。

3. 冷水煮（Pocher départ à froid）

（1）定义　冷水煮是指将加工好的原料，放入冷的液体中，加热煮制，成熟后调味而成的烹调方法。冷水煮适用面广，主要用于质地细嫩、本味鲜香，或易碎的肉类和蔬菜原料。

（2）原料（以白煮小牛肉为例，10人份）　去骨小牛肉1800g，洋葱200g，胡萝卜150g，韭葱200g，西芹50g，大蒜3个，香料束1束，丁香3g，黄油80g，面粉80g，小牛肉煮汁1500mL，奶油150mL，蛋黄2个，盐和胡椒粉适量。

（3）设备器具　汤锅、少司锅、滤网、大汤勺、蛋抽、长柄锅、菜板、西厨刀、燃气灶、保温柜。

（4）制作方法

① 将洋葱、胡萝卜、韭葱、西芹、大蒜去皮洗净。丁香插入洋葱底部。小牛肉切成80g的块。

② 将小牛肉放入汤锅中，加冷水淹没。上火煮沸后，转小火保持微沸，煮

2～3min，撇去浮沫。

③ 放入洋葱等香味蔬菜，加盐煮至微沸，去除浮沫。加盖煮至牛肉软熟。

④ 取出小牛肉保温，将汤汁过滤。另将蛋黄和奶油调匀。

⑤ 用黄油炒面粉，制成白色黄油面酱，分次加入煮小牛肉汁，上火煮稠。

⑥ 离火加入蛋黄奶油汁搅匀，加盐和胡椒粉调味成少司酱汁。

⑦ 将酱汁淋在小牛肉上，配煮好的蔬菜即成。

（5）技术要点

① 冷水煮适合烹制易碎、质嫩的原料，有保持原料成型的作用。

② 冷水煮时，加入的冷水或冷汤应该刚好以淹没原料为佳，不宜过多，否则煮制时间过长，还会稀释汤的浓度和风味。

③ 冷水煮适用于各种质嫩的蔬菜、肉禽、海鱼类等。如煮三文鱼、煮银鳕鱼、煮土豆泥、预煮土豆球等，使用广泛。

（6）质量标准　主料肉质细嫩，鲜香味美，酱汁浓稠适度，咸鲜味厚，风味醇浓。

4. 鱼肉快煮法（Cuissons des poissons à court-mouillement）

（1）定义　鱼肉快煮的烹调方法主要适用于海鱼类菜肴。它是将海鱼类原料加工处理好后，放于煎鱼锅中，倒入用葡萄酒、鱼精汤和香味蔬菜制成的煮汁，快速浸煮而成的烹调方法。鱼肉快煮法烹制简便、快捷，选用质嫩、味鲜的海鱼类原料，用调好味的煮汁快煮制熟，酱汁由煮汁直接浓缩而成，保证了菜肴的原汁原味，方法独特。

（2）原料（以快煮龙利鱼为例，10人份）　龙利鱼柳20p，黄油20g，红葱50g，干白葡萄酒100mL，鱼精汤400mL，盐和白胡椒粉适量。

（3）设备器具　烤盘、硫酸纸、搅板、西餐刀、少司锅、燃气灶、保温柜。

（4）制作方法

① 将龙利鱼去鳞、去腮、去除内脏，取净鱼柳备用。红葱切碎。

② 烤盘底部涂抹黄油，撒红葱碎、盐和白胡椒粉。

③ 将鱼柳放在烤盘内（鱼骨面向上），撒盐调味。

④ 倒入干白葡萄酒和鱼精汤，刚好淹没鱼身的1/2。

⑤ 上火煮至微沸，用涂抹有黄油的硫酸纸密封、盖面。

⑥ 送入160℃的烤炉中烤6min，取出鱼柳保温。

⑦ 将煮鱼汁倒入少司锅中，浓缩煮稠成白酒少司，上菜配鱼柳即成。

（5）技术要点

① 烤盘底涂抹黄油，以免粘锅。快煮法的酱汁清爽鲜香，不适合用黑胡椒

粉，否则影响感官。

② 煮鱼柳时，因为鱼肉面色泽白净，烹制中向下放置，上菜时向上装盘，以保持成菜色泽的美观。

③ 汤汁不宜倒入过多，否则烹煮时间加长，影响鱼柳的嫩度和风味。

④ 汤汁煮至微沸，以免鱼柳煮烂。硫酸纸涂抹黄油，以免粘连在鱼柳上，影响成菜效果。

⑤ 鱼肉快煮法分为两个步骤，先煮至微沸，后入烤炉焖熟。注意控制火候和时间，保持鱼柳的成型和成熟度。

⑥ 鱼肉快煮法适用于烹制鱼柳，也可用于烹制整鱼。

⑦ 有经验的厨师将鱼柳控制在80℃的环境中浸煮，把握好成熟度和火候，效果亦佳。

（6）质量标准 肉质细嫩清鲜，咸鲜味浓，风味独特。

5. 清煮（Cuire à blanc）

（1）定义 清煮又可称为"白灼"，是专门针对蘑菇、小洋葱等蔬菜配菜的煮制方法。这种方法和沸水煮类似，煮制时间短，以突出保持蘑菇的本鲜味和色泽。

（2）原料（以清煮蘑菇为例） 蘑菇300g，水20mL，黄油50g，柠檬1个，盐和胡椒粉适量。

（3）设备器具 小少司锅、硫酸纸、燃气灶、保温柜。

（4）制作方法

① 蘑菇洗净。硫酸纸剪成锅口的形状。

② 往少司锅中倒入少许清水，放入黄油、柠檬汁、盐和胡椒粉，煮沸备用。

③ 将蘑菇放入煮汁中，用硫酸纸盖面，转小火煮制。

④ 保持微沸，煮5min，将蘑菇浸于原煮汁中备用。

⑤ 将煮好的蘑菇装入热菜盘中，作为主菜的配菜，上菜即成。

（5）技术要点

① 煮蘑菇的水量宜少，因为蘑菇煮制中，还会出汁。

② 用沸水煮蘑菇，以保持蘑菇的本色。

③ 用硫酸纸将加有黄油和柠檬汁的煮汁盖面，以避免水分挥发过快。

④ 煮制时间不宜过长，以保持风味和色泽。

⑤ 将蘑菇浸于煮汁中保存，避免氧化。

（6）质量标准 蘑菇口味清鲜，质地柔嫩，色泽白净，风味独特。

二、烩（Stew，Ragoût）

1. 褐汁烩（Ragoût à brun）

（1）定义　褐汁烩又可称为红烩，是指将加工处理后的肉类、禽类或野味类原料，经煎香、上色后，放入褐色类的少司酱汁中烩制成熟，加辅料烹制而成的烹调方法。通常适用于各种红肉类、禽肉类和野味类菜肴。

（2）原料（以马伦戈烩牛肉为例，10人份）　小牛颈肉或小牛肩肉1800g，洋葱200g，大蒜3个，番茄酱50g，花生油50mL，面粉60g，香料束1束，干白葡萄酒200mL，布朗牛肉基础汤4000mL，小洋葱250g，蘑菇300g，法香菜20g，切片吐司5片，黄油50g，花生油10mL，细砂糖2g，盐和胡椒粉适量。

（3）设备器具　菜板、西餐刀、汤锅、圆形煎盘、刮铲、滤勺、不锈钢盆、不锈钢长托盘、燃气灶、保温柜。

（4）制作方法

① 小洋葱、蘑菇加工洗净。洋葱切碎。小牛肉去筋，切块。

② 将小牛肉用热油煎香、上色。

③ 去除锅中多余的油脂，加洋葱碎炒香，加番茄酱炒匀，放入面粉拌匀，送入烤炉烤3min。

④ 锅中倒入干白葡萄酒煮沸，转小火煮干，倒入布朗牛肉基础汤煮沸，撇去浮沫。

⑤ 加入大蒜和香料束，调味后，将锅加盖，送入160℃的烤炉，焖烩1h。

⑥ 将小洋葱和蘑菇分别放入锅中，加水、柠檬汁和黄油，清煮至熟备用。

⑦ 将土司片切成心形，用油煎香，粘上法香菜碎备用。

⑧ 牛肉软熟后，取出保温。

⑨ 将锅中的酱汁煮稠后过滤，加小洋葱、蘑菇和小牛肉拌匀，保温备用。

⑩ 装盘成菜，配油煎土司片，撒法香菜碎即成。

（5）技术要点

① 烩制肉类应切成70～80g的大块，要求成型均匀。

② 褐汁烩烹制时，主料应用高油温煎香上色，风味才浓厚。

③ 褐汁烩中，将番茄酱与牛肉炒匀，再送入烤炉烤制，可以去除多余的酸味，浓味增香。

④ 应煮干加入的干白葡萄酒，以去除多余的酸味，增加香味。

⑤ 褐汁烩烹制中，汤汁中加入了面粉，容易煳锅，所以送入烤炉烩制，便于操作。中途适度搅动，以避免煳锅。

⑥ 像红酒烩牛肉，红酒烩海鲜，因为肉类主料在红酒汁中浸泡了一整天，所以主料煎制前，应提前取出，充分沥水和揩干水分，再煎制，以确保上色的均匀效果。

⑦ 烹制褐汁烩类菜肴时，若要体现番茄风味，可将鲜番茄碎和浓缩番茄酱搭配使用，效果更佳。

⑧ 烹制褐汁烩类菜肴时，要注意蔬菜类辅料的加入时机，不要过早加入。例如萝卜土豆烩羊肉，土豆一般在烩制的3/4阶段加入，才能确保形整不烂。

（6）质量标准　成菜色泽棕褐或棕红，肉质软熟或软嫩，汁稠光亮，香鲜味浓，适口不腻。

2. 白汁烩（Ragout à blanc，Fricassée）

（1）定义　白汁烩又称为白色浓汁烩肉，简称白烩，是指将加工处理后的肉类、禽类或海鱼类原料，经煎香、定型后，放入浅色的少司酱汁中，加汤和奶油烩制成菜的烹调方法。适用于肉质鲜嫩，无异味，血色较浅的肉、禽类原料，和肉质紧实、不易碎烂的海鱼类菜肴。如龙利鱼、海鳗、鳗鱼等。

（2）原料（以白汁烩鸡为例，10人份）　鸡胸肉20块，黄油80g，面粉80g，大洋葱150g，白色鸡肉基础汤1500mL，奶油300mL，香料束1束，大蒜、盐和胡椒粉适量。

（3）设备器具　菜板、西餐刀、带盖的矮汤锅、圆形煎盘、刮铲、滤勺、不锈钢盆、不锈钢长托盘、燃气灶、保温柜。

（4）制作方法

① 取鸡胸肉，撒盐和胡椒粉。洋葱切碎。

② 锅中加黄油烧化，放入鸡件，煎至两面定型（不变色），取出备用。

③ 将面粉用煎鸡肉的黄油炒匀，成白色黄油面酱。

④ 离火加入白色鸡汤搅匀，上火煮沸，呈白色浓汁，放入鸡肉，转小火，保持微沸。

⑤ 撇去浮沫，加大蒜、香料束、盐和胡椒粉调味。将锅加盖，烩30min。

⑥ 取出鸡肉，保温备用。烩肉汁中加入奶油煮稠，呈少司酱汁，淋汁装盘即成。

（5）技术要点

① 白烩类菜肴是将肉类主料表面煎定型，但不上色，保持清爽的成菜风格。

② 应先取出鸡肉，再用锅中的余油炒面粉，制作白色黄油面酱，便于操作。

③ 制作白色浓汁时，要求将冷的或温热的鸡汤加入热的面酱中，以免温度过高，使面粉结块，不易搅散。

④ 烹制白烩类菜肴时，应用小火烩焖，中途适当搅动锅底，以免煳锅。

⑤ 准确控制成熟度。用小刀刺穿肉质最厚的部位，若流出澄清肉汁，表明鸡肉成熟；若肉汁带血，表明未全熟。

⑥ 白烩类菜肴烹制中，多数要加入奶油浓缩，增味提香，成菜后色泽乳白。

⑦ 白汁烩制中，可以根据需要加入不同的蔬菜辅料，如胡萝卜、白萝卜、黄瓜、蘑菇、小洋葱等，调剂色泽和风味。但是要先将蔬菜料初步熟处理，再加入过滤后的少司中烩入味，与肉类主料一同上菜即成。

（6）质量标准　色泽乳白，汁稠光亮，咸鲜味厚，带奶油香味，肉质细嫩，风味独特。

三、煨（Braise）

煨是西餐中常用的烹制方法，一般分为四种类型：褐色煨制，主要应用于整形的肉类、禽类、野味类或内脏类原料的烹制，通常使用褐色基础汤煨制；白色煨制，主要应用于整形的血色较浅的肉类或内脏类原料，如小牛胸腺、小牛舌等，通常使用白色基础汤煨制；海鱼类煨制，主要应用于大型的整鱼，酿馅后煨制；蔬菜类煨制，适用于各种蔬菜，如花菜、苦苣等。

这里主要介绍褐色煨制的方法。

1. 定义

褐色煨制是指将加工成型的大型或整形原料，经过初步热加工后，加入基础汤和香味蔬菜，加盖密封，入烤炉加热成熟，出炉后淋汁焗烤上色的烹调方法。上菜时，配煨制中浓缩煮稠的酱汁即成。

褐色煨制烹调方法的特点在于烹制中有两个主要的风味过程。

① 高温煎制定型。肉类原料表面的蛋白质经高温受热，被煎制干香、上色（与"烤"制方法类似）。

② 加汤烤炉煨制。加入冷的基础汤煨制时，肉质中的胶原蛋白受热逐渐分解，生成胶冻汁，成菜时，肉类主料的中心温度保持在55℃左右，以避免蛋白质过度受热凝固和硬化，影响风味。

2. 原料（以法式红酒煨牛肉为例，10人份）

牛肉2000g，小牛足300g，花生油100mL，布朗牛肉基础汤1500mL，法香菜3g，干邑白兰地酒50mL，芥末粉1g，盐和胡椒粉适量。培根汁：干红葡萄酒1500mL，红酒醋250mL，胡萝卜100g，洋葱100g，红葱50g，西芹30g，大蒜2个，香料束1束，丁香1g，干邑白兰地酒10mL。

3. 设备器具

菜板、西餐刀、大汤锅、长托盘、大滤勺、食用保鲜膜适量、燃气灶、保温柜。

4. 制作方法

① 将小牛足焯水。

② 牛肉去筋，切大块后，浸入红酒培根汁中腌制24h。

③ 牛肉取出沥水，将两面煎香、上色备用。撇去锅中多余的底油，放入培根蔬菜炒香，倒入培根酒汁煮干，再放入牛肉块和布朗牛肉基础汤煮沸，放入小牛足，调味后，转小火煮至微沸。

④ 将锅加盖，用水调面团密封，送入160℃的烤炉煨3 h。

⑤ 取出肉块和牛足，保温备用。撇去浮沫和浮油，将汤汁上火煮稠后过滤，加盐和胡椒粉调味。

⑥ 牛肉装入不锈钢托盘中，表面淋满少司酱汁，送入烤炉或焗炉内，焗烤上色、增亮。

⑦ 将小牛足切块，和其他的蔬菜料一同制作成配菜。将牛肉和配菜装盘，配少司酱汁即成。

5. 技术要点

① 煨制中加入小牛足，可以增加酱汁的胶质，增加风味。

② 培根蔬菜的水分很重，要用旺火炒香，至油亮、无水汽为佳。

③ 培根酒汁可以增香、提味，若未煮干多余的单宁酸，容易影响最后成菜的风味。

④ 基础汤量以淹没主料肉块的2/3为佳，若汤汁加入过多，影响少司的醇厚度。将小牛足事先焯水，有助于去除多余的血污和杂质，以增加香味。

⑤ 通常要长时间烹煮，一般应用小火或温火烹制，以便原料内外成熟度一致，风味更佳。

⑥ 肉类原料在烹煮时，其中的胶原蛋白通常在55℃左右的液体中开始分解变化；若温度在66℃以上时，其中的蛋白质和胶质会完全凝固，使肉类原料的肉质变硬，肉汁减少。

⑦ 过滤少司酱汁时，注意不要压榨酱汁，以免使杂质滤出，影响成菜风味。

⑧ 煨牛肉上菜时，要求牛肉表面色泽棕红，光亮诱人。这就要用制好的少司酱汁，分次淋在牛肉表面，再送入烤炉内烤制定型，使牛肉表面形成一层均匀的肉胶冻，光亮美观，诱人食欲。通常牛肉表面要淋3 ~ 4次少司酱汁，每淋一次，待酱汁干后，再淋，使肉胶冻层均匀成型。

⑨ "煨" 和 "烩" 的烹调方法比较类似。它们之间最主要的区别在于主料的刀工成型、烹制时加盖与否、火力和时间等。如表8-1所示。

表8-1　煨与烩的烹调方法

煨	烩
主料加工成大块或整形	主料加工成小块等
汤汁淹没原料的2/3	汤汁淹没原料的2/3或刚好淹没原料
原料成熟后制作少司，淋汁焗烤上色、增亮	原料与少司一同烩制成菜
在烤箱内加盖密封烹制	在炉火上或烤箱内，加盖（或不加盖）烩制
煨制时间较长	烩制时间较短

6. 质量标准

主料色泽棕红或棕褐，表面光亮诱人，酱汁浓稠适度，风味浓厚，适口不腻。

第三节　以油为介质的烹调方法

西餐烹调中，以油为传热介质的烹调方法，因为制作快捷，成品色泽美观，口感丰富，风味独特，深受人们喜爱，因此应用广泛。

一、煎（Pan fry）

煎是把加工成形的原料，经调味后，用少量油加热烹调至规定火候的烹调方法。西餐常用的煎制方法分为三类：清煎，拍粉煎，浓汁煎。浓汁煎是指将加工好的原料，调味后，在锅中与酱汁一同煎制成菜的方法。下面主要介绍清煎和拍粉煎。

（一）清煎（Sauté simple）

1. 定义

清煎是西餐煎制方法中最简单的一种烹饪技法，是将加工好的原料，经调味后，直接放入锅中或扒炉上，用少量的热油煎制至所要成熟度的烹饪方法。俗称 "速烹煎制" 适合于刀工成型较小的原料，如各种肉扒、海鲜或蔬菜等。

2. 原料（以煎制牛扒为例，10人份）

煎制牛扒10块（带骨牛排、西冷牛脊、肉眼牛扒等），色拉油或澄清黄油80mL，黄油（上菜时用）每份15g，盐和胡椒粉适量。

3. 设备器具

长柄厚底煎盘或厚底扒炉、煎铲、燃气灶、保温柜。

4. 制作方法

① 剔除牛肉多余的筋络和油层，整理成型，切成肉扒备用。

② 煎锅置旺火上，倒油烧热，放入牛扒煎制，撒盐和胡椒粉调味。

③ 待牛扒两面上色后，转小火继续煎制，控制成熟度，取出沥汁保温备用。

④ 去除锅中多余的油汁，加黄油烧化、略微变色后，淋在牛扒上，上菜配蔬菜和酱汁即成。

5. 技术要点

① 煎制前，可将牛扒用肉锤轻轻拍松，松软肌肉纤维，以增加嫩度。

② 煎制牛扒时，先用旺火热油，将表面煎上色，再转小火煎制，控制成熟度。避免一直用小火、低油温、长时间煎制牛扒，否则容易使牛扒上色不足或过深，肉汁损失过多，风味尽失。

③ 煎制时不加盖，否则锅中水汽过多，影响牛扒上色和香味。

④ 西餐烹调中，不对肉类原料过早加盐调味。牛扒煎制时，通常先在单面煎制中，撒盐和胡椒粉调味；翻面后，再撒盐和胡椒粉调味。以避免过早撒盐，损失肉汁，影响风味。

⑤ 煎制中，随时用热油浇淋牛扒表面，有增香、上色的作用，也可以保护内部的肉汁不过多地向外浸透。用肉夹或煎铲将牛扒翻面，以保护牛扒内部的肉汁。

⑥ 煎制时，应选择成型最佳的一面先下锅煎制，则此面成型和上色的效果最好。上菜时以这一面向上装盘，以保持最佳的成菜效果

（二）拍粉煎（Sauté meunière）

1. 吉利拍粉煎（Sautés meunière panéà l'anglaise）

（1）定义　将肉类原料加工成大的薄片，分别粘面粉、拖蛋液、粘面粉后，入热油中煎制成菜的方法。俗称"过三关"煎制或"吉利"煎制。吉利拍粉煎适合于肉质鲜嫩的原料，如欧洲产的黄盖鲽、菱鲆鱼、牙鳕鱼、火鱼、鳐鱼、鲜鳕鱼、梭鲈鱼、三文鱼等；也适宜于各种大的薄肉片、圆形肉扒等。

（2）原料（以煎小牛吉利为例，10人份）　加工好的小牛肉片1500g，面包糠300g，鸡蛋3个，面粉200g，色拉油30mL，色拉油或澄清黄油200mL，黄油150g，牛肉汁100mL，盐和胡椒粉适量。

（3）设备器具　大的不锈钢长托盘、大的长柄煎盘、燃气灶、保温柜。

（4）制作方法

① 将小牛肉去筋、切成大块，用保鲜膜包好，用拍刀拍成厚薄均匀的大片。

② 将小牛肉片分别粘面粉、拖蛋液、粘面包糠后，用刀背压出网格形备用。

③ 将大煎盘放于旺火上，加油烧热。将小牛肉片的网格面向下放入油中煎制，将网格面煎香、呈浅黄色，翻面继续煎制。

④ 牛肉片上色、成熟后。取出沥汁保温备用。

⑤ 将牛肉汁热透，装入少司汁盅内。将黄油烧化，略微变色时离火，加入少许柠檬汁成榛子色黄油，淋在小牛肉片上即成。

（5）技术要点

① 小牛肉片的形状要大而薄，否则会影响成熟度和口感。过厚，不易煎熟，成品表面易焦煳；过薄，容易煎老，口感太干、不嫩。拍打牛肉片，可松活筋络，起到嫩化肉质的作用。

② 选用厚底的大煎盘或煎锅，便于翻面和控制火候，以免将面包糠煎煳。锅中先加色拉油烧热，煎牛肉片前，放入黄油烧化，这样黄油不易被烧焦。

③ 选择成型最佳的一面先下锅煎制，上菜时以这一面向上装盘，以保持最佳的成菜效果。

④ 煎制时随时控制油温、火力、色泽和成熟度。以表面金黄色、外酥香、内鲜嫩为佳。

⑤ 不宜过早煎制牛肉片。应在上菜前煎制，现制现用。不能将煎好的牛肉片重叠在一起放置，同样容易使下层的肉片被肉汁浸软，影响风味。

2. 面拖拍粉煎（Sautés meunière farinés）

（1）定义　面拖拍粉煎是将肉类原料加工成形后，粘匀面粉，入热油中煎制成菜的方法。俗称"面拖"煎制。适合于肉质鲜嫩的小型海鱼类菜肴，如龙利鱼、鳟鱼等。

（2）原料（以面拖煎龙利鱼为例，10人份）　加工好的龙利鱼10片，面粉150g，色拉油100mL，黄油60g+200g，柠檬4个，法香菜1g，盐和胡椒粉适量。

（3）设备器具　大的不锈钢长托盘、大的长柄煎锅、燃气灶、保温柜。

（4）制作方法

① 将龙利鱼去除鱼鳍、内脏等，洗净后，沥干水分备用。

② 将面粉过筛，放入龙利鱼，两面粘匀面粉，抖去多余面粉备用。

③ 将大煎锅置于旺火上，放入黄油烧化，将龙利鱼头向内、鱼腹向外放入锅中煎制，按顺序依次翻面，中途用热油浇淋鱼身，继续煎制，熟后取出保温备用。

④ 将黄油放入锅中，烧化后，略微变色时离火，加入少许柠檬汁成榛子色黄油，淋在煎香的鱼柳上即成。

（5）技术要点

① 揿干鱼身表面的水分。若鱼身表面湿润，不易粘匀面粉。

② 加工中，鱼身不能叠放在一起。否则表面的面粉容易受潮形成面浆，破坏原有均匀的面粉层，影响成品风味。

③ 选用厚底的大煎盘或煎锅，油温不宜过高，以免面粉焦煳。煎制中，将龙利鱼按顺序摆放，便于烹制成菜后，方便装盘取用。

④ 根据鱼身的厚度和火力来控制煎制的火候，待一面上色后翻面。煎制中，应随时用热油浇淋鱼身，以增进成熟度和松脆度。

⑤ 若鱼身肉质较厚，待鱼身表面煎香、上色后，将鱼和煎锅一同送入烤炉内烤熟即可。

⑥ 若煎制的鱼柳等主料较多，可换用新的底油煎制，以免油脏焦煳。

二、铁扒（Grill）

（1）定义　铁扒是将加工成型的原料，放在特制的热扒炉上，迅速扒成网状焦纹，并达到所需成熟度的烹调方法。原料表面呈整齐的网状焦纹，肉质鲜嫩多汁，香味独特。适合的原料广泛，以肉质鲜嫩的肉类、禽类、野味类、内脏类、海鲜原料和各种鲜香的蔬菜原料为主。

（2）原料（以西冷牛扒为例，10人份）　西冷牛扒1800g，花生油100mL，香叶1g，百里香1g，盐和胡椒粉适量，时鲜蔬菜。

（3）设备器具　长不锈钢托盘、不锈钢盆、网格烤架、菜盘、肉夹、煎铲、燃气灶、保温柜。

（4）制作方法

① 将西冷牛扒放入盆中，加花生油、香叶、百里香腌制备用。

② 将扒炉预热。先用金属刷快速刷洗去掉扒炉上的杂质，再用抹布将扒炉擦洗干净。

③ 调整扒炉到所需的温度，将腌制的牛扒取出，沥汁后，按十点钟方向放于高温扒炉上，扒制到底面扒上焦纹时，抬起牛扒按两点钟方向再次扒制。

④ 待底面呈均匀的网状焦纹时，将牛扒翻面，继续按上述方法扒制。

⑤ 撒盐和胡椒粉调味，控制成熟度。

⑥ 将烹制好的大块厚牛扒放于网格烤架上，沥汁保温备用或将烹制好的小块薄牛扒装入盘中，上菜即成。

（5）技术要点

① 清洗扒炉前，必须预热，否则不易洗净。

② 铁扒烹制前，必须清洗扒炉，这是最基本的原则。否则容易使杂质焦化，损害菜肴的风味，不利于健康。

③ 用高温扒炉扒制牛扒，网状焦纹的上色时间短，效果好。若扒炉温度低，牛扒不易上色，扒制时间长，容易损失肉汁，口感偏老，效果不佳。

④ 大块厚牛扒做好后，肉质表面较干，内部肉汁丰厚，沥汁保温后，有肉汁浸润、后熟的过程。小块薄牛扒做好后，内部肉汁不多，应略微保温，尽快上菜，以免肉汁浸出过多，损失风味。

⑤ 小块牛扒上菜时，表面可以涂抹少许热的澄清黄油增香。

⑥ 铁扒类菜肴通常以乳化少司和各种黄油少司为配合酱汁，风味独特。

三、炸（Deep-fry）

和其他烹调方法一样，炸菜肴的特点是原料因高温加热后迅速凝固，表面的褐色变成金黄色，内部受热传导的作用达到熟嫩的效果。炸通常包括初次炸（定型），重炸（上色、增香）两个步骤。有时根据需要可以炸第三次，以免原料表面回软，增加酥香度。

根据原料拍粉或挂浆类型的不同，将常见的炸方法分为四种类型：清炸（将加工好的原料直接放入热油中炸制）；拍面粉炸（在加工好的原料表面均匀地粘上面粉，浸入热油中炸制）；过三关炸（在加工好的原料表面依次均匀地粘上面粉、裹上鸡蛋液、再粘上面包糠炸制）；脆浆炸（在加工好的原料表面均匀地裹上脆浆面糊炸制）。西餐中炸的方法除了常见的清炸、拍面粉炸、过三关炸和脆浆炸以外，还有其他的一些类型，如卷炸（用鸡蛋薄饼包裹原料后粘面包糠炸），类似中餐的炸春卷；泡炸（用泡芙面浆包裹原料后炸制），如法式太妃炸苹果等。

1. 定义

炸是将加工成型的原料，经调味后，裹上炸浆或炸粉等，放入热油中，浸炸制成表面酥香，内部鲜嫩的烹调方法。应用范围广泛，如各种蔬菜、蛋类、香草、肉类和海鲜等。常见的如法式炸薯条、脆炸蔬菜丝等。

2. 原料（以炸牙鳕鱼为例，10人份）

牙鳕鱼10块，牛奶250mL，面粉300g，柠檬1个，法香菜3g，炸油、盐和胡椒粉适量。

3. 设备器具

炸炉、油滤网、长条盘、燃气灶、保温柜。

4. 制作方法

① 将牙鳕鱼去鳞、去鳃、去内脏和鱼骨后，加工成型。

② 柠檬切成花形，法香菜洗净。牛奶加盐和胡椒粉调匀。

③ 炸炉预热到180℃。揩干鱼身的水分，浸入牛奶腌制后取出，沥水备用。

④ 将鱼粘匀面粉，抖去多余的面粉，放入热油中炸5min，取出沥油后装盘，用花形柠檬、炸法香菜装饰，配酱汁即成。

5. 技术要点

① 炸鱼的油温略高，以180℃为佳。鱼肉细嫩易碎，若油温过低，炸制时不易定型，注意控制火候。

② 鱼身粘粉前，应揩干水分。炸制前粘面粉，以免粘粉过早，面粉受潮结块。

③ 炸制的菜肴应该现炸现用，立刻上菜。否则内部的肉汁逐步浸出，使表面的脆皮回软，影响风味。

④ 为增加炸制菜肴的风味，可以用啤酒代替牛奶，腌制主料炸制，风味别致。

⑤ 炸制较小的鱼类或较嫩的原料时，原料表面容易受潮回软，可以在面粉中加入25%的奶粉，有助于浓味增香。

第四节　以空气为介质的烹调方法

西餐烹调中，在使用以空气为传热介质的烹调方法时，因为设备使用起来方便快捷，便于批量制作，成品稳定性高，制作简便，风味独特，深受大众喜爱，因此应用广泛。

一、烤（Roast）

1. 定义

烤，也称为暗火烤，是将经过加工成形的食物，放入烤炉中，利用空气对流的高温传热，加热烹制而成的一种烹饪方法。烤制方法主要适用于大型的或整形的食物原料，如大型的肉类、禽类或野味类原料。也常用于各种肉块类原料的烹制。烤制菜肴的调味酱汁通常由烤肉原汁浓缩而成。烤肉原汁是指原料烤制中渗出的原汁。这种汁液流到烤盘中，受热产生美拉得反应，成为褐色酱汁，再用干白葡萄酒、水或基础汤煮沸后浇锅底，得到美味香浓的烤肉酱汁。

2. 原料（以烤西冷牛脊为例，10人份）

带骨的西冷牛脊2500g，肉骨和肉碎等适量，色拉油50mL，黄油50g，时鲜蔬菜适量，盐和胡椒粉适量。

3. 设备器具

大烤盘、大汤勺、过滤网、不锈钢托盘、网格状烤肉架、不锈钢盆、长柄厚底煎盘、煎铲、烤炉、燃气灶、保温柜。

4. 制作方法

① 将西冷牛肉去骨，剔除多余的肥膘肉，用棉线捆绑定型备用。

② 将剔除的碎肉、肉骨切成小块，入锅煎香、上色。

③ 预热烤炉在200～250℃，确保炉温充足，以便缩短烤制时间。

④ 将大烤盘或厚底锅置于旺火上，加色拉油烧烫，放入西冷牛肉，煎制至外表均匀上色。

⑤ 将碎肉和肉骨放在烤盘内垫底，上面放西冷牛肉，送入高温烤炉内烤制。定时用锅中的烤肉汁浇淋肉块表面，使烤制的火候均匀。

⑥ 根据原料的质地和大小控制烤制的温度和火候，若肉块过大、过厚，应适当降低炉温烤制。

⑦ 将烤好的肉块取出，用锡箔纸包紧，放于烤肉架上，沥汁保温备用，将烤肉汁上火浓缩。去除多余的浮油，加适量基础汤或酒汁煮干，调味后成烤肉酱汁。

5. 技术要点

① 烤制肉类原料的表层不能有太厚的脂肪，以免影响温度的传递和上色效果，但是为避免烤肉时表皮过干，可以在肉块表面留一层薄的肥肉。烤制中途还可以不断地将烤肉汁浇淋在肉块表面，以防止干皮。

② 若烤炉炉温不足，肉块烤制时表面不能迅速上色，肉汁会逐渐渗流到烤盘底，煮沸后焦化，影响成品的风味。

③ 用旺火煎制西冷牛肉，使肉块表层的蛋白质迅速凝固，保住内部的肉汁不过多地向外渗透，保持原汁原味的风味。肉块煎制的色泽不宜过深，否则烤制中还会上色，使肉块质地干硬，影响口感。

④ 注意烤肉中，最好使用肉夹和煎铲翻动肉块，而不宜使用肉叉翻动，因为肉叉会破坏肉块表层的蛋白质，损失更多的肉汁，影响风味。

⑤ 肉块入烤炉烤制时，可以在下面垫一层煎香的肉骨料，避免底部直接受热，便于控制火候。若没有多余的骨料用来煎烤，也可以在烤盘内加入切好的洋葱块、胡萝卜块等，以保护牛肉不被高温烤干、过火。

6. 质量标准

根据肉质自身特点和烤制结束的后熟加温特性，可将烤制肉类成品的火候分为以下参考标准，如表8-2所示。

表8-2　烤肉类菜肴成品成熟度表

成熟度	成品中心温度		中心断面切口色泽
	出炉时/℃	保温静置后/℃	
一成熟（Saignant）	35	40～45	血红色，微温的肉质
三成熟（À point）	45	50～55	玫瑰红色，热的肉质
五成熟（Rosé）	55	60～65	粉红色，热的肉质
全熟（Bien cuit）	70	80	灰白色，热烫的肉质

二、焗（Gratin，Gratiner）

1. 定义

焗，又可称为明火烤、焗烤。焗是中国广州、香港一带的习惯用语，指把经过初步熟加工的原料，浇上不同的浓少司，如白汁少司或毛恩内少司等，送入高温面火焗炉中，用明火焗烤上色、成菜的烹饪方法。

焗的传热介质是空气，传热形式是热辐射。因为焗制菜肴的表面盖有浓少司，在焗烤中，可以有效地保护菜肴主料的水分，使菜肴成品质地鲜嫩，气味芳香，口味浓郁。

2. 原料（以焗意大利通心粉为例，10人份）

意大利通心粉700g，白酒醋50mL，牛奶400mL，奶油100mL，黄油80g，面粉25g，瑞士爱芒特芝士100g，芥末酱2g，盐和胡椒粉适量。

3. 设备器具

汤锅、漏勺、汤桶、不锈钢盆、大托盘、滤网、耐火烤盘、燃气灶、面火焗炉、保温柜。

4. 制作方法

① 锅置旺火上，加水煮沸，放入盐和白酒醋，倒入意粉煮8～10min，捞出沥水备用。

② 将面粉用黄油炒香，不变色，加牛奶搅匀，上火煮稠后，加奶油煮出味，成白汁少司。

③ 将煮好的意粉装入盆中，加热的白汁少司拌匀，用盐和胡椒粉调味。

④ 菜盘内涂匀清黄油，装入意粉，撒上芝士粉，表面刷上清黄油。将盘边擦净，送入高温烤炉或面火焗炉中，迅速烤至芝士融化，形成均匀的金黄色酥皮时即成。

5. 技术要点

① 焗烤用的菜盘底部涂抹黄油，以防止意粉和盘底粘连。

② 焗烤前，应将芝士撒均匀，以使上色均匀，成菜美观。

③ 芝士表面刷清黄油，有助于芝士融化时上色更美观。

④ 焗烤时温度较高，应将盘边擦洗干净，避免盘边的杂质被烤焦煳，影响美观。

⑤ 焗烤时，控制火力和受热面，中途可以转动菜盘以达到均匀的焗烤火候。

⑥ 制作面食类焗烤菜肴时，配用的白汁少司应适当稀一点，不宜过稠。因为在搅拌和焗制过程中，少司中的水分会被意面吸收并挥发，以免影响成菜的滋润度。

⑦ 制作蔬菜类焗烤菜肴时，配用的白汁少司应适当浓稠一点，如清焗花菜、节瓜等。因为蔬菜类菜肴的淀粉少，水分较多，焗烤过程中容易出水，少司浓稠，便于成菜后的风味保持一致。

⑧ 通常，若菜肴在上菜时的温度不足，可以送入烤炉内焗热，上色和保温效果更佳。

⑨ 可以选用古老耶芝士、法国弗朗什-孔泰芝士、法国萨瓦芝士等。

三、罐焖（Poêler）

1. 定义

罐焖是将体积较大的原料（如禽类、较大的白肉类等），经过初加工处理后，放入大汤锅或烤盆中，加盖后送入烤炉内，烤焖上色，达到所需成熟度的烹调方法。

罐焖不同于烤制的烹调方法。烤制方法是将加工后的原料放于烤盘中，直接送入烤炉内，表面受到空气的对流传热，烤成的菜肴表面干香；罐焖方法是将加工后的原料放入大汤锅或烤盆中，加盖后送入烤炉内，表面受到空气和自身蒸发出的水汽的共同对流传热，烤成的菜肴表面柔软、光亮。

现代西餐厨房中，"罐焖"的方法更加方便和便于控制。人们利用万能蒸烤箱的多功能蒸烤功能，将烤炉调节成蒸汽、烘烤同时烹调的模式，温度控制在180℃，原料直接放在下面垫有烤盆的网格烤架上，便可以进行罐焖烹制。烤制中浸出的肉汁流在烤盆内，可以用作酱汁的制作；原料表面有空气和水蒸气的对流作用，不会被烤焦，制作更简便。

2. 原料（以罐焖带骨小牛排为例，10人份）

带骨小牛排2500g，小牛肉200g，小牛骨200g，胡萝卜200g，洋葱200g，番茄100g，大蒜2个，香料束1束，干白葡萄酒200mL，烧汁800mL，色拉油或澄

清黄油 50mL, 盐和胡椒粉适量。

3. 设备器具

带盖的大汤锅或大烤盆、大汤勺、大滤斗、网格烤架、菜盘、木制搅板、燃气灶、保温柜。

4. 制作方法

① 将带骨小牛排去筋，剔骨，修整成型。香味蔬菜和剔下的小牛肉切块。预热烤炉200℃。

② 将大烤盆或汤锅置于旺火上，加油烧热，放入牛骨、牛肉块煎上色。再将带骨小牛排煎定型，放在牛骨和牛肉块上，撒盐和胡椒粉调味，淋油加盖后，送入烤炉烤焖至1/2熟的程度。

③ 加入香味蔬菜料，再送入烤炉，密封烤制约2/3熟的程度。将烤肉汁淋在肉排表面，加入余下的番茄块、大蒜和香料束等。

④ 控制罐焖的火候，取出小牛排。用锡箔纸包好，放于网格烤架上，沥汁保温备用，

⑤ 将烤肉汁煮稠，加干白葡萄酒煮干，倒入烧汁再次煮稠，过滤后加黄油小块搅化。

⑥ 去除牛排的锡箔纸，将酱汁淋在牛排表面，形成光亮的胶冻汁，放入热菜盘中，骨节上裹装饰纸花，剩余的酱汁装入汁盅，上菜即成。

5. 技术要点

① 控制炉温。若原料体积大，烤制时间长，应适当降低炉温，以免烤焦。烤焖中途不宜频繁揭盖，否则容易损失水汽，造成原料被烤过火。烤至1/2熟的程度时，加入香味蔬菜增香，可避免蔬菜被烤过，也可以增加适当的水汽和湿度。

② 最后加入番茄等，可增加水汽和湿度，便于控制烤焖的火候。

③ 牛排烤好后，有一个肉汁浸润、后熟的过程，不能立刻上菜，否则肉质干涩，风味尽失。牛排应置于网格烤架上沥汁，避免被肉汁浸软。

④ 将酱汁分多次浇淋在牛排表面，以淋汁均匀为佳。每淋一次，可将牛排送入烤炉内略烤 1 ~ 2min，使酱汁稍干，便于下次淋汁时，沾裹均匀。

第五节 其他烹调方法

西餐烹调中，厨师根据菜式的需要或原料的特色，为了突出表现原料自身的独特风味，采用一些现代化的烹饪设备，创新了许多独特的烹饪技法，制作出风味独特的菜肴。这些烹调方法也逐渐被推广和应用，这里分述如下。

一、低温慢烤（Cuisson à basse temperature）

1. 定义

低温慢烤法类似"烤"的烹调方法，是指将加工成型的原料，放于烤肉架上，送入烤炉内，以55～80℃的空气传热烤制成菜的烹调方法。低温慢烤的烹调方法，突出了原料柔嫩、香鲜、肉汁丰厚的特色，肉片断面呈鲜艳的血红色，成菜美观，应用广泛。但由于原料表面未煎制定型，表面没有煎香上色，缺少焦香味；烹制中没有多余的味汁制作加工，只有另配特制的酱汁调味；要有特殊的带温度自动控制探针的烤炉才能烹制。

2. 原料

西冷牛脊1600g，盐和胡椒粉适量。

3. 设备器具

扒炉、大托盘、烤肉架、燃气灶、保温柜、万能蒸烤箱。

4. 制作方法

① 将西冷牛脊去筋、整理干净，放于烤肉架上（烤肉架下放一个托盘接肉汁），送入万能蒸烤箱内。

② 将烤炉自带的温度探针刺入西冷牛脊的中心部位，以确保西冷牛脊的中心温度最终达到48℃。

③ 将烤炉的温度调到85℃，开始烤制。

④ 当牛脊中心温度达到48℃时，烤炉自动提示，取出牛脊。

⑤ 切片后，撒上盐和胡椒粉调味，立刻上菜即成。

5. 技术要点

① 低温慢烤的牛脊肉没有煎制定型，因此不能事先撒盐，也不能静置备用，否则会使肉汁浸出，损失风味。

② 牛脊中心的温度是菜肴成菜的关键。保持探针在牛脊正中心以准确控制温度和成菜火候。

③ 烤炉温度参数必须严格遵守标准调制，以确保最佳成菜效果。

二、真空低温慢煮（Cuire sous vide）

1. 定义

真空低温慢煮类似"低温慢烤"的烹调方法，是指将加工成型的原料放入特制的耐热密封袋中，抽真空密封后，放置于特定的潮湿环境中（如热水、基础汤、酱汁、鸭油、鹅油、万能蒸烤炉、蒸柜等），以低于100℃的温度传热，烹煮成菜

的烹调方法。

　　真空低温慢煮的烹调法是法餐中最常用的烹饪技法。由于烹煮时原料处于真空密封状态，煮制的温度较低（57～97℃），对原料的组织结构和营养成分破坏较小，能最大限度地保持原料的肉汁和鲜味。另外菜肴经过真空烹煮、成菜后，应立刻冷藏备用，以最大限度地保持新鲜度和卫生度。根据原料自身的特性和烹饪加工时处理方法的不同，菜肴能够低温冷藏（1～3℃）保鲜6～21天，最大限度地延长了保存期。真空低温慢煮的烹调工艺使烹饪加工的工序简单化、科学化、便捷化、程序化，减少了厨房工作的强度，便于厨师更好地根据需要调剂菜肴的制作工序和成品风味，便于更好地协调安排厨房的组织工作。适用于肉质新鲜、质地细嫩、肉汁丰厚、香鲜味美的各种肉、禽类或海鱼类原料等，应用广泛。

2. 原料（以香草风味煮羊排为例，10人份）

羊排1600g，什香草碎适量，黄油适量。

3. 设备器具

大托盘、真空机、燃气灶、保温柜、大汤锅、密封袋。

4. 制作方法

　　① 将羊排去筋、整理干净，撒上什香草碎，涂抹黄油，分别放入耐热的密封袋内，抽真空密封备用。

　　② 将羊排放入75℃的热水中，煮约45min。取出，放入冰水中降温，再放入冰箱内存放。

　　③ 上菜前，将密封冷藏的羊排放入微沸的水中，煮约10min，取出后将羊排切成厚薄适中的片即成。

5. 技术要点

　　① 煮羊排的热水温度不宜过高，以保证羊排的肉质结构和营养成分不会被过度破坏。

　　② 用冰水降温，可以保证肉质新鲜度、嫩度和卫生度，便于冷藏保存。

　　③ 真空低温慢煮的菜肴烹制好后，必须立刻冷却备用。通常将制作好的菜肴放入冰箱中，以3℃的温度恒温冷藏，以保证原料自身肉质的鲜嫩质感和美味。

三、微波烹制（Cuisson au micro-ondes）

1. 定义

　　将加工成型的原料，放入微波用的塑料容器内，加入适合的液体原料，用微波加热烹制成菜的烹调方法。微波烹制具有操作简单，制作方便，成菜迅速，应

用广泛等特点。

2. 原料

制作好的菜肴成品等。

3. 设备器具

微波炉、非金属的盘子或盛器、燃气灶、保温柜。

4. 制作方法

① 将制作好的原料放入非金属的盘子中，加盖（不密封）。

② 送入微波炉中。

③ 调节微波炉适宜的温度和烹调时间，启动微波烹制。控制火候，制作而成。

5. 技术要点

① 若微波烹调时，盛器未加盖，内部的原料会因为过度失水而影响品质。

② 从健康安全考虑，推荐在微波炉工作结束后，打开炉门，以确保微波完全消失，有利于健康。

③ 当用微波炉烹制带少司酱汁的菜肴时，在微波炉完成烹调后，最好等一会儿再取出菜肴，以便使菜肴在微波炉内，因为微波热能的后熟效应，而使成菜效果更佳。

四、干煎 (Cuisson à sec à la poêle anti-adhésive)

1. 定义

干煎是指将加工好的原料放入不粘锅中，经加热烹制后，上色、成熟的烹调方法，俗称"单面煎"。干煎烹调时，不加任何油脂，将原料直接放入不粘锅中，通过热传导的作用，加热煎制成熟，方法独特。

干煎适合于各种带皮的海鱼类，尤其适用于长圆形的海鱼类菜肴，如三文鱼、狼鲈鱼、梭鲈鱼等，烹制后肉质精细、滑嫩，口感特别。

2. 原料 (以三文鱼为例，10人份)

加工好的三文鱼段1500g，盐和胡椒粉适量。

3. 设备器具

不锈钢长托盘、不粘锅、塑料煎铲、胡椒粉磨、燃气灶、保温柜。

4. 制作方法

① 将三文鱼去鳞、去鳃、整理干净，取净鱼柳，切块备用。

② 将不粘锅置于旺火上烧热。三文鱼撒上盐和胡椒粉调味。

③ 将鱼皮向下，放入不粘锅内煎制。

④ 待鱼皮定型后，降低火力，用慢火将上部的三文鱼肉煎至温热。

⑤ 控制成熟度和火候，将煎好的三文鱼鱼皮向上，放于热菜盘中，淋汁即成。

5. 技术要点

① 高温煎制，鱼肉不易碎烂。

② 干煎的目的是将鱼皮煎至香脆，鱼肉鲜嫩。因此只单煎鱼皮面。控制好火力，先用大火将皮面煎定型，再用小火煎至所要成熟度。

③ "干煎" 的烹调方法和 "煎" 类似，最本质的差别在于前者烹制时不加油脂，因此烹制的锅具只能用不粘锅。

④ 鱼皮下锅烹制前，要揩干水分。

第三篇　西餐应用篇

第九章 西餐冷菜制作

西餐中的冷菜一般指沙拉类菜肴，包括开胃菜类，以及冷菜中的各种批、冻、酱等。冷菜美味爽口、清凉不腻、手法独特、装饰天然、讲究营养及摆盘艺术，因此冷菜制作是一门细致的烹调技术，要求从业人员认真细心，具有良好的美术功底和审美观念。

在大型的西餐厨房里，有沙拉房、少司房、肉房、三明治房、水果房五个部门分别制作冷菜。沙拉房负责制作各种冷开胃菜、沙拉类菜肴；少司房负责制作少司、热开胃菜；肉房负责制作沙拉里使用的各种肉类，包括各式香肠、肉批、肉冻、鹅肝酱、冻酿火鸡等的初加工；三明治房负责制作三明治和各种大型肉盘的拼摆；水果房负责制作水果拼盘、果蔬雕刻、冰雕、果汁以及冰激凌。

需要注意的是，由于冷菜需要冷的温度和环境，因此除了制作出来的菜肴要适当冷鲜外，盛菜的器具也应在冰柜中存放。一定要选用新鲜的原材料。冷菜中的许多肉类是生吃的，要做好器具等的消毒工作。

第一节 开胃菜制作

开胃菜，既是开胃菜肴又是佐酒小菜，既有冷开胃菜（冷头盘）也有热开胃菜（热头盘）。冷开胃菜是指以新鲜生冷原料为主制作的开胃头盘，分量小而精致，上菜时菜肴保持低温，具有醒口解腻的特色，热开胃菜是对主菜起承上启下的作用，一般是对主菜的铺垫。

一、冷开胃菜

1. 塔塔三文鱼（Salmon tartare）

（1）原料（成品 8人份） 三文鱼400g，红葱头20g，水瓜柳20g，鲜莳萝0.2g，细香葱2g，淡奶油20g，青柠檬汁20g，牛油果100g，橄榄油30g，李派林喼汁10g，红椒粉0.2g，辣椒仔20g，樱桃番茄20g，盐和胡椒粉适量。

（2）设备器具 鱼刀、菜板、光圈膜、不锈钢盆、沙拉盆、小圆盘、蛋抽、小勺等。

（3）制作方法

① 将三文鱼初加工后，切小丁备用。

② 打发淡奶油备用，牛油果切小丁备用。

③ 将红葱头、水瓜柳、鲜莳萝、细香葱切碎和淡奶油搅拌均匀，放入青柠檬汁、橄榄油、李派林唤汁、红椒粉、辣椒仔调和好。

④ 将三文鱼和调好的少司拌匀，放入适量的盐、胡椒粉调味。

⑤ 小圆盘中间放上光圈膜后，填入牛油果丁，再填入三文鱼，去除模具。

⑥ 盘面装饰细香葱一根及樱桃番茄即可。

（4）技术要点 调好酱汁的稠度是保证造型不会塌陷的关键。

（5）质量标准 红绿相间、肥而不腻、酸辣微甜。

（6）酒水搭配 适宜和风味清淡的干白葡萄酒搭配。

2. 冻生牛肉片（Beef carpaccio）

（1）原料（成品8人份） 牛柳1000g，洋葱30g，西芹20g，胡萝卜30g，罗勒0.1g，龙蒿0.1g，大蒜10g，香叶0.1g，马乃司汁50g，水瓜柳25g，开心果100g，巴马臣芝士粉50g，水芥菜15g，紫云生菜20g，樱桃番茄10g，棉线2m，盐和胡椒适量，色拉油50g。

（2）设备器具 切刀、熟料菜板、一次性裱花袋、沙拉盘、不锈钢盆、煎锅。

（3）制作方法

① 先剔净牛柳，用洋葱、西芹、胡萝卜、罗勒、龙蒿、大蒜、香叶、盐、胡椒适量腌制半小时后，用棉线捆好备用。

② 煎锅内放色拉油烧至很热，放入捆好的牛柳，大火煎至表面变色，入冷冻冰箱冷冻备用。

③ 水瓜柳切粗粒、开心果去壳切粗粒。

④ 沙拉盘中间放上水芥菜、紫云生菜、樱桃番茄，装饰盘头。

⑤ 取出冷冻好的牛柳切成很薄的片，码放在蔬菜盘头周围，一份菜肴大概100g牛肉片。

⑥ 用一次性裱花袋装马乃司汁，在牛肉片上挤成交叉的线条，撒上水瓜柳、开心果仁、巴马臣芝士粉即可。

（4）技术要点 煎制牛柳时的火候要大，这样牛柳中间才是全生的牛肉，冷冻后很细嫩。

（5）质量标准 牛柳四边变色、中心鲜红、菜肴红白相间、色泽搭配美观。

（6）酒水搭配　适宜和风味清淡的桃红葡萄酒搭配。

3. 火腿卷芦笋（Parma ham with asparagus）

（1）原料（成品8人份）　帕尔马火腿片300g，罐头白芦笋200g，紫云生菜30g，狗芽生菜30g，柠檬50g，巴马臣芝士片30g，脐橙150g，意大利油醋汁120g。

（2）设备器具　菜板、切刀、不锈钢盆、沙拉盆、小勺、沙拉盘。

（3）制作方法

① 沙拉盘上用紫云生菜、狗芽生菜、柠檬角、脐橙肉制作盘头。

② 然后用帕尔马火腿片卷罐头白芦笋头，斜放置在沙拉盘头上。

③ 撒上巴马臣芝士片，装饰意大利油醋汁即可。

（4）技术要点　切得很薄的火腿片是菜肴美味的关键，太厚的火腿咸味浓郁，会压制白芦笋的鲜美清新的味道。

（5）质量标准　盘面色泽搭配合理、突出主料的火腿和芦笋、装饰料和主料比例适当。

（6）酒水搭配　适宜和风味清淡的桃红葡萄酒搭配。

4. 烟熏三文鱼花（Smoked salmon）

（1）原料（成品8人份）　烟熏三文鱼800g，火葱头125g，水瓜柳50g，鲜莳萝1g，波特酒啫喱冻30g，塔塔少司50g。

（2）设备器具　菜板、鱼刀、沙拉盘、不锈钢盘、少司盅。

（3）制作方法

① 先把烟熏三文鱼切成大小不同的片，然后卷成三朵玫瑰花型备用。

② 火葱头切片，取大小一致的圈备用。

③ 波特酒啫喱冻切丁备用。

④ 沙拉盘中放上一片鲜莳萝装饰，再放上三朵烟熏三文鱼花。

⑤ 沙拉盘下面部分撒上波特酒啫喱冻，摆放火葱头圈，撒上几粒水瓜柳。

⑥ 出菜时用汁盅装上塔塔少司和沙拉一起上桌即可。

（4）技术要点　烟熏三文鱼肉质细腻，卷时的技巧、手法是难点。

（5）质量标准　花形自然、盘面美观、意境高远、鱼肉鲜美。

（6）酒水搭配　适宜和风味淡雅的波特酒搭配。

5. 海鲜咯爹（Seafood cocktail）

（1）原料（成品8人份）　大虾200g，鱿鱼200g，扇贝200g，石斑鱼200g，洋葱30g，西芹25g，胡萝卜50g，香叶1g，橄榄油200g，香脂黑醋50g，柠檬100g，大蒜15g，红葱头20g，红椒15g，青椒15g，黄椒15g，黑橄榄15g，法香菜10g，水瓜柳10g，酸黄瓜25g，芥末酱15g，鲜罗勒1g，紫生菜15g，直叶生菜50g，盐和胡椒适量。

（2）设备器具　鸡尾酒杯、切刀、菜板、沙拉盘、沙拉盆、小勺、汤锅、蛋抽、细孔滤网。

（3）制作方法

① 先把各种海鲜初加工整理干净。

② 汤锅内放清水、洋葱、西芹、胡萝卜、香叶、柠檬一片煮开，依次下扇贝、石斑鱼、大虾、鱿鱼煮熟，捞出后放入冰水中降温，取出沥干水分备用。

③ 鸡尾酒杯里放入紫生菜、直叶生菜垫底，再放上各种海鲜，配柠檬角装饰。

④ 沙拉盆内放入橄榄油、香脂黑醋、柠檬汁和切好的大蒜碎、红葱头碎、红椒碎、青椒碎、黄椒碎、黑橄榄碎、法香菜碎、水瓜柳碎、酸黄瓜碎、芥末酱、鲜罗勒碎、盐、胡椒适量调味成意大利香醋汁备用。

⑤ 沙拉盘上放直叶生菜一片，再放上装有海鲜的鸡尾酒杯，淋上意大利香醋汁即可。

（4）技术要点　煮制不同质地的海鲜时，注意掌握时间成熟度，煮好的海鲜要立即放入冰水中降温。

（5）质量标准　海鲜质地细嫩、鲜甜，菜肴口感丰富、爽口。

（6）酒水搭配　适宜和风味淡雅的法国香槟搭配。

二、热开胃菜

1. 法式焗蜗牛（Escargots à la Bourguignonne）

（1）原料（成品8人份）　罐头蜗牛肉200g，洋葱50g，西芹50g，香叶1g，罗勒0.2g，迷迭香0.2g，百里香0.2g，大蒜50g，白兰地50g，黄油200g，鸡蛋100g，红粉0.2g，银鱼柳1g，法香菜5g，黑胡椒0.2g，干白葡萄酒30g，土豆1000g，盐和胡椒适量。

（2）设备器具　蜗牛壳、蜗牛碟、菜板、切刀、不锈钢盆、沙拉盘、搅拌器、炒锅、炒勺。

（3）制作方法

① 取出罐头蜗牛肉，清洗沙肠。

② 炒锅内放少许黄油，炒香大蒜碎，然后加入切碎的洋葱、西芹、香叶、罗勒、迷迭香、百里香和蜗牛肉炒香，先加入一半白兰地使之燃烧，加入盐、胡椒适量调味。

③ 搅拌器里放入剩下的黄油搅拌到发白、发泡，加入剩下的切碎的洋葱、西

芹、香叶、罗勒、迷迭香、百里香和鸡蛋黄、红粉、银鱼柳、法香菜碎、黑胡椒、干白葡萄酒搅匀后冷冻备用。

④ 土豆煮熟后制作成土豆泥，铺在蜗牛碟上备用。

⑤ 取出冷冻后的蜗牛黄油，在蜗牛壳内先塞入少许蜗牛黄油，再塞入蜗牛肉一个，再塞入蜗牛黄油封住，放置在蜗牛碟的六个凹洞上。放入焗炉把黄油焗化。

⑥ 取出蜗牛碟，放置在火上，燃烧白兰地酒增香即可装在沙拉盘中成菜。

（4）技术要点　填入蜗牛肉时，蜗牛的舌足向上。填塞肉时不要太往里面，要方便客人食用时挑出。

（5）质量标准　蒜香浓郁、味道鲜美、酒香扑鼻、色泽艳丽。

（6）酒水搭配　适宜和风味淡雅的干白葡萄酒搭配。

2. 芦笋鸡酥盒（Chicken vol-au-vent）

（1）原料（成品8人份）　黄油20g，红葱头30g，鸡胸300g，芦笋300g，蘑菇100g，干白葡萄酒10g，白汁少司200g，淡奶油30g，盐和胡椒适量，酥盒8个，法香菜15g，樱桃番茄20g，黄椒15g。

（2）设备器具　切刀、菜板、不锈钢盆、沙拉盘、炒锅、炒勺、细孔滤网。

（3）制作方法

① 鸡胸肉、芦笋、蘑菇切小丁备用。红葱头切碎备用。

② 炒锅内烧开水，放入鸡胸肉、芦笋、蘑菇丁煮八成熟备用。

③ 把烤热的酥盒放在沙拉盘上，掏出中间的盖子放旁边。

④ 炒锅内放黄油炒香红葱头碎，加入鸡胸肉、芦笋、蘑菇丁，加入干白葡萄酒增香后，放入白汁少司、盐、胡椒适量调味，起锅时加入淡奶油。

⑤ 把炒好的鸡肉放入酥盒中央，盖上盖子。

⑥ 沙拉盘上装饰黄椒片、樱桃番茄、法香菜即可。

（4）技术要点　烹调鸡胸肉的时间必须恰到好处，否则菜肴质地不是太老就是不熟。

（5）质量标准　菜肴质地细嫩、奶香浓郁、色泽自然、酥盒酥脆。

（6）酒水搭配　适宜和风味清新的干白葡萄酒搭配。

3. 焗海鲜斑戟（Seafood pancake）

（1）原料（成品8人份）　面粉1000g，鸡蛋300g，盐和胡椒适量，牛奶500g，黄油50g，鲜贝50g，虾肉50g，鳕鱼50g，蘑菇50g，洋葱50g，干白葡萄酒10g，白汁少司100g，马苏里拉芝士100g，巴马臣芝士粉20g，法香菜10g，樱桃番茄10g。

（2）设备器具　不锈钢盆、蛋抽、细孔滤网、煎锅、炒锅、沙拉盘、大盘。

（3）制作方法

① 不锈钢盆内放面粉、鸡蛋、盐、胡椒适量，用蛋抽抽打成糊状，慢慢加入牛奶和少许融化的黄油，调制成斑戟糊。

② 煎锅内放少许黄油制锅，再放入斑戟糊制作成薄面皮，即斑戟皮。

③ 各式海鲜初加工干净后切丁备用；洋葱、蘑菇切丁备用。

④ 炒锅内放黄油炒香洋葱丁、蘑菇丁，然后放入各种海鲜丁炒香，加入干白葡萄酒增香，最后加入白汁少司，放盐、胡椒调味。

⑤ 用斑戟皮包裹适量的炒好的海鲜，一份两个即可。

⑥ 沙拉盘上放两个斑戟卷，淋上剩下的白汁少司，放马苏里拉芝士、巴马臣芝士粉入焗炉，把芝士烤香烤上色，装饰法香菜、樱桃番茄后，放置在大盘上即可出菜。

（4）技术要点

① 制作斑戟皮的面糊要用力打上筋，吃时才有弹性。

② 炒海鲜时到九成熟即可，最后焗炉内的温度使海鲜刚好成熟。

③ 焗过的沙拉盘很烫，必须垫个大盘才好上菜。

（5）质量标准　斑戟有弹性、海鲜甜美、质地细腻、奶香浓郁。

（6）酒水搭配　适宜和风味清新的干白葡萄酒搭配。

4. 香炸芝士球（Deep-fried mozzarella cheese boll）

（1）原料（成品8人份）　马苏里拉芝士400g，鸡蛋300g，面粉400g，面包糠400g，吐司面包500g，脐橙300g，法香菜15g，红椒50g，橄榄油150g，白醋50g，色拉油1000g。

（2）设备器具　沙拉盘、切刀、菜板、不锈钢盆、汤锅、细孔滤网、打碎机、小勺。

（3）制作方法

① 先把马苏里拉芝士做成直径1.5 cm的小球备用。

② 将鸡蛋、面粉调整成面糊备用；吐司面包去四边后切成长方形，中间压出两个凹点备用。

③ 法香菜、橄榄油、白醋放入打碎机打成香草汁，淋在沙拉盘上做装饰，再用脐橙肉、红椒装点盘头。

④ 汤锅内烧热色拉油，先把吐司面包炸至色泽金黄，取出放置在吸油纸上备用。

⑤ 芝士球先粘上厚重的面糊，再粘面包糠，用手搓圆后放入油锅炸至色泽金黄，刚开始流出芝士时立即取出。

⑥ 沙拉盘上先放吐司片，再把炸好的芝士球放在吐司的凹点上即可。

（4）技术要点　芝士受热开始融化，要求切开的芝士球内部芝士软化，因此炸制温度和时间的控制是重点。时间太长芝士全部融化，会漏出；时间太短芝士内部太硬，口感不好。

（5）质量标准　色泽金黄、外酥内软、造型美观、芝士香浓。

（6）酒水搭配　适宜和风味清淡的干白葡萄酒搭配。

第二节 沙拉制作

沙拉是指用蔬菜和肉类原料等加少司酱汁调和而成的凉拌类菜肴，既可以作为头盘形式上菜，也可以作为主菜后的蔬菜上菜，形式多样。沙拉的主体是各种凉拌的蔬菜，也有许多肉类的腌制品，生吃的海鲜品，特殊烹调后的批、冻、酱类菜肴。由于沙拉中的蔬菜大部分是生吃的，必须认真清洗。干净的蔬菜要低温保鲜，这样制作出来的沙拉才鲜脆细嫩。

1. 华尔道夫沙拉（Waldorf salad）

（1）原料（成品8人份）　美国红苹果500g，西芹200g，直叶生菜150g，核桃仁150g，黑葡萄干50g，白糖300g，橄榄油400g，马乃司汁200g，樱桃番茄50g。

（2）设备器具　沙拉盘、切刀、菜板、不锈钢盆、炒锅、沙拉盆、木勺、小刀。

（3）制作方法

① 先把核桃仁放入开水中煮3分钟左右，取出沥去水分，剥去外皮备用。

② 炒锅内放白糖，制作成淡色焦糖时放入核桃仁，炒香、高温上色后立即加入大量的橄榄油降温，取出核桃仁晾凉备用。

③ 西芹切块、美国苹果去皮后切块备用。

④ 沙拉盘底垫直叶生菜叶一片。

⑤ 沙拉盆内放西芹、苹果块、黑葡萄干、马乃司汁、核桃仁少许，拌匀后放置在生菜上。

⑥ 盘面装饰樱桃番茄，然后把剩余的黑葡萄干、核桃仁撒在菜肴最上面即可。

（4）技术要点

① 苹果去皮后会变色，可以泡水延长时间。最好的方法是出菜前削苹果皮，直接拌匀马乃司出菜，这样菜肴里的苹果没有多余的水分，口感最佳。

② 也可加入少量香蕉提高菜肴的口感香味。

（5）质量标准　盘面简单、制作快捷、苹果香甜、口感脆嫩。

（6）酒水搭配　适宜和风味清淡的雪利酒搭配。

2. 尼斯沙拉（Niçoise salad）

（1）原料（成品8人份）　土豆300g，四季豆200g，番茄250g，青椒100g，红椒100g，金枪鱼罐头200g，鸡蛋300g，黑橄榄100g，银鱼柳50g，法香菜3g，洋葱50g，芥末酱25g，红酒醋150g，橄榄油500g，盐和胡椒适量，柠檬250g，直叶生菜300g。

（2）设备器具　沙拉盘、切刀、菜板、沙拉盆、蛋抽、汤锅、少司盅、切蛋角器。

（3）制作方法

① 汤锅内煮熟土豆，取出土豆去皮后晾凉备用；煮熟一个鸡蛋晾凉备用；煮熟四季豆后晾凉备用。

② 用一片直叶生菜垫底，然后把土豆、四季豆、番茄、青椒、红椒、鸡蛋切角后摆放在沙拉盘中间。

③ 沙拉盆内放红酒醋、橄榄油、芥末酱、洋葱碎、法香菜碎、银鱼柳、柠檬汁、盐、胡椒适量调制成法式油醋汁装在少司盅内。

④ 最后取出金枪鱼，撒在沙拉顶部，点缀黑橄榄、法香菜。

⑤ 出菜时配法式油醋汁。

（4）技术要点　四季豆既要煮熟又要色泽自然。

（5）质量标准　色彩丰富、成菜美观、味酸咸适口、清爽不腻。

（6）酒水搭配　适宜和风味清淡的气泡酒搭配。

3. 凯撒沙拉（Caesar salad）

（1）原料（成品8人份）　直叶生菜1000g，巴马臣芝士粉200g，吐司面包300g，培根300g，橄榄油200g，柠檬汁300g，黄油150g，蛋黄300g，蒜蓉15g，银鱼柳30g，芥末酱20g，李派林喼汁20g，番茄300g。

（2）设备器具　沙拉盘、切刀、菜板、沙拉盆、蛋抽、煎锅、木勺、吸油纸。

（3）制作方法

① 洗净直叶生菜，放入保鲜冰柜备用。

② 煎锅内放黄油炒香切成丁的吐司面包，至色泽金黄酥脆，放置在吸油纸上备用。

③ 煎锅内煎培根至金黄酥脆，取出切碎备用；银鱼柳切碎备用。

④ 沙拉盆内放入蛋黄、芥末酱用蛋抽搅匀，放入蒜蓉、银鱼柳碎，适当加入橄榄油继续搅拌，待汁混合变稠后加入柠檬汁，再加入适量的橄榄油、李派林喼汁搅拌成凯撒汁。

⑤ 成菜时在凯撒汁内放入直叶生菜、少许巴马臣芝士粉、少许培根碎拌匀即

可装盘。

⑥ 沙拉盘边用番茄角装饰，最后在沙拉上撒上大量的巴马臣芝士粉和炒香的吐司面包丁、剩下的培根碎。

（4）技术要点　洗净生菜后沥干水分、冷冻保鲜是菜肴质量的重要步骤。

（5）质量标准　生菜爽脆、芝香浓郁、口感丰富、风味适宜。

（6）酒水搭配　适宜和风味清淡的气泡酒搭配。

4. 番茄芝士沙拉（Mozzarella cheese & tomato salad）

（1）原料（成品8人份）　马苏里拉芝士300g，番茄500g，鲜罗勒3g，黑胡椒碎5g，橄榄油300g，青柠檬汁125g。

（2）设备器具　沙拉盘、切刀、菜板、沙拉盆、蛋抽、木勺、奶酪切割器。

（3）制作方法

① 把马苏里拉芝士用奶酪切割器切片；番茄切片。

② 沙拉盘中把切片的芝士和番茄一片隔一片地摆放整齐备用。

③ 鲜罗勒切丝撒在番茄芝士上，再撒上黑胡椒碎。

④ 橄榄油、青柠檬汁用蛋抽搅拌均匀，淋在菜肴上面。

⑤ 最后用整片的罗勒装饰即可。

（4）技术要点　要使用奶酪切割器来切割马苏里拉芝士，这样菜肴的刀工才显得平整。

（5）质量标准　红白相间、简单实用、奶香浓郁、风味独特。

（6）酒水搭配　适宜和风味清淡的气泡酒搭配。

5. 水果沙拉（Fruit salad）

（1）原料（成品8人份）　西瓜150g，草莓150g，哈密瓜150g，芒果150g，脐橙150g，猕猴桃150g，葡萄150g，香梨150g，香蕉150g，黄河蜜瓜150g，火龙果800g，菠萝150g，白糖300g，新地橙汁150g，君度酒30g，冰块300g。

（2）设备器具　菜板、切刀、沙拉盘、沙拉盆、汤锅。

（3）制作方法

① 各种水果去皮、去核后，切丁冷冻保鲜备用。

② 汤锅内放适量清水融化白糖，烧开晾凉后加入冰块、新地橙汁、君度酒调和成糖液。

③ 火龙果对开后，掏空果肉。

④ 取半个火龙果皮做一份水果沙拉的碗，放置在沙拉盘中间。

⑤ 将各种水果丁和糖液在沙拉盆中拌匀后，装入火龙果做的碗里即可。

（4）技术要点　有些水果切开后会变色，要注意保存方法；各种水果的规格、大小不一，切丁时尽量规范、节约。

（5）质量标准　水果清新、酸甜可口、色彩艳丽、口味丰富。

（6）酒水搭配　适宜和风味清淡的马德拉酒搭配。

6. 厨师沙拉（Chef salad）

（1）原料（成品8人份）　牛柳400g，火腿400g，鸡蛋200g，鸡胸300g，奶油芝士200g，牛舌200g，百里香1g，香叶1g，洋葱50g，西芹200g，胡萝卜100g，混合生菜100g，油醋汁200g，千岛汁200g。

（2）设备器具　沙拉盘、切刀、菜板、沙拉盆、木勺、不锈钢盘、汤锅、煎锅、少司盅。

（3）制作方法

① 汤锅内放清水、百里香、香叶、洋葱、西芹、胡萝卜煮牛舌，大约1h后取出牛舌，刮去舌苔，再煮5小时后取出晾凉备用。

② 牛柳、鸡胸用盐、胡椒、百里香、香叶、洋葱、西芹、胡萝卜腌制1h后，煎熟备用。

③ 鸡蛋煮熟晾凉后备用。

④ 把火腿、奶油芝士、牛肉、鸡胸、牛舌切成长条。

⑤ 沙拉盘中放混合生菜，再把切成长条的火腿、奶油芝士、牛肉、鸡胸、牛舌等材料，整齐地摆放在生菜四周，斜立起来，中间放上熟鸡蛋片即可。

⑥ 取两个少司盅分别装上油醋汁和千岛汁供顾客选用。

（4）技术要点

① 煮制牛舌的硬度要适当，和其他肉类要搭配适当。

② 刀工要求整齐、刀口平整、长条大小一致。

（5）质量标准　色彩鲜艳、造型立体、口味丰富、营养健康。

（6）酒水搭配　适宜和风味清淡的波特酒搭配。

7. 蔬菜沙拉（Vegetable salad）

（1）原料（成品8人份）　番茄200g，黄瓜200g，胡萝卜200g，洋葱200g，西芹200g，玻璃生菜200g，紫云生菜200g，直叶生菜200g，红椒200g，青椒200g，黄椒200g，橄榄油300g，白醋100g，青柠檬汁200g，芥末酱50g，黑胡椒碎1g，鲜罗勒0.2g，法香菜15g，大蒜30g，盐和胡椒适量。

（2）设备器具　沙拉盘、切刀、菜板、沙拉盆、木勺、不锈钢盘。

（3）制作方法

① 各种蔬菜清洗干净后放入保鲜冰箱备用。

② 沙拉盆内放橄榄油、白醋、青柠檬汁、芥末酱、黑胡椒碎、鲜罗勒碎、法香菜碎、大蒜碎、盐、胡椒适量，调和成简易的油醋汁备用。

③ 取出番茄切角、黄瓜切片、胡萝卜切薄片、洋葱切洋葱圈、西芹切段、玻璃生菜用手撕成小片、紫云生菜撕成小片、直叶生菜撕成小片、红椒切圈、青椒切圈、黄椒切角一起放置在沙拉盆内混合备用。

④ 沙拉盘上重叠放上各式蔬菜，尽量堆得高点。

⑤ 出菜时淋上简单的油醋汁即可。

（4）技术要点 看似简单地堆放蔬菜却是菜肴是否美观的难点，其中的色彩搭配和重叠的效果都是有技巧的。

（5）质量标准 蔬菜鲜嫩、质地脆美、色泽艳丽、酸咸爽口。

（6）酒水搭配 适宜和风味清淡的葡萄酒搭配。

8. 夏威夷沙拉（Hawaiian salad）

（1）原料（成品8人份） 鸡腿1000g，洋葱300g，西芹300g，胡萝卜300g，番茄酱150g，番茄少司300g，香叶0.2g，大蒜50g，黑胡椒5g，色拉油150g，菠萝500g，马乃司汁250g，玻璃生菜150g，洋兰花10g，盐和胡椒适量。

（2）设备器具 沙拉盘、切刀、菜板、沙拉盆、木勺、不锈钢盘。

（3）制作方法

① 鸡腿用洋葱碎、西芹碎、胡萝卜碎、番茄酱、番茄少司、香叶、大蒜、黑胡椒、色拉油、盐、胡椒适量腌制一天备用。

② 把鸡腿放入220℃烤箱内烤至色泽金黄红润，取出后去骨晾凉备用。

③ 沙拉盆中放入切块的熟鸡肉、菠萝块、洋葱碎、西芹碎、马乃司汁拌匀，用盐、胡椒适量调味。

④ 沙拉盘中间放玻璃生菜叶一片，中间装入鸡肉沙拉，装饰洋兰花即可。

（4）技术要点

① 西方人喜爱食用健康的鸡胸肉，中国人喜爱鸡腿肉。

② 这道菜肴还可加入适量的苹果来丰富口味。

（5）质量标准 色泽红润、鸡肉肥美、咸甜适当、清新爽口。

（6）酒水搭配 适宜和风味清淡的干白葡萄酒搭配。

9. 牛肉沙拉（Beef filet salad）

（1）原料（成品8人份） 牛柳600g，洋葱100g，西芹100g，胡萝卜100g，迷迭香1g，色拉油200，黄瓜丝200g，洋葱丝200g，红椒丝200g，酸黄瓜丝200g，黑胡椒粉1g，大蒜10g，橄榄油300g，白醋200g，白糖50g，番茄200g，狗芽生菜100g，盐和胡椒粉适量。

（2）设备器具　沙拉盘、切刀、菜板、沙拉盆、木勺、不锈钢盘、煎锅。

（3）制作方法

① 牛柳先用洋葱碎、西芹碎、胡萝卜碎、迷迭香、沙拉油、盐、胡椒粉腌制1小时。

② 再把牛柳放入煎锅内大火煎上色，入烤箱烤熟后取出晾凉备用。

③ 牛柳切粗丝备用。

④ 沙拉盆内把黄瓜丝、洋葱丝、红椒丝、酸黄瓜丝、黑胡椒粉、大蒜、橄榄油、白醋、白糖、牛柳丝、盐、胡椒粉拌匀调味备用。

⑤ 沙拉盘内放狗芽生菜垫底，然后把牛肉沙拉堆放中间，四周围上番茄角即可。

（4）技术要点　牛柳先腌制入味，烤制的牛肉肉质细嫩化渣。

（5）质量标准　肉质细嫩、色彩艳丽、口感丰富、酸辣微甜。

（6）酒水搭配　适宜和风味清淡的干红葡萄酒搭配。

第三节　其他冷菜制作

1. 牛肉批（Beef pate）

（1）原料（成品8人份）　牛绞肉2000g，洋葱1000g，鸡蛋300g，水瓜柳50g，黑胡椒5g，百里香1g，罗勒1g，吐司面包400g，牛奶100g，马苏里拉芝士300g，红葡萄酒100g，清酥皮1000g，牛肉清汤400g，鱼胶粉20g，面粉100g，盐和胡椒适量。

（2）设备器具　切刀、菜板、炒锅、不锈钢盆、蛋刷、小碗、沙拉盘、肉批模、擀面棍、小刀、锡箔纸、锯齿刀。

（3）制作方法

① 先把清酥皮用擀面棍擀开成长方形放入冰箱备用。

② 吐司面包去四边，用牛奶软化成糊备用；鸡蛋打成蛋液备用。

③ 洋葱切碎后放入炒锅内炒香、晾凉后备用。

④ 不锈钢盆内放入牛绞肉、炒好的洋葱碎、鸡蛋、水瓜柳碎、黑胡椒碎、百里香、罗勒、面包糊、马苏里拉芝士、红葡萄酒、盐、胡椒调味后，用力摔打，直到牛肉起劲成泥。

⑤ 肉批模内撒少许面粉，把清酥皮小心地放入模具内，四周留边，刷蛋液；然后把做好的牛肉馅填入模具内，再刷上蛋液；再把四周留的边包好牛肉馅。冷冻后做花式，顶部切开两个小圆孔，塞入锡箔纸做的圆柱体。然后入上火180℃、

下火220℃的烤箱烤至色泽金黄，取出晾凉后备用。

⑥ 往烧热的牛肉清汤里放鱼胶粉，放盐、胡椒粉调味，晾凉备用。

⑦ 取出肉批中的锡箔纸，把调和好的牛肉清汤注入空洞中，放入保鲜冰箱冷冻。

⑧ 待鱼胶冻完全凝固后从模具中取出肉批，用锯齿刀切片即可食用。

（4）技术要点

① 酥皮包裹肉馅时要多冷冻，酥皮少收缩肉批成型效果才好。

② 烤制肉批时，底部的火候掌握很难，要把底部烤熟、烤黄。

③ 烤好的肉批中渗出的水分，最好倒掉，这样注入的牛肉清汤才明亮通透。

④ 烤好的肉批的酥皮和汤冻以及肉馅不能分离。

（5）质量标准　牛肉鲜美、口味繁多、造型亮丽、佐酒佳肴。

（6）酒水搭配　适宜和风味淡雅的红葡萄酒搭配。

2. 鸡肉酱（Chicken terrine）

（1）原料（成品8人份）　鸡胸2000g，鸡蛋100g，百里香1g，猪肥膘100g，法香菜30g，干白葡萄酒50g，菠菜200g，大虾500g，培根500g，淡奶油50g，胡萝卜1000g，芦笋500g，盐和胡椒适量。

（2）设备器具　切刀、菜板、汤锅、不锈钢盆、沙拉盘、长条模、小刀、锡箔纸、保鲜膜、打碎机、煎锅。

（3）制作方法

① 鸡胸肉切小条，用打碎机打成鸡茸；猪肥膘切小条，用打碎机打成茸备用。

② 法香菜切碎；菠菜过水后冲凉留叶备用；大虾煮至五成熟备用；培根煎淡黄色备用；胡萝卜削成长圆柱体后煮熟备用；芦笋过水后备用。

③ 不锈钢盆内放鸡茸、猪肥膘茸、鸡蛋、百里香、法香菜碎、干白葡萄酒、淡奶油、盐、胡椒调味后使劲搅拌上劲后备用。

④ 锡箔纸上铺保鲜膜，抹上调和好的鸡茸，铺上一层菠菜叶，再抹上鸡茸，铺上一层培根，再抹上鸡茸，放上大虾、胡萝卜、芦笋，卷成鸡卷即可，入200℃的烤箱烤熟。

⑤ 晾凉后去除锡箔纸和保鲜膜，切片即可装盘成菜。

（4）技术要点

① 鸡肉肉质较老，适当加入猪肥膘可以使肉质细腻。

② 虾肉卷在中间的话成熟的时间很难掌控，一般先煮一下最佳。

（5）质量标准　肉质细腻、口味丰富、造型华丽、富于变化。

（6）酒水搭配　适宜和风味淡雅的干白葡萄酒搭配。

3. **鲜虾啫哩冻（Prawn jelly）**

（1）原料（成品8人份）　大虾200g，罐头玉米粒50g，西兰花50g，熟鸡蛋100g，鱼胶粉40g，海鲜清汤800g，法香菜3g，干白葡萄酒40g，樱桃番茄30g，盐和胡椒适量。

（2）设备器具　切刀、菜板、汤锅、不锈钢盆、沙拉盘、花盏模、小刀。

（3）制作方法

① 大虾去头、去壳、去沙肠，背上开刀口，煮熟备用。

② 煮熟西兰花后冷却备用。

③ 海鲜清汤烧热后融化鱼胶粉，加入盐、胡椒粉、干白葡萄酒调味，晾凉后备用。

④ 花盏模内先注入1/4的清汤，中心放上一个大虾，入冰箱冷冻。

⑤ 取出冻上的花盏模再注入1/4的清汤，放上西兰花一朵、半个樱桃番茄，入冰箱冷冻。

⑥ 取出冻上的花盏模再注入1/4的清汤，放上法香菜和玉米粒，入冰箱冷冻。

⑦ 取出冻上的花盏模再注入1/4的清汤，放上熟鸡蛋碎，入冰箱冷冻。

⑧ 等鱼胶冻完全凝固时取出，放入开水内融化模具边缘的鱼胶冻，倒扣在沙拉盘上装盘、装饰即可。

（4）技术要点　每次入冰箱冷冻时不要等到鱼胶冻完全凝固，就可以倒入新的一层鱼胶水和蔬菜，这样出来的菜肴才不会分层、分离。

（5）质量标准　层次清晰、色泽艳丽、造型独特、口味鲜美。

（6）酒水搭配　适宜和风味清新的波特酒搭配。

4. **沙勿罗式冻火鸡（Chaud-frioid turkey）**

（1）原料（成品8人份）　火鸡3000g，红椒150g，青椒150g，黄椒150g，茄子200g，黑橄榄30g，洋葱500g，西芹500g，胡萝卜750g，香叶2g，百里香1g，罗勒1g，鲜茴香50g，色拉油250g，干白葡萄酒250g，白汁少司2000g，鱼胶粉200g，盐、胡椒粉适量。

（2）设备器具　切刀、菜板、大汤锅、不锈钢盆、大银盘、光圈模、小刀、棉线、不锈钢网架、汤勺、蛋刷、蛋抽。

（3）制作方法

① 火鸡取出内脏，用洋葱、西芹、胡萝卜、香叶、百里香、罗勒、鲜茴香、色拉油、干白葡萄酒、盐、胡椒粉腌制2天后，把腌制的蔬菜香料全部塞入火鸡腹内，用牙签封住，然后用棉线把火鸡捆扎好备用。

② 大汤锅内放入清水和火鸡，大火烧开撇去浮沫，小火煮熟火鸡。火鸡煮熟

后立即捞出晾干水分，自然冷却后取出腹腔内的香味蔬菜和牙签，再使用厨房专用餐纸轻轻擦拭表面油花后备用。

③ 取红椒、青椒、黄椒、茄子的表皮，切成棱形备用；黑橄榄切圆圈备用；煮熟的胡萝卜片用小刀雕刻后备用。

④ 白汁少司烧热后融化鱼胶粉150g，用盐、胡椒粉调味，晾凉备用。

⑤ 把初加工好的火鸡鸡胸向上放置在不锈钢网架上，下面放个大圆盘，把调制好的白汁少司淋在火鸡上，流下来的汁可以倒在一起继续使用，然后把火鸡放入冰箱冷冻，如此反复多次直到火鸡表面有厚厚的一层白汁少司。

⑥ 最后一次淋上的白汁少司可以调和得稀一点，让基础汁光滑流下去，然后在火鸡鸡胸的部位粘贴蔬菜等原料，拼出花形即可入冰箱冷冻。

⑦ 把50g鱼胶和适量开水融化调味，冷却后反复用蛋刷把鱼胶水刷在火鸡上，直到火鸡表面有薄薄的一层鱼胶冻。

（4）技术要点

① 小火煮制火鸡需要耗费的时间很长，但是出来的肉质细腻。

② 火鸡煮好后，去掉表皮油花的工作相当细致，必须认真完成，否则挂不上基础汁。

（5）质量标准　奶香浓郁、肉质细腻、造型美观、色泽亮丽。

（6）酒水搭配　适宜和风味清新的干白葡萄酒搭配。

5. 黑胡椒牛柳盘（Beef filet with black pepper）

（1）原料（成品8人份）　牛柳1500g，黑胡椒碎200g，洋葱30g，西芹30g，胡萝卜30g，罗勒1g，色拉油50g，芥末酱30g，马乃司汁50g，狗芽生菜50g，紫云生菜50g，柠檬50g，番茄50g，盐和胡椒粉适量。

（2）设备器具　切刀、菜板、不锈钢盆、大银盘、小刀、棉线、煎锅、一次性裱花袋。

（3）制作方法

① 牛柳剔筋膜后，用棉线捆绑起来备用。

② 不锈钢盆内放入切碎的洋葱、西芹、胡萝卜、罗勒、盐、胡椒粉和牛柳一起腌制一小时后去除香味蔬菜，把牛柳直接放置在黑胡椒碎上面，直到牛柳表面覆盖一层黑胡椒碎即可。

③ 煎锅内放色拉油烧热后把牛柳放入煎至上色，入烤炉200℃烤制10min左右，牛柳有五成熟即可取出。

④ 取出的牛柳去掉棉线后入冰箱冷冻备用。

⑤ 大银盘内放狗芽生菜和紫云生菜垫底，柠檬角和番茄角做装饰备用；把马

乃司汁和芥末酱调和在一起，装在一次性裱花袋中备用。

⑥ 取出牛柳切厚片，放置在蔬菜上面，芥末酱汁挤成渔网形状的线条覆盖在牛肉上面即可成菜。

（4）技术要点

① 煎牛柳的火候大小和烤箱内烤制的时间相互联系，要求牛柳的成熟度别太高，最好是切出来的牛肉片颜色鲜红。

② 牛柳上的棉线最后要清除干净，不能留下断的线头。

（5）质量标准 颜色鲜艳、黑椒味浓、酸辣微甜、肉质细嫩。

（6）酒水搭配 适宜和风味浓郁的干红葡萄酒搭配。

6. 金枪鱼三明治（Tuna fish sandwich）

（1）原料（成品8人份） 罐头金枪鱼500g，吐司面包1000g，洋葱碎200g，西芹碎200g，番茄400g，直叶生菜300g，马乃司汁200g，黄油100g，冰冻薯条500g，紫云生菜100g，狗芽生菜100g，柠檬角100g，红椒丝100g。

（2）设备器具 切刀、菜板、不锈钢盆、沙拉盘、锯齿刀、吐司炉、小刀、细孔滤网、花牙签。

（3）制作方法

① 打开罐头金枪鱼，用细孔滤网过滤掉里面的油备用。

② 沙拉盘内用紫云生菜、狗芽生菜、柠檬角、红椒丝做盘头装饰备用。

③ 取出金枪鱼肉和洋葱碎、西芹碎、马乃司汁拌匀备用。

④ 将三片吐司面包放入吐司炉烤至微黄，取出，用小刀在面包的一面抹上黄油。

⑤ 先取一片吐司面包（有黄油的一面向上）放上一片直叶生菜叶，一片番茄片，然后放上调和好的金枪鱼馅，覆盖上吐司面包；再放上一片直叶生菜叶，一片番茄片，然后放上调和好的金枪鱼馅，覆盖上吐司面包（有黄油的一面向下）。

⑥ 在三明治吐司的四个边插上花牙签固定，用锯齿刀先切掉吐司面包的四个边，再对角切开成四份小三角；冰冻薯条入油炉炸至色泽淡金黄，取出后撒盐、胡椒调味备用。

⑦ 沙拉盘下部放上四个小三角的三明治（牙签不取），盘头右边放薯条即可成菜。

（4）技术要点 切割三明治时注意不要用力压面包，避免吐司面包变形。

（5）质量标准 造型立体、简单快捷、面包酥脆、清爽不腻。

（6）酒水搭配 适宜和风味清淡的桃红葡萄酒搭配。

第十章　西餐汤菜制作

　　汤通常作为西餐中的第二道菜，是以畜肉、禽类、鱼类和蔬菜为原料制成的烹调后汁特别多的食物。可以直接装盘成菜品，不同于西餐中的基础汤。而基础汤，是西餐中汤菜制作、菜肴烹调、少司调味时的基础原料，类似中餐的高汤（鲜汤）。同时，炖肉中的汤与汤锅中直接盛出的高汤一般不被称为西餐中的汤（菜）。

　　西餐中的汤基本上分为四大类：冷汤、清汤、浓汤、特制汤（汤色汤）。大多数汤不论其最终的组成是什么，一般都是以基础汤为根本的。因此，制作出的汤的质量也会受到基础汤的影响。

1. 冷汤

　　冷汤又称冻汤，菜肴的温度一般比较低，4℃左右，甚至更低，通常将制作好的汤菜放入冰箱等冷藏设备中一段时间，使汤菜清凉爽口，多出现在夏季菜单中。具有开胃、解暑的作用。

2. 清汤

　　清汤都是以透明的、没有增稠的肉汤或基础汤制成的。制作工艺流程简单，一般用各种蔬菜和肉装饰。根据汤中的配料一般可分为以下三种。

　　（1）煮肉清汤或炖肉清汤　通常是煮呈鲜的畜类与禽类的产物，透明、汤中不含有固体成分而且经过澄清工艺制作简单的肉汤。这种汤稍加调味即可成为一道汤菜。

　　（2）蔬菜清汤　指的是向透明的、调味后的基础汤或煮肉清汤中额外地加入一种或多种蔬菜，偶尔也会加一些肉类或禽类制品及淀粉制作而成。

　　（3）清炖肉汤　是经过澄清的、香味浓郁、富含多种成分的肉汤，澄清后汤体更加清澈透明。上好的清炖肉汤的质量远远超过简单制作的煮肉清汤，因而被认为是所有汤类菜肴中质量最好的一种。上好的清炖肉汤，其汤体清澈透明、丰富而又浓郁的香味，使汤体成为高雅晚宴上完美的一道菜肴。

3. 浓汤

　　与清汤不同，浓汤呈不透明状，一般通过增稠剂来增稠。根据烹调加工方法不同，一般又分为以下几种类型的汤。

（1）奶油汤 是指经过增稠剂增稠并添加牛奶与奶油的汤。奶油汤与白色少司或牛奶少司很相似，实际上，奶油汤可以由这两种少司中的任意一种经过稀释并加入适当的调味品制作而成。奶油汤通常以其主要原料命名，如蘑菇奶油汤、芦笋奶油汤等。

（2）蓉汤 通常将熬煮好的汤通过果汁搅碎机搅成蓉状，蓉汤中也可加入牛奶和淡奶油。

（3）浓菜汤 以贝类水产品原料浓缩而成。最后一道工序通常加点奶油。

（4）浓汤 浓汤是由制作浓汤的主要原料榨出的天然汤汁并经过增稠的汤。浓汤不像奶油汤那样光滑，通常以新鲜蔬菜及淀粉类成分为原料制成，汤中可加牛奶与淡奶油或不加。

4. 特制汤

特制汤是以特殊的原料或制作方法而与清汤及浓汤有区别的汤类菜肴，有时包括个别国家或地区才制作的美味汤菜，还包括适合素食者食用的蔬菜汤。

第一节　冷汤制作

一、冷汤概述

冷汤是西餐中较为独特的汤菜，制作中往往采用新鲜的蔬菜、水果或肉类等，经过独特的烹饪技法制作而成。

冷汤的种类很多，其中以西班牙的做法较具代表性。西班牙人称它为Gazpacho，中国人把它翻译成西班牙冻汤（冷汤）。冻汤在很多的西餐厅里都可以吃到，尤其是在夏季，这种富含维生素、清凉可口的汤菜更是广受世界各地的食客青睐。冻汤的制作并不复杂，但要注意食物的卫生，它可与吐司或烤面包共用。

二、冷汤制作菜式

1. 西班牙冷汤（Gazpacho）

（1）原料（成品8人份）

① 主料：黄瓜600g，大番茄1000g，青椒160g，洋葱200g，红甜椒150g，蒜40g，面包糠60g，番茄少司100g，辣椒仔10g，冰水或番茄汁800g，红酒醋30g，橄榄油30g，柠檬汁200g，细砂糖20g，盐和胡椒粉适量。

② 装饰料：黄瓜100g，番茄150g，青椒80g，甜椒80g，吐司面包2片。

（2）设备器具　西餐厨刀、菜板、不锈钢方盘、不锈钢盆、盛菜菜盘、电子秤、量杯、量勺、锥形滤网、果汁搅碎机、汤盘、木铲等。

（3）制作方法

① 将装饰料中的蔬菜切成0.3cm的丁；吐司面包切成0.6cm的丁，然后用黄油煎至金黄色，煎脆后放置备用；另外将主料中的蔬菜原料去皮去籽后切块，蒜拍碎。

② 将主料中的蔬菜丁切碎，然后放入果汁搅碎机中绞碎，依次放入面包糠、番茄少司、辣椒仔、冰水或番茄汁、红酒醋、橄榄油、细砂糖粉、盐、胡椒粉，充分搅拌后成为浓度合适的蔬菜汤汁，冷藏备用。

③ 上菜前再次搅拌均匀，盛入汤盘内，撒蔬菜丁与面包丁装饰即可。

（4）技术要点　根据汤的稠度控制好加入冰水的分量，充分搅拌，必要时过滤。

（5）质量标准　色泽红艳，口味咸、甜、酸、香，回口味辣，冰鲜清爽。

2. 俄式牛肉冷汤（Beef cold soup）

（1）原料（成品8人份）　牛柳300g，番茄酱120g，卷心菜180g，土豆150g，干辣椒6g，红腰豆80g，酸奶油60g，洋葱200g，胡萝卜120g，西芹120g，牛肉基础汤3000mL，盐、香叶、胡椒粉适量。

（2）设备器具　西餐厨刀、菜板、不锈钢方盘、不锈钢盆、盛菜菜盘、电子秤、汤盘、木铲、燃气灶、汤锅、平底煎锅等。

（3）制作方法

① 将一半的胡萝卜、西芹、洋葱切成5cm的长节，另外一半切成1cm的方片；土豆、卷心菜切成1cm的片备用。

② 牛柳与胡萝卜、西芹、洋葱节一起煮熟，然后将牛肉切成0.5cm的粒备用。

③ 锅中放油烧热，炒香胡萝卜、洋葱、西芹片，加入番茄酱继续炒至呈亮红色，再加入干辣椒、香叶、牛肉粒、牛肉基础汤熬煮约30min，起锅前加入红腰豆、卷心菜，最后用盐、胡椒粉、酸奶油调味即成。

④ 将汤冷却，然后放入冰箱中冷藏备用即可，上菜时分入汤盘中。

（4）技术要点　原料刀工成型要均匀一致，干辣椒不宜过多，略有辣味即可。

（5）质量标准　汤色红亮，表面浮油少，口味咸酸微辣。

第二节　清汤制作

清汤是西餐中最考验厨师经验和技艺的汤菜类型，要用最好的食材和精心的加工技艺才能制作而成。清汤的制作工序严谨，工艺要求很高，成品汤鲜味美，品质优良。

一、清汤制作原理

制作清汤的原理是利用蛋白质凝结吸附汤中的杂质及悬浮物。如何防止凝结的蛋白质使汤变得浑浊最受关注。一些蛋白质在冷水中会分解，当汤体受热时，这些蛋白质会逐渐固化呈现凝胶状，最终漂浮在汤体表层。如果能有效控制这个过程，利用蛋白质凝胶把那些使汤变浑浊的小颗粒吸附到汤表面，留下的就是透明、澄清的汤了。

二、清汤基本原料

1. 瘦肉泥（碎）
瘦肉泥是蛋白质的重要来源，能够发挥澄清的作用，而且还可以为汤增加鲜味。通常选用瘦牛肉、鸡肉和鱼肉。

2. 蛋清
蛋清的大部分成分是蛋白，具有较强的澄清、吸附能力。通常用来澄清鲜汤。

3. 植物性调味原料
实际上不能起到清汤的作用，但这部分原料有助于增加清汤的香味，常与肉泥一起使用。

4. 酸味成分
酸性物质有助于蛋白质的凝结、胶化。可选择性在加入清汤的肉泥中使用。

三、制作流程

制作清汤时通常是将牛肉或者鸡肉等用绞肉机绞碎或剁碎，加鸡蛋清搅匀，浸泡在水中（基础汤中），使肉类的蛋白质溶于水中（基础汤中）。先用中、大火煮至汤沸腾。煮时用汤勺搅拌，汤煮沸后不可再搅，目的是不让碎肉煳底；再调成小火煮一个小时左右，此时，蛋白已将汤内的碎肉等杂质凝结成一团，先沉底后游离在汤面上，吸附汤中的杂质，使汤澄清，同时用勺撇去浮沫并滤净，便成为清肉汤汁。有时颜色不够可加些焦糖糖浆，或再加煎上色的洋葱。西餐正餐或宴会中，常常使用这种汤作为开胃的菜肴。这种汤除去了脂肪，既有营养又不油腻，深受人们喜爱。

四、清汤制作菜式

1. 牛肉清汤（Beef consommé）

（1）原料（成品8人份）　瘦牛肉碎1600g，香料束（百里香、香叶、法香菜）1束，洋葱200g，西芹100g，胡萝卜100g，蛋清100g，番茄汁200g，丁香3g，胡椒粒2g，冷牛肉汤5000g，百里香1g，盐和胡椒粉适量。

（2）设备器具　西餐刀、不锈钢方盘、燃气灶、西餐刀、菜板、汤锅、量杯、滤网、滤布等。

（3）制作方法

① 将原料洗净。分别将洋葱、胡萝卜、西芹切碎备用。

② 在汤锅中将牛肉碎、胡萝卜碎、西芹碎、洋葱碎、蛋清、番茄汁、黑椒粒、丁香、百里香混合，并用力搅拌均匀。

③ 汤锅中倒入牛肉汤，与牛肉碎等原料搅匀，在小火上煮制沸腾，然后将火调小保持微沸状态煮1～2h。

④ 用细纱布对汤进行过滤，然后去除表面的浮油，再用少许盐、胡椒粉调味即可。

（4）技术要点　注意控制火候，先大火将汤烧开，然后煮汤时保持微沸状态，不易大火熬煮，否则汤体会变得浑浊。

（5）质量标准　汤清澈透明无杂质，味醇浓鲜美。

2. 菌菇鸡肉清汤（Chicken consommé）

（1）原料　鸡胸肉2000g，香菇200g，鸡蛋6个，洋葱200g，胡萝卜120g，鸡汤2000g，雪利酒40g，盐和胡椒粉适量。

（2）设备器具　西餐刀、燃气灶、煎锅、食品搅拌机、不锈钢方盘、菜板、汤锅、量杯、滤网、滤布等。

（3）制作方法

① 洋葱去皮洗净，1/3的洋葱切圈，其余的切碎；鸡胸去筋膜后切块，然后用搅拌机搅成鸡肉泥；鸡蛋分别取蛋清与蛋黄备用；香菇洗净后切碎；胡萝卜洗净、去皮、切碎备用。

② 煎锅中放入洋葱圈，煎至两面焦黑，取出备用。

③ 将一半的香菇碎、800g鸡肉泥、洋葱碎、胡萝卜碎、少许盐搅拌均匀，然后加入鸡汤中，一起搅散，放入汤锅中以中火煮沸后立即转为小火，保持微沸，加入煎上色的洋葱圈，煮至汤汁剩下总量的2/3时关火。中途不时地打去浮沫。

④ 将汤用细纱布进行过滤，然后去除表面的浮油，再用少许盐、胡椒粉调味

即成清汤。

⑤ 将余下的香菇丁焯水备用。

⑥ 将余下的鸡肉泥加入蛋黄、洋葱碎、盐、胡椒粉制作成肉丸焯水备用。

⑦ 将炒香的香菇丁与煮熟的鸡肉丸放入清汤中，再加少许雪利酒调味即成。

（4）技术要点　注意控制火候，先大火将汤烧开，然后煮汤时保持微沸状态，不易大火熬煮，否则汤体会变得浑浊。煮汤时用勺子稍微在锅中搅动，以免粘底。若想增加口感与风味，可以加入适量的蔬菜丁。

（5）质量标准　汤清澈透明，味醇浓鲜美，肉丸鲜嫩。

第三节　浓汤制作

一、浓汤概述

与清汤不同，浓汤的浓稠度高于清汤，一般呈不透明状，所以称为浓汤。制作浓汤时一般通过增稠剂增稠。常用的增稠剂有油面酱、面粉糊、水淀粉、面包渣等；也可以用食品搅拌机将汤搅打成蓉，使其变浓稠。

油面酱：油面酱也称为面粉糊、黄油面酱等，由油脂与等质量的面粉，低温炒制而成的糊状原料。由于烹调火候的不同，油面酱一般有三种颜色：白色、金黄色和褐色。随着油面酱颜色的加深，其粘连性也逐渐减弱。

面粉糊：面粉糊是由融化的黄油与相同质量的生面粉在常温下搅拌而成。

水淀粉：将少量淀粉与水混合在一起构成了水粉芡。可以迅速、方便地对汤汁进行增稠。

面包渣：面包渣可以作为增稠剂，但用途很少，仅限于某些菜，如西班牙冷汤等。

二、浓汤制作菜式

1. 奶油蘑菇汤（Cream of mushroom soup）

（1）原料（成品8人份）　蘑菇1000g，洋葱100g，黄油80g，面粉40g，白色鸡肉基础汤2000g，牛奶60g，淡奶油60g，盐和胡椒粉适量。

（2）设备器具　汤锅、西餐刀、燃气灶、汤勺、菜板、煎铲、果汁搅碎机、汤碗、汤盘等。

（3）制作方法

① 洋葱切丝，蘑菇切片备用。

② 锅中烧热油，炒香洋葱，炒至蘑菇脱水，但不要炒上色。

③ 加入面粉搅拌均匀炒至糊状，再加入鸡汤，煮沸，调小火熬煮直至蘑菇变软。

④ 用果汁搅碎机将汤搅碎，过滤。

⑤ 用奶油，牛奶调味即可。

（4）技术要点　淡奶油一般最后加入，如煮汤时加入，温度太高，容易被煮成淡奶油花，影响汤的质量。

（5）质量标准　色泽淡黄，清澈透明，汤鲜味醇。

2. 南瓜奶油浓汤（Cream of pumpkin soup）

（1）原料（成品8人份）　南瓜1200g，洋葱120g，韭葱100g，黄油80g，面粉60g，白色鸡肉基础汤2000g，火腿40g，牛奶60g，淡奶油60g，香料束1束，吐司1片，法香菜4g，盐和胡椒粉适量。

（2）设备器具　汤锅、西餐刀、菜板、煎铲、果汁搅碎机、汤盘等。

（3）制作方法

① 洋葱、韭葱切丝，南瓜去皮切片备用，火腿切丝，吐司制作黄油吐司丁，法香菜切碎。

② 锅中烧热油，炒香洋葱、韭葱、火腿，然后加入南瓜片炒软，加少许面粉炒匀，倒入白色鸡肉基础汤，同时加香料束煮沸，煮至南瓜软烂。

③ 用果汁搅碎机将汤搅碎，过滤，加淡奶油、牛奶煮开，调味后保温备用。

④ 盛入汤盘中，撒法香菜碎，用面包丁装饰即可。

（4）技术要点　炒南瓜炒软即可，若南瓜量大，可在烤箱中烤制。加入奶油后不易久煮。

（5）质量标准　色泽金黄，味甜咸香，奶香浓郁。

3. 米兰什菜汤（Ministrone a la milanese）

（1）原料（成品8人份）　洋葱200g，西芹100g，胡萝卜100g，土豆100g，卷心菜100g，绿皮节瓜80g，番茄100g，面粉40g，番茄酱100g，意大利面100g，牛肉清汤1600g，蒜50g，什香草3g，罗勒2g，罐装白豆80g，香叶1g，盐和胡椒粉适量。

（2）设备器具　汤锅、西餐刀、菜板、煎铲、汤盘等。

（3）制作方法

① 所有蔬菜切片备用，意大利面煮熟备用。

② 锅中烧热油下洋葱片、西芹片、胡萝卜片、蒜，炒香脱水后加绿皮节瓜再炒，然后加番茄片、番茄酱、面粉炒匀，加入什香草、罗勒，倒入牛肉清汤熬煮40min，边煮边去浮沫，然后下土豆片、卷心菜片、白豆，继续煮直到所有菜成

熟，最后加煮好的意大利面，调味即可。

（4）技术要点 所有蔬菜片大小应均匀一致；番茄酱需炒至油亮至酸味减弱，否则汤色过于红亮，而且味道酸。

（5）质量标准 汤色微红，味道酸甜。

4. 蛤肉周打汤（Clam chowder）

（1）原料（成品8人份） 鲜文蛤2000g，鱼汤3000g，洋葱150g，面粉80g，黄油80g，土豆300g，牛奶1000g，奶油150g，盐和胡椒粉适量。

（2）设备器具 汤锅、西餐刀、菜板、不锈钢方盘、煎铲汤盘等。

（3）制作方法

① 土豆洗净去皮后切成小丁，洋葱切小片，培根切碎，文蛤取肉洗净切碎，文蛤汁留下来备用。

② 文蛤汁加鱼汤煮沸腾，然后收火保温备用。

③ 炒香洋葱至出水、变软，不上色，加面粉，搅成面糊。

④ 慢慢搅入文蛤汁与鱼汤，加热至沸腾，继续搅拌，保持汤体均匀。

⑤ 加入土豆丁，煮至变软。

⑥ 加入文蛤肉、热牛奶、奶油，最后用盐和胡椒粉调味。

（4）技术要点 加入面粉后应搅拌均匀，使面糊没有颗粒，这样才能确保汤最后的光滑细腻。

（5）质量标准 汤色乳白有光泽，口感滑润细腻，文蛤鲜味浓郁。

5. 法式龙虾汤（Bisque）

（1）原料（成品8人份） 龙虾2000g，蟹1600g，河虾1000克，海鱼800g，洋葱120g，胡萝卜60g，西芹60g，番茄酱500g，鱼汤6000g，白葡萄酒200g，白兰地120g，蒜40g，根茴香100g，淡奶油60g，香料束1束，欧芹叶2片，盐和胡椒粉适量。

（2）设备器具 汤锅、西餐刀、燃气灶、不锈钢方盘、菜板、煎铲、果汁搅碎机、汤盘等。

（3）制作方法

① 海鲜整理洗净备用，蔬菜切丁，蒜拍碎。

② 锅中烧热油，炒香龙虾、蟹、河虾，炒上色后加入海鱼，再炒5min，离火将蟹、龙虾、河虾捣碎，然后放入蔬菜原料和番茄酱炒匀，喷白兰地浓缩，再加入白葡萄酒收汁，倒入鱼汤，香料束熬煮40min。

③ 用果汁搅碎机将汤搅碎，过滤，加入淡奶油，用盐、胡椒粉调味后保温备用。

④ 盛入汤盘中，用欧芹叶装饰即可。

（4）技术要点　海鲜必须捣碎，这样味更浓。

（5）质量标准　颜色橙红，味鲜醇浓厚。

第四节　特制汤制作

一、特制汤概述

特制汤通常是指不划入主要分类中的各种汤及那些仅在个别国家地区才制作的特色汤。通常是以特殊的原料或制作方法而与清汤和浓汤有所区别的汤菜。

二、特制汤菜式

1. 法式洋葱汤（French onion soup）

（1）原料（成品8人份）　洋葱1600g，黄油120g，牛肉汤6000g，干白葡萄酒120g，法式面包适量，瑞士奶酪400g，盐和胡椒粉适量。

（2）设备器具　不锈钢方盘、燃气灶、长柄汤勺、汤锅、西餐刀、菜板、煎铲、汤碗等。

（3）制作方法

① 洋葱切丝；奶酪切碎备用。

② 在厚底少司锅中，中火加热黄油，加入洋葱炒成褐色，偶尔搅拌。

③ 喷入干白葡萄酒浓缩，倒入牛肉汤，小火煮，直至洋葱变软且香甜味道充分融入汤中。

④ 用盐、胡椒粉调味，保温备用。

⑤ 法式面包切片，每份汤中需加入1～2片面包片，或加入足够遮盖入汤碗的汤体表面。

⑥ 面包片入烤箱烤。

⑦ 每个汤碗中盛一份热汤，上面放1～2片面包片，上面撒芝士，然后入烤箱中将芝士烤上色。立即上汤。

（4）技术要点　洋葱需小火、长时间炒至上色，这样汤色才美观，汤味道才浓。

（5）质量标准　呈棕褐色，洋葱味香浓。

2. 匈牙利牛肉汤（Hungarian goulash soup）

（1）原料（成品8人份）　牛肉400g，青椒150g，红椒150g，洋葱100g，蒜

40g，土豆200g，胡萝卜100g，西芹100g，培根80g，红葡萄酒100g，番茄酱100g，面粉60g，牛肉清汤2500g，干辣椒20g，辣椒粉20g，去皮番茄100g，罗勒2g，香叶1g，盐和胡椒粉适量。

（2）设备器具　不锈钢方盘、燃气灶、长柄汤勺、汤锅、西餐刀、菜板、煎铲、汤碗等。

（3）制作方法

① 将青椒、红椒、洋葱、胡萝卜、西芹、培根切小条备用；蒜切碎备用。

② 牛肉切小条，然后将牛肉煎上色备用。

③ 锅中放黄油炒香培根、蒜、干辣椒，然后加洋葱、西芹、青椒、红椒炒5min，加红椒浓缩，番茄酱和面粉炒匀后加牛肉清汤。

④ 将汤熬煮30min后加入去皮番茄、土豆条等原料。

⑤ 待所有原料成熟后调味即可。

（4）技术要点　土豆最后加入，这样才不会煮烂；根据口味适量加入辣椒粉。

（5）质量标准　色泽红亮，甜酸微辣，牛肉味浓。

3. 罗宋汤（Russian Borscht）

（1）原料（成品8人份）　牛腩1000g，牛肉汤4000g，黄油100g，洋葱200g，韭葱120g，西芹100g，卷心菜800g，蒜40g，红葱头100g，番茄酱120g，番茄100g，香叶1g，百里香1g，细砂糖20g，红酒醋8g，酸奶油20g，香料束1束，辣椒仔8g，盐和胡椒粉适量。

（2）设备器具　不锈钢方盘、汤锅、西餐刀、菜板、煎铲、汤碗等。

（3）制作方法

① 牛肉洗净，胡萝卜、洋葱、香料束煮软，然后切丁。

② 西芹、卷心菜、红葱头、韭葱切小片，蒜切碎，番茄去皮去籽切碎。

③ 锅中放黄油炒香洋葱、胡萝卜、韭葱、西芹、卷心菜和蒜碎，然后加番茄碎、番茄酱、香叶、百里香、炒匀。倒入牛肉汤煮沸，然后调小火熬煮20min。

④ 盛菜前加入红葱头和牛肉丁，加细砂糖、辣椒仔、红酒醋、盐、白胡椒粉调味。

⑤ 装盘盛菜，用酸奶油装饰。

（4）技术要点　辣椒仔味道较重，注意用量，不宜过多，否则味道过于浓重。

（5）质量标准　色泽红亮，味咸、酸、辣，口味丰富，蔬菜清香。

4. 咖喱羊肉汤（Mulligatawny）

（1）原料（成品8人份）　洋葱200g，胡萝卜150g，西芹150g，羊肉400g，面粉50g，黄油50g，咖喱粉30g，鸡汤4000g，苹果250g，大米100g，椰奶200g，

柠檬1个，淡奶油40g，油适量，盐和胡椒粉适量。

（2）设备器具　不锈钢方盘、燃气灶、长柄汤勺、汤锅、西餐刀、菜板、煎铲、汤碗、汤盘等。

（3）制作方法

① 羊肉切成1cm的丁；洋葱去皮后切成0.5cm的丁；胡萝卜去皮洗净后切成0.5cm的丁；西芹撕去外皮粗纤维再洗净后切丁；苹果洗净，去皮、去核后切丁，然后用水浸泡；柠檬洗净，取下外皮，不要白色部分，然后切丝。

② 锅中放油热锅后，放入洋葱丁、胡萝卜丁、西芹丁、羊肉丁炒熟，取出备用。

③ 原锅中，放入黄油、面粉、咖喱粉炒香、炒匀，再加入鸡汤，炒熟的洋葱丁、胡萝卜丁、西芹丁、羊肉丁，苹果丁，大米，胡椒粉，小火煮15min，加入椰奶、盐、胡椒粉调味。

④ 盛汤装盘，淋少许淡奶油，画出花纹，再用柠檬丝装饰即可。

（4）技术要点　注意咖喱粉的用量，不宜过多；炒黄油、面粉时的比例最好是1∶1，这样制汤时不易出现面粉颗粒；煮汤时要不时地搅动，有大米容易煳底。

（5）质量标准　汤色金黄，羊肉与咖喱味兼具。

第十一章　西餐热菜制作

在现代西餐菜单结构中，热菜主要分为副菜和主菜两大类。

副菜是西餐的第三道菜。主要选用海鲜类菜肴，如各种淡水鱼类、海水鱼类、贝类及软体动物类。同时，一些热食的头盘类菜品，如蛋类（奄列蛋等）、面食类（意大利通心粉、饺子等）及酥盒类（酥皮鸡肉派等）也常常出现在副菜中。通常在午餐时，既可以选用各种海鲜作为副菜，也可以选用蛋类、面食类以及酥盒类菜肴作为副菜，选用灵活；而在晚餐时，人们往往习惯只选用海鱼类菜肴作为副菜，而不选用热食头盘，这样可以有更充裕的时间来品尝更多的美味佳肴了。

主菜是西餐的第四道菜。主菜通常选用肉类和禽类菜肴。选料的范围很广泛，如牛肉、小牛仔肉、羊肉、猪肉、鸡肉、鸭肉、火鸡、鹅肝、兔肉、鹌鹑等；也可以在时令的季节选用野味肉类，如鹿肉等。其中最有代表性的是鲜嫩多汁的牛扒和细滑醇香的法式鹅肝。牛扒按其部位又可分为西冷牛扒、菲利牛扒、"T"骨型牛扒、薄牛扒等。

第一节　畜肉类热菜制作

一、煎、扒类热菜

1. 胡椒牛扒（Steaks au poivre）

（1）原料（成品8人份）　牛柳1200g，烧汁800mL，黄油80g，洋葱碎80g，粗胡椒碎80g，白兰地80mL，干白葡萄酒200mL，淡奶油200mL，时令蔬菜适量，盐和胡椒粉适量。

（2）设备器具　菜板、少司汁盅、吸水纸、细孔滤网、盛菜菜盘、煎铲、平底煎锅、不锈钢少司锅、肉锤、燃气灶等。

（3）制作方法

① 将牛柳拍松，粘匀粗胡椒碎备用。

② 在牛柳上撒盐，放入热油中煎定型，控制成熟度（三成熟、五成熟、七成熟、全熟），保温备用。

③ 去除锅内多余的油脂，加洋葱碎、胡椒碎炒香，倒入白兰地点燃，烧出酒味，加干白葡萄酒，煮至酒汁将干时，倒入烧汁煮沸，加淡奶油浓味，加盐调味后离火，加黄油搅化，就做成胡椒汁，保温备用。

④ 土豆去皮，切平两端，削成圆筒形，切成圆片，洗净后炸成浅黄色。上菜前用黄油煎成金黄色，加盐和胡椒粉调味，撒法香菜碎，成黄油煎薯片。

⑤ 牛扒装盘，淋汁配黄油煎薯片和时令蔬菜即成。

（4）技术要点

① 牛柳煎制前撒盐，以保持牛肉内部丰厚的肉汁，突出食材的原汁原味。

② 胡椒汁以小火慢熬而成，时间较长，以充分煮出胡椒的香辣味。

③ 牛扒煎制的成熟度根据原料的质地、形状、火力和烹制时间等具体控制。

（5）质量标准　牛扒鲜嫩多汁，胡椒少司香辛味浓，风味独特。

（6）酒水搭配　胡椒牛扒适宜和风味浓厚的干红葡萄酒搭配。

2. 汉堡牛扒（Hamburger steak with mushroom sauce）

（1）原料（成品 8 人份）　牛后腿肉400g，肥猪肉160g，鸡蛋4个，三明治面包100g，牛奶300mL，洋葱碎80g+40g，大蒜碎40g+40g，法香菜20g，马佐林香草10g，香叶10g，百里香10g，白兰地60mL，辣酱油20g，肉豆蔻粉10g，蘑菇片100g，干白葡萄酒200mL，烧汁400mL，黄油80g，土豆1000g，时令蔬菜适量，盐和胡椒粉适量。

（2）设备器具　菜板、少司汁盅、吸水纸、细孔滤网、盛菜菜盘、煎铲、平底煎锅、不锈钢少司锅、燃气灶、绞肉机、炸炉等。

（3）制作方法

① 将牛后腿肉和肥猪肉切块，用绞肉机绞细。面包去除外皮，将面包心用牛奶泡软、搓烂。洋葱碎80g和大蒜碎40g用黄油炒香。

② 将牛肉茸、面包心、洋葱碎、大蒜碎、鸡蛋、法香菜、马佐林香草、阿里根奴香草、香叶、百里香、白兰地酒、辣酱油、肉豆蔻粉、盐和胡椒粉适量等搅拌均匀，做成汉堡肉饼。

③ 将牛肉饼放于预热的扒炉上，煎至定型、成熟后，保温备用。

④ 将洋葱碎40g、大蒜碎40g和蘑菇片用黄油炒香，加干白葡萄酒，煮至酒汁将干时，倒入烧汁煮稠，加盐和胡椒粉调味，成蘑菇少司。

⑤ 土豆切条，洗净后沥水。入140℃的油中，炸成浅黄色。上菜前入160℃的油中，炸成金黄色取出，撒盐沥油备用。

⑥ 牛肉饼装盘淋汁，配法式炸薯条和时令蔬菜即成。

（4）技术要点

① 牛肉茸须充分搅拌，至黏稠、上劲，成品的效果才好，不易散碎。

② 用小火煎至肉饼中心的肉汁清亮即可。

③ 煎肉饼前，可试口味，以准确把握风味。

（5）质量标准　肉饼鲜香，形状完整，口味浓厚，制作简便，是居家常用的美食。

（6）酒水搭配　适宜和风味浓厚的干红葡萄酒搭配。

3. 贝尔西牛扒（Pan fried beef steak，Bercy sauce）

（1）原料（成品8人份）　西冷牛柳1200g，黄油80g，红葱80g，干白葡萄酒100mL，布朗牛肉汤400mL，法香菜20g，土豆400g，时令蔬菜适量，盐和胡椒粉适量。

（2）设备器具　菜板、少司汁盅、吸水纸、细孔滤网、盛菜菜盘、煎铲、平底煎锅、不锈钢少司锅、燃气灶、炸炉等。

（3）制作方法

① 牛柳用刀拍软，红葱切碎，法香菜切碎。土豆切成长条，漂水备用。

② 在牛柳上撒盐，放入热油中煎定型，控制成熟度（三成熟、五成熟、七成熟、全熟），保温备用。

③ 去除锅内多余的油脂，放入红葱碎炒香，加干白葡萄酒，煮至酒汁将干时，倒入烧汁煮稠，加盐和胡椒粉调味，离火，加黄油搅化，保温，就做成贝尔西少司。

④ 土豆切条，洗净后沥水。入140℃的油中，炸成浅黄色。上菜前入160℃的油中，炸成金黄色取出，撒盐沥油，成法式炸薯条，备用。

⑤ 牛扒装盘淋汁，撒法香菜碎，配法式炸薯条和时令蔬菜即成。

（4）技术要点

① 选料以上等西冷牛脊为佳，突出牛肉细嫩的质感。

② 牛扒煎好后，不要立刻上菜。通常习惯将牛扒保温静置1～2min，以便沥去渗出的血水，牛扒内部肉汁分布也更均匀，口感更佳。

③ 加干白葡萄酒后，应用小火煮至酒汁将干时，挥发出多余的单宁酸，以保证成菜风味。

（5）质量标准　牛扒鲜香细嫩，味汁香浓，有较浓厚的葡萄酒味和红葱香味。

（6）酒水搭配　适宜和风味浓厚的干红葡萄酒搭配。

4. 罗西尼牛扒（Tournedos rossini）

（1）原料（成品8人份）　菲利牛柳1200g，鲜肥鹅肝400g，色拉油100mL，吐司片400g，黄油100g，烧汁1000mL，黑菌汁100mL，波特酒100mL，盐和胡椒粉适量。

（2）设备器具　菜板、少司汁盅、吸水纸、细孔滤网、盛菜菜盘、煎铲、平底煎锅、不锈钢少司锅、燃气灶等。

（3）制作方法

① 将牛柳去筋切块，鹅肝切成1cm的片备用。

② 将吐司切片，用黄油煎上色备用。

③ 牛扒撒盐和胡椒粉调味，煎至所需成熟度（三成熟、五成熟、七成熟、全熟），保温备用。

④ 锅中加波特酒，煮至酒汁将干时，倒入烧汁和黑菌汁煮沸，转小火煮稠，加盐和胡椒粉调味，加黄油搅匀，过滤成少司。

⑤ 鹅肝撒盐和胡椒粉调味。将煎锅烧热，放入鹅肝煎定型、上色后，放于吸水纸上，保温备用。

⑥ 盘中放入吐司垫底，上面依次放牛扒和鹅肝，淋汁后，用切好的黑菌薄片装饰即成。

（4）技术要点

① 吐司片可以用鸭油或鹅油煎制，风味更佳。

② 鹅肝含有较多的不饱和脂肪酸，煎制时，锅中可以不加油，直接煎出鹅肝油，香味更浓。

（5）质量标准　牛扒鲜嫩多汁，鹅肝肥而不腻，少司香鲜味浓，成菜美观。

（6）酒水搭配　适宜和风味浓厚的干红葡萄酒搭配。

5. 维也纳式牛仔吉利（Wiener schnitzel）

（1）原料（成品8人份）　西冷牛柳1200g，面粉300g，生鸡蛋6个，花生油80mL，面包糠600g，水瓜柳80g，法香菜40g，柠檬4个，熟鸡蛋6个，银鱼柳碎240g，黑橄榄160g，烧汁400mL，土豆400g，时令蔬菜适量，盐和胡椒粉适量。

（2）设备器具　菜板、少司汁盅、吸水纸、细孔滤网、盛菜菜盘、煎铲、平底煎锅、不锈钢少司锅、燃气灶等。

（3）制作方法

① 生鸡蛋调散，加盐和花生油调匀。将牛肉切成每份150g的块，拍扁后依次粘上面粉、蛋液和面包糠备用。

② 鸡蛋煮熟、去壳后切碎。法香菜和水瓜柳切碎。柠檬切成圆片备用。

③ 锅中加黄油和花生油烧热，放入牛扒煎香，呈金黄色时取出，保温备用。

④ 土豆去皮，切平两端，削成圆筒形，切成圆片，洗净后炸成浅黄色。上菜前用黄油煎成金黄色，加盐和胡椒粉调味，撒法香菜碎，成黄油煎薯片。

⑤ 盘中淋入烧汁，放上牛扒。用水瓜柳碎、蛋黄碎、法香菜碎、蛋清碎等装饰，配黄油煎薯片即成。

（4）技术要点

① 将牛肉切块后拍成大的薄片，便于成熟，不宜过厚，以免影响成菜风味。

② 下锅煎制前，粘面粉、蛋液和面包糠的时间不宜太早，否则牛扒容易出水，影响酥香效果。

③ 煎制时用小火，油温宜低，至两面金黄色时为佳。

④ 煎制的过程中，若油变脏，应换油煎制。

（5）质量标准　牛扒外酥内嫩，口感丰富，鲜香适口，造型美观。

（6）酒水搭配　适宜和风味浓厚的干红葡萄酒搭配。

6. 俄式炒牛柳（Beef stroganoff）

（1）原料（成品8人份）　牛腰柳肉1200g，橄榄油200g，蘑菇400g，洋葱200g，大蒜80g，干白葡萄酒200mL，面粉40g，匈牙利甜红椒粉40g，番茄酱40g，牛肉汤300mL，刁草2g，龙蒿香草2g，辣酱油20g，酸奶油100mL，芥末酱40g，法香菜40g，盐和胡椒粉，熟米饭或意大利粉适量。

（2）设备器具　菜板、细孔滤网、盛菜菜盘、煎铲、平底煎锅、不锈钢少司锅、燃气灶等。

（3）制作方法

① 将牛柳切成8cm长、1cm粗的条。蘑菇切成片。洋葱切丝。大蒜拍碎。法香菜切碎。芥末酱加牛肉汤调匀。

② 煎锅中加橄榄油烧热，放入牛肉条炒匀。至定型、发白时取出。

③ 油中放入洋葱丝炒香，加蘑菇片和大蒜碎炒软，倒入干白葡萄酒，煮至酒汁将干时，加面粉、红椒粉和番茄酱炒匀，倒入牛肉汤煮稠，加香草、盐和胡椒粉调味，放入牛肉条裹匀，离火加酸奶油和芥末酱拌匀即可。

④ 盘中放入煮熟的白米饭或意粉，淋上牛肉酱，撒法香菜碎即成。

（4）技术要点

① 芥末酱事先加牛肉汤稀释，便于烹制。

② 炒牛肉时，应用旺火、热油，迅速炒制，保证嫩度；牛肉裹汁时，离火拌匀后即可。

③ 酸奶油可加适量肉汤稀释，也可以用柠檬汁和淡奶油代替。

④ 可以不加番茄酱，风味清爽一些。

（5）质量标准　牛肉鲜嫩，酱汁咸鲜酸香，芥末香味浓厚，开胃不腻。

（6）酒水搭配　适宜和风味浓厚的干红葡萄酒搭配。

7. 芥末猪扒（Pork Chops with dijon mustard sauce）

（1）原料（成品8人份）　带骨猪排1600g，花生油40mL，洋葱碎100g，干白葡萄酒200mL，烧汁400mL，芥末酱20g，酸黄瓜100g，土豆2000g，牛奶800mL，小片黄油200g，淡奶油200mL，肉豆蔻粉、盐和胡椒粉适量。

（2）设备器具　菜板、少司汁盅、吸水纸、细孔滤网、盛菜菜盘、煎铲、平底煎锅、不锈钢少司锅、汤锅、燃气灶、烤炉等。

（3）制作方法

① 猪柳切成50g的块，拍扁备用（每份3块）。洋葱切碎，酸黄瓜切丝。芥末酱用少许烧汁稀释。

② 猪柳撒盐和胡椒粉，入热油中煎熟、上色后取出，保温备用。

③ 去除锅内多余的油脂，加洋葱碎炒香，加干白葡萄酒，煮至酒汁将干时，倒入烧汁和淡奶油煮稠，加酸黄瓜丝和芥末酱拌匀，离火加黄油搅化，加盐和胡椒粉调味，成芥末汁。

④ 土豆去皮、切块，放入冷盐水中，煮软后取出，沥干水分，搅成土豆茸，上火加黄油、牛奶、淡奶油、肉豆蔻粉、盐和胡椒粉搅匀，成土豆泥，保温备用。

⑤ 将土豆泥放入热菜盘中，淋上少司，放入猪扒即成。

（4）技术要点

① 猪扒不宜煎制过老，以刚熟、肉嫩多汁为佳。

② 土豆煮软后，可入烤箱烤去多余水分，做出的土豆泥更加香浓。

③ 芥末酱应先稀释，再加入酱汁中，容易调匀。

④ 少司做好后，应离火加黄油搅化，以使少司光亮、味厚。

（5）质量标准　猪扒鲜嫩，少司咸鲜酸香，芥末味香浓，开胃解腻。

（6）酒水搭配　适宜和风味浓厚的红葡萄酒搭配。

8. 比吉达猪柳（Pork chops piccata）

（1）原料（成品8人份）　猪里脊肉800g，芝士粉60g，意大利粉300g，鸡蛋240g，面粉200g，时令蔬菜适量，盐和胡椒粉适量。

（2）设备器具　菜板、少司汁盅、吸水纸、细孔滤网、盛菜菜盘、煎铲、平底煎锅、不锈钢少司锅、汤锅、燃气灶等。

（3）制作方法

① 猪里脊洗净切片，撒盐和胡椒粉稍腌。煮意大利粉和时令蔬菜。

② 鸡蛋打散与芝士粉搅拌均匀。

③ 猪里脊先粘一层面粉，再粘蛋液，放入150℃的热油中煎熟上色。

④ 煎好的猪里脊装盘，配煮意大利粉和时令蔬菜即成。

（4）技术要点

① 制作此款菜肴猪里脊选用中段制作出来成型及口感较好。

② 油温掌握适当，炸制不可上色过重。

（5）质量标准　形状整齐，色泽金黄，香味突出。

（6）酒水搭配　适宜和风味浓厚的红葡萄酒搭配。

二、烩制类热菜

1. 匈牙利烩牛肉（Hungarian beef goulash）

（1）原料（成品8人份）　牛肉1600g，色拉油80mL，洋葱碎200g，甜红椒粉60g，面粉60g，番茄酱80g，鲜番茄400g，香叶2g，百里香2g，法香菜4g，香叶芹4g，大蒜80g，布朗牛肉汤2000mL，橄榄土豆2000g，盐和胡椒粉适量，黄油米饭或煮意大利通心粉适量。

（2）设备器具　菜板、不锈钢方盘、不锈钢汁盆、少司汁盅、吸水纸、细孔滤网、盛菜菜盘、煎铲、木搅板、蛋抽、平底煎锅、不锈钢少司锅、汤锅、燃气灶、烤炉等。

（3）制作方法

① 牛肉切50g的块备用。将香叶、百里香、法香菜、香叶芹等香草用棉线扎成香料束。

② 将橄榄土豆放入冷水中（水量刚好淹没土豆），大火煮2min后取出，沥水后放入170℃的热油中炸上色，取出备用。

③ 将牛肉放入热油中煎上色，加洋葱碎、甜红椒粉和面粉炒香，放入番茄碎、番茄酱、大蒜碎和香料束炒匀，最后倒入布朗牛肉汤煮沸，加盐和胡椒粉调味，转小火煮2h。

④ 牛肉软熟后取出。将煮汁过滤，放入土豆烩入味，成少司。

⑤ 盘中放入土豆和牛肉，淋上少司，配黄油米饭或意大利通心粉即成。

（4）技术要点

① 加入甜红椒粉后不宜久炒，以免焦、糊，影响风味。

② 土豆炸制后再烧制，能保证形整不烂，更易入味。

（5）质量标准　色泽棕红，牛肉软嫩鲜香，红椒粉香辣，味厚不腻。

（6）酒水搭配　适宜和风味浓厚的干红葡萄酒搭配。

2. 马伦戈烩小牛肉（Veal marengo）

（1）原料（成品8人份）　小牛肉1600g，花生油80mL，洋葱200g，干白葡萄酒100mL，面粉60g，番茄400g，浓缩番茄酱80g，香叶2g，百里香2g，法香菜4g，香叶芹4g，大蒜40g，布朗牛肉汤2000mL，蘑菇250g，小洋葱250g，吐司面包片160g，黄油20g，煮橄榄土豆适量，时令蔬菜适量，盐和胡椒粉适量。

（2）设备器具　菜板、细孔滤网、盛菜菜盘、煎铲、平底煎锅、不锈钢少司锅、汤锅、燃气灶、烤炉等。

（3）制作方法

① 将牛肉切成50g的块，洋葱、大蒜切碎，番茄去蒂、去皮、去籽切碎。橄榄土豆煮熟。

② 将蘑菇和小洋葱放入锅中，加水、盐、黄油煮熟。土司片切成心型，用黄油煎香，粘法香菜碎备用。

③ 将牛肉块放入热的花生油中煎上色，加洋葱碎炒香，倒入干白葡萄酒，煮至酒汁将干时，撒入面粉搅匀，加番茄碎和番茄酱炒出水气，最后加布朗牛肉汤煮沸，加盐和胡椒粉调味，转小火烩约1h。

④ 牛肉软熟后取出。将烩汁过滤，放入蘑菇和小洋葱烩入味，成马伦戈少司。

⑤ 牛肉装盘淋汁，撒法香菜碎，配土司片、橄榄土豆及时令蔬菜即成。

（4）技术要点　牛肉烩制时间较长，中途应适当搅拌，以免粘锅、煳锅。

（5）质量标准　色泽棕红，牛肉软嫩，番茄、蘑菇味浓，咸鲜微酸，开胃不腻。

（6）酒水搭配　适宜和风味浓厚的红葡萄酒搭配。

3. 红酒烩牛肉（Red wine braised beef brisket）

（1）原料（成品8人份）　牛腿肉1600g，胡萝卜200g，洋葱200g，红葱40g，大蒜40g，香叶2g，百里香2g，法香菜8g，香叶芹4g，粗胡椒碎40g，干红葡萄酒800mL，白兰地100mL+100mL，花生油100mL，培根300g，蘑菇300g，小洋葱300g，吐司片160g，黄油160g，培根酒汁适量，面粉60g，布朗牛肉汤2000mL，盐和胡椒粉，煮意大利粉适量，时令蔬菜。

（2）设备器具　菜板、少司汁盅、吸水纸、细孔滤网、盛菜菜盘、煎铲、平底煎锅、不锈钢少司锅、汤锅、燃气灶、烤炉等。

（3）制作方法

① 牛肉切成50g的块，胡萝卜和洋葱切丝，红葱和大蒜切碎。

② 将牛肉与胡萝卜、洋葱、红葱、大蒜、香叶、百里香、法香菜、香叶芹、

粗胡椒碎、干红葡萄酒、白兰地100mL和花生油拌匀，冷藏腌制12h备用。

③ 培根、洋葱和蘑菇用黄油炒香。吐司片切成心形，烘干后用黄油煎香，撒法香菜碎备用。

④ 将腌制牛肉的蔬菜和牛肉分别取出，沥干水分。锅中加油烧热，放入牛肉块煎上色，加培根蔬菜炒香，倒入白兰地点燃，烧出酒味，加培根酒汁，煮至酒汁将干时，最后加布朗牛肉汤煮沸，加盐和胡椒粉调味，加盖，转小火焖2～3h。

⑤ 牛肉软熟后取出，将煮汁过滤，加培根、蘑菇和小洋葱焖入味，成少司。

⑥ 牛肉装盘淋汁，配黄油炒意粉和煎土司片即成。

（4）技术要点

① 腌制牛肉时，红酒用量大。以酒汁充分淹没牛肉为准，腌制时间以12h以上为佳。一般头一天晚上腌牛肉，第二天的效果最佳。

② 浓缩培根红酒汁时要用小火，否则酒汁的酸涩味太浓，影响菜肴的整体风味。

（5）质量标准　色泽深红，牛肉味浓，软熟入味，酒香别致，风味独特。

（6）酒水搭配　适宜和风味浓厚的红葡萄酒搭配。

三、焗烤类热菜

1. 烤酿馅猪柳（Fruit stuffed pork loin）

（1）原料（成品8人份）　苹果1600g，西梅400g，洋葱400g，烧汁1000mL，苹果白兰地200mL，干白葡萄酒400mL，盐和胡椒粉适量。

（2）设备器具　菜板、少司汁盅、细孔滤网、盛菜菜盘、煎铲、平底煎锅、不锈钢少司锅、汤锅、燃气灶、烤炉等。

（3）制作方法

① 将猪柳去筋，顺长切开成大片，撒盐和胡椒粉备用。

② 将洋葱碎用黄油炒香，加白兰地点燃，烧出酒味，加干白葡萄酒，煮至酒汁将干时，加苹果碎炒匀，加少量烧汁煮稠，至苹果软烂时，加西梅、细砂糖、盐和胡椒粉拌匀成馅料。

③ 将馅料铺在猪柳上，卷成肉卷，捆扎好后，送入160℃烤炉中烤15min，熟后取出。

④ 切片后装盘，淋上烧汁成菜。

（4）技术要点

① 捆扎猪柳时手法要紧实，以保证成菜美观。

② 烤制时间不宜过长，以猪柳熟嫩为佳。

（5）质量标准　猪肉质地鲜嫩，馅料味甜酸适口不腻。

（6）酒水搭配　适宜和风味浓厚的红葡萄酒搭配。

2. 香草风味烤羊排（Rack of Lamb with garlic-herb crust）

（1）原料（成品8人份）　带骨小羊排1600g，法香菜160g，面包糠200g，大蒜40g，黄油100g，普罗旺斯香草粉40g，芥末酱80g，烧汁1000mL，胡萝卜160g，洋葱160g，百里香40g，大蒜40g，干白葡萄酒200mL，盐和胡椒粉适量。

（2）设备器具　菜板、少司汁盅、细孔滤网、盛菜菜盘、煎铲、平底煎锅、不锈钢少司锅、燃气灶、烤炉等。

（3）制作方法

① 羊排剔筋、修整成型；将法香菜切碎；面包糠过筛；大蒜切碎。

② 黄油化软，加法香菜碎、大蒜碎和面包糠拌匀，加盐和胡椒粉调味，加香草粉拌匀备用。

③ 羊排加盐和胡椒粉调味，煎定型，刷芥末酱，抹匀香草面包糠，烤制五至七成熟后，保温备用。

④ 将烤肉汁加干红葡萄酒，煮至酒汁将干时，倒入烧汁煮沸，转小火煮稠，调味成少司，保温备用。

⑤ 羊排刷热黄油，装盘淋汁，配菜即成。

（4）技术要点　控制羊排烤制火候。先用高温速烤，避免肉汁外溢，定型后再降温烤制。

（5）质量标准　羊排柔嫩多汁，断面呈玫瑰红的肉色，口味鲜美，香草风味浓厚，适口宜人。

（6）酒水搭配　适宜和风味浓厚的红葡萄酒搭配。

3. 白菜酿肉卷（Baked stuffed cabbage rolls with cheese）

（1）原料（成品8人份）　白汁少司200g，猪绞肉100g，大虾100g，鲜贝100g，鱼肉100g，鲜茴香2g，百里香1g，罗勒2g，芝士粉100g，干白葡萄酒40mL，洋葱100g，西芹100g，芝士片20g，香菇100g，卷心菜1000g。

（2）设备器具　菜板、少司汁盅、吸水纸、细孔滤网、盛菜菜盘、煎铲、平底煎锅、不锈钢少司锅、汤锅、燃气灶、烤炉、焗炉等。

（3）制作方法

① 将大虾、鲜贝、鱼肉、鲜茴香、百里香、罗勒、干白葡萄酒、洋葱、西芹、芝士片、香菇与猪绞肉搅匀，制作成馅料备用。

② 将卷心菜煮软后，包裹肉馅，制成肉卷，送入烤炉焗熟后装盘。

③ 把白汁少司淋在白菜肉卷上，撒芝士粉入焗炉焗上色即可。

（4）技术要点

① 汆卷心菜菜叶时可以放点油保持颜色翠绿。

② 选大片的卷心菜叶整片汆水。

③ 西方人喜欢肉馅颗粒清晰，有嚼头，所以别太细。

（5）质量标准　蔬菜清鲜，肉馅鲜香，口感细嫩，奶香浓郁。

（6）酒水搭配　适宜和风味浓厚的红葡萄酒搭配。

4. 威灵顿牛柳（Beef wellington）

（1）原料（成品8人份）　牛柳1600g，洋葱60g，迷迭香4g，百里香2g，黑胡椒碎2g，芥末10g，鹅肝酱200g，西式火腿300g，鸡蛋100g，蘑菇120g，牛肝菌60克，清酥皮500g，胡萝卜300g，芦笋300g，土豆300g，烧汁600mL，橄榄油300mL，干红葡萄酒100mL+300mL，黄油300g，大蒜100g，鲜茴香10g，盐和胡椒粉适量。

（2）设备器具　菜板、少司汁盅、吸水纸、细孔滤网、盛菜菜盘、煎铲、平底煎锅、不锈钢少司锅、汤锅、燃气灶、烤炉等。

（3）制作方法

① 将鸡蛋、水和盐拌匀。黄油炒牛肝菌和蘑菇，调味备用。把土豆、胡萝卜、芦笋等煮熟备用。

② 牛柳去筋，用棉线捆绑好，加洋葱、迷迭香、百里香、黑胡椒碎、干红葡萄酒50mL、盐、芥末抹匀，腌制24h备用。

③ 将牛柳煎至四成熟，放凉后去除棉线，把鹅肝酱、火腿片、炒香的蘑菇等放在牛柳上。

④ 将清酥皮擀压成4mm厚的面皮，将牛柳包裹紧实，涂抹上蛋汁，顶部用酥皮条装饰。

⑤ 将牛柳卷送入烤炉，用200℃焗烤10min，再降低炉温到180℃，再焗10min，至酥皮金黄、酥脆即可。

⑥ 少司锅中加黄油烧热，放入洋葱和蘑菇炒香，加干红葡萄酒煮干，加烧汁浓味，成少司，倒入少司汁盅。

⑦ 大盘内配煮熟的蔬菜，放上烤好的牛柳，配汁盅即成。

（4）技术要点

① 牛柳烤好后，切记要放凉15min才切片。

② 注意牛柳捆绑方法，煎好后去掉棉线。

（5）质量标准　色泽金黄，外酥内鲜，牛柳细嫩。

（6）酒水搭配　适宜和风味浓厚的红葡萄酒搭配。

5. 伦敦式羊排（Lacey's restaurant London lamb chop）

（1）原料（成品 8 人份）　带骨羊排1500g，橄榄油300mL，干白葡萄酒200mL，黄油100g，大蒜碎40g，鲜茴香碎4g，百里香10g，面包糠100g，烧汁600mL，洋葱碎100g，芦笋300g，胡萝卜400g，土豆200g，柠檬2p，李派林喼汁300g，迷迭香10g，法香菜碎100g，芥末酱适量，盐和胡椒粉适量。

（2）设备器具　菜板、少司汁盅、吸水纸、细孔滤网、盛菜菜盘、煎铲、平底煎锅、不锈钢少司锅、汤锅、燃气灶、烤炉等。

（3）制作方法

① 将羊排剔去多的肥油和筋，加工成型，加橄榄油、洋葱碎、柠檬汁、迷迭香、百里香腌制备用。

② 将面包糠、黄油、大蒜碎、鲜茴香碎、法香菜碎混匀备用。将芦笋、胡萝卜、土豆等切块，煮熟成配菜备用。

③ 将羊排撒盐和胡椒粉调味，煎扒至5成熟，取出保温备用。

④ 在煎羊排的锅内放入干白葡萄酒，煮干后，加入李派林喼汁、烧汁煮出味，成少司备用。

⑤ 在羊排表面抹上芥末酱，铺匀面包糠，放入烤炉烤上色。

⑥ 将羊排装盘，淋汁后，放上配菜，装饰即成。

（4）技术要点

① 注意控制羊排的成熟时间和火候。

② 制作少司时，注意口味调节，不要出现焦苦味。

③ 小火浓缩李派林喼汁和烧汁，煮稠即可。

（5）质量标准　酸甜可口，羊肉细腻、鲜美，成菜美观，清爽不腻。

（6）酒水搭配　适宜和风味浓厚的红葡萄酒搭配。

第二节　禽肉类热菜制作

一、煎、扒类热菜

1. 猎户扒鸡（Sauteed Chicken in Hunter Sauce）

（1）原料（成品 8 人份）　净鸡肉2400g，面粉200g，黄油120g，烧汁600mL，红葱200g，蘑菇600g，白兰地200mL，干白葡萄酒400mL，龙蒿香草80g，香叶芹80g，时鲜蔬菜适量，盐和胡椒粉适量。

（2）设备器具　菜板、少司汁盅、吸水纸、细孔滤网、盛菜菜盘、煎铲、平底煎锅、不锈钢少司锅、燃气灶等。

（3）制作方法

① 鸡肉去骨、改刀成鸡扒，撒盐和胡椒粉，粘面粉备用。红葱、龙蒿香草和香叶芹切碎。蘑菇切片。

② 将鸡扒煎香至熟后取出，保温备用。

③ 将蘑菇和洋葱炒香，倒入白兰地点燃，加干白葡萄酒，煮至酒汁将干时，倒入烧汁煮沸，转小火煮稠，调味成猎户少司。上菜前汁中加香叶芹碎和龙蒿香草碎。

④ 鸡肉装盘淋汁，配时鲜蔬菜即成。

（4）技术要点

① 鸡扒煎制前才撒盐、粘粉，可以保证成品的外皮酥香。

② 煎制时注意用火。先用旺火煎香，后用小火煎熟，若有烤箱也可以用烤箱烤制，这样鸡扒的成型效果更好。

（5）质量标准　色泽棕黄，鸡扒外酥香、内鲜嫩，味浓鲜香。

（6）酒水搭配　适宜和风味浓厚的红葡萄酒搭配。

2. 美式扒鸡魔鬼少司（Grilled Chicken with devil sauce）

（1）原料（成品8人份）　仔鸡1600g，色拉油40mL，芥末酱40g，面包糠200g，红葱碎40g，粗胡椒碎20g，干白葡萄酒80mL，白酒醋40mL，黄油40g，香菜碎20g，龙蒿香草碎20g，小番茄400g，蘑菇200g，培根200g，土豆1000g，布朗鸡肉汤600mL，盐和胡椒粉适量。

（2）设备器具　菜板、少司汁盅、吸水纸、细孔滤网、盛菜菜盘、煎铲、平底煎锅、不锈钢少司锅、炸炉、燃气灶、烤炉等。

（3）制作方法

① 仔鸡去头和内脏，洗净后，从背部刨开，整理成形备用。土豆切细丝，番茄、蘑菇去蒂备用。

② 鸡皮刷油，撒盐和胡椒粉，放于热扒炉上，扒出网状焦纹，送入200℃的烤炉中，烤25min，熟后取出，保温备用。

③ 锅中加红葱碎、胡椒碎、干白葡萄酒和白酒醋，煮至酒汁将干时，加布朗鸡肉汤煮稠，加黄油小片搅化，保温备用。

④ 土豆丝炸成金黄色；蘑菇和番茄抹油后扒上色，烤熟备用；培根扒熟。

⑤ 将仔鸡去骨，抹芥末酱，撒面包糠，再烤10min，至色泽金黄时取出。

⑥ 少司中加入香菜碎和他力根香草碎，淋入盘中，放上鸡肉，配炸土豆丝、烤蘑菇和番茄即成。

（4）技术要点

① 仔鸡可以从背部切开，去除脊骨，以便摊开成型；也可以直接用鸡腿去骨后扒制。

② 烤鸡时注意控制火候，在面包糠呈金黄色、酥香时出炉，避免烤焦。

③ 香菜碎和他力根香草碎在淋汁前加入，以免加入过早影响色泽。

（5）质量标准　色泽金黄，鸡肉鲜香、细嫩，少司咸中带酸，芥末味香浓，风味独特。

（6）酒水搭配　适宜和风味浓厚的红葡萄酒搭配。

二、烩制类热菜

1. 法式白汁烩鸡（Chicken fricassee）

（1）原料（成品8人份）　仔鸡2400g，面粉200g，黄油200g，洋葱240g，蘑菇300g，小洋葱300g，鲜鸡汤2000mL，淡奶油300mL，蛋黄60g，黄油米饭适量，时鲜蔬菜适量，盐和胡椒粉适量。

（2）设备器具　菜板、少司汁盅、吸水纸、细孔滤网、盛菜菜盘、煎铲、平底煎锅、不锈钢少司锅、汤锅、燃气灶等。

（3）制作方法

① 将仔鸡切成大块。蘑菇和小洋葱用黄油炒香。

② 鸡肉撒盐和胡椒粉，用黄油煎定型备用。锅内加洋葱碎炒香，加面粉炒匀，再加鸡汤煮沸，加盐和胡椒粉调味，放入鸡肉，加盖烩30min。待鸡肉熟透后，取出保温备用。

③ 将蛋黄和奶油调匀，倒入烩汁中煮稠，加蘑菇和洋葱烩入味，调味成少司。

④ 鸡肉装盘，淋汁配黄油米饭和时令蔬菜即成。

（4）技术要点

① 煎鸡肉时用小火，不要煎上色，使成菜的风味清爽。

② 加面粉炒匀后，应离火加入鸡汤，这样面粉不会凝团，白汁的浓度适宜。

（5）质量标准　色泽乳白，鸡肉鲜香细嫩，少司醇浓味厚，奶油味浓。

（6）酒水搭配　适宜和风味浓厚的红葡萄酒搭配。

2. 巴斯克式烩鸡（Chicken basquaise）

（1）原料（成品8人份）　鸡肉1200g，巴斯克火腿片400g，橄榄油200mL，洋葱250g，大蒜碎40g，番茄600g，红甜椒200g，青椒200g，香叶2g，百里香2g，法香菜4g，香叶芹4g，西班牙红椒粉40g，番茄酱60g，干白葡萄酒300mL，布朗牛肉汤400mL，时令蔬菜适量，盐和胡椒粉适量。

（2）设备器具 菜板、少司汁盅、吸水纸、细孔滤网、盛菜菜盘、煎铲、平底煎锅、不锈钢少司锅、汤锅、燃气灶等。

（3）制作方法

① 鸡肉切块，用火腿片卷紧，用棉线捆扎定型。洋葱、青椒、红椒和余下的火腿切成丝。

② 鸡肉煎香、定型后，保温备用。

③ 火腿丝放入油中炒香，加洋葱丝、大蒜碎、红椒丝和青椒丝，炒软后加辣椒粉、番茄碎、番茄酱和香草炒匀，倒入干白葡萄酒，煮至酒汁将干时，加布朗牛肉汤煮沸，成少司。

④ 将鸡肉放入汁中，加盐和胡椒粉调味，转小火，烩40min。熟后离火，保温备用。

⑤ 取出鸡肉，去除棉线，装盘淋汁，配时令蔬菜即成。

（4）技术要点

① 鸡肉要用火腿片卷紧，以使火腿和鸡肉的香味更加融合。

② 煎鸡肉时用中火，上色即可，注意保持肉卷的形状。

（5）质量标准 鸡肉鲜香，带浓郁的火腿香味。少司香鲜微辣，色泽红亮，味感丰富。

（6）酒水搭配 适宜和风味浓厚的红葡萄酒搭配。

3. 啤酒烩鸡（Stewed chicken with beer sauce）

（1）原料（成品8人份） 净鸡胸或鸡腿肉1200g，红葱100g，金酒50mL，啤酒1500mL，布朗鸡肉汤1000mL，面粉80g，蘑菇200g，淡奶油150mL，时令蔬菜，盐和胡椒粉适量。

（2）设备器具 菜板、少司汁盅、吸水纸、细孔滤网、盛菜菜盘、煎铲、平底煎锅、不锈钢少司锅、汤锅、燃气灶等。

（3）制作方法

① 鸡肉切成大块。红葱切碎。蘑菇洗净，用黄油炒香备用。

② 将鸡肉煎香、定型后，加红葱碎炒香，加金酒点燃，烧出酒味，再加啤酒和布朗鸡肉汤煮沸，加盐和胡椒粉调味，加盖烩约40min。

③ 鸡肉软熟后取出。烩汁中加入淡奶油煮稠，加蘑菇烩入味，离火加黄油搅化成少司。

④ 将鸡肉装盘，淋上少司。用时令蔬菜装饰即成。

（4）技术要点

① 制作中用金酒可以增加菜肴味感的丰厚度。若没有金酒也可以用白兰地

代替。

② 啤酒的用量大。烩制时用小火，煮出啤酒的苦味。

（5）质量标准　鸡肉细嫩鲜香，啤酒味浓，适口不腻。

（6）酒水搭配　适宜和风味浓厚的红葡萄酒搭配。

三、焗烤类热菜

1. 克克特烤鸡（Parisian casserole-roasted chicken）

（1）原料（成品8人份）　仔鸡2400g，大蒜碎20g，百里香10g，胡萝卜300g，洋葱300g，干白葡萄酒100mL，培根200g，蘑菇300g，小洋葱300g，细砂糖20g，净土豆2000g，色拉油100mL，黄油100g，布朗牛肉汤400mL，盐和胡椒粉适量。

（2）设备器具　菜板、少司汁盅、吸水纸、细孔滤网、盛菜菜盘、煎铲、平底煎锅、不锈钢少司锅、燃气灶、烤炉等。

（3）制作方法

① 仔鸡初加工。将黄油化软，加大蒜碎、百里香拌匀，抹于鸡腹内，捆扎定型，外皮抹剩余黄油备用。胡萝卜和洋葱切片，用黄油炒香备用。

② 将蘑菇洗净；土豆削成橄榄形；小洋葱去皮、洗净；法香菜切碎。

③ 将仔鸡撒盐和胡椒粉，煎上色后，腹部向上放入焖锅内，加胡萝卜和洋葱，加盖送入200℃的烤炉中烤40min（中途取出淋汁），去除锅盖，再烤10min。至皮面棕红色时，取出保温备用。

④ 将培根煎香，加蘑菇炒熟；小洋葱加水、细砂糖和黄油，密封，煮至汁液将干、发亮时备用；土豆炸熟，拌黄油调味备用。

⑤ 烤盘中加干白葡萄酒，煮至酒汁将干时加布朗牛肉汤煮沸。过滤后调味成少司，保温备用。

⑥ 仔鸡去线，腹部向上放入盘中。加配菜，撒法香菜碎，配少司上菜即成。

（4）技术要点

① 烤鸡时锅应加盖，避免损失过多的水分，影响风味。

② 烤制中途应将鸡每20min翻动一次，淋油后，使表皮滋润，色泽美观。

（5）质量标准　鸡皮棕红，干香油润，肉质软嫩。少司咸鲜香浓，风味浓厚。

（6）酒水搭配　适宜和风味浓厚的红葡萄酒搭配。

2. 蜜汁烤鸡翅（Roast pork chop in BBQ honey sauce）

（1）原料（成品8人份）　鸡翅1600g，番茄酱200g，蜂蜜60g，蒜蓉40g，香草10g，芥末酱20g，橙汁100mL，柠檬汁20mL，细砂糖40g，黑胡椒碎4g，辣椒粉2g，李派林喼汁10g，细香葱60g，洋葱80g，色拉油200mL，时令蔬菜适量。

（2）设备器具　菜板、少司汁盅、吸水纸、细孔滤网、盛菜菜盘、煎铲、平底煎锅、不锈钢少司锅、燃气灶、烤炉等。

（3）制作方法

① 将番茄酱用油炒香，加蜂蜜、蒜蓉、香草、芥末酱、橙汁、白醋、细砂糖、黑胡椒碎、辣椒粉、酱油、细香葱、洋葱、油、八角粉、桂皮粉等拌匀，即成BBQ烧烤腌料汁。

② 将鸡翅叉出小孔，加腌料拌匀，放进保鲜袋中，冷藏腌制6h。

③ 将鸡翅取出，用锡纸包好，入烤炉烤制成熟，装盘配菜即成。

（4）技术要点

① 腌制时间要足，否则鸡翅入味不够，影响成菜的风味。

② 若没有烤炉，也可以用微波炉烤熟，风味亦佳。

（5）质量标准　色泽棕红，咸鲜香浓，风味独特。

（6）酒水搭配　适宜和风味浓厚的红葡萄酒搭配。

3. 香橙烤鸭（Roast duck with orange glaze）

（1）原料（成品8人份）　仔鸭4000g，洋葱300g，胡萝卜300g，黄油200g，橙子2000g，鸭肉烧汁2000mL，细砂糖100g，红酒醋100mL，淀粉40g，柠檬2p，君度酒200mL，盐和胡椒粉适量。

（2）设备器具　菜板、少司汁盅、吸水纸、细孔滤网、盛菜菜盘、煎铲、平底煎锅、不锈钢少司锅、燃气灶、烤炉等。

（3）制作方法

① 仔鸭去头、脚、颈骨和内脏，洗净后捆扎成型，撒盐和胡椒粉腌制。胡萝卜和洋葱切大块。柠檬皮和橙皮切丝，焯水后加君度酒浸泡备用。

② 将仔鸭煎上色，腹面向上放入焖锅内，加胡萝卜、洋葱和鸭肝，加盖后送入200℃的烤炉中，烤50min（中途取出淋上烤鸭的汁），去除锅盖，继续将鸭皮烤成深红色，出炉保温备用。

③ 锅置小火上，加细砂糖和红酒醋熬化成焦糖汁，加鸭肉烧汁煮沸，用淀粉汁勾芡。最后加入烤鸭的原汁，煮沸后过滤，去除多余的油脂，加盐和胡椒粉调味，成橙汁少司，保温备用。

④ 将切好的鸭肉装入盘中，淋汁，用橙子肉等装饰即成。

（4）技术要点

① 烤制中途，大约间隔15min取出仔鸭淋油，使鸭肉皮面的色泽光亮、美观。

② 上菜前将鸭腹面烤成金红色，可以保持鸭皮面红亮、酥香的效果，增加

风味。

③ 传统做法是将烤鸭整只用推车端上，在客人面前切开，根据客人要求调整盛多盛少；现今则是由一只整鸭子变成几片超薄的里脊肉，以很大的间距在盘中摆成扇形，配装饰配菜而成。

（5）质量标准　鸭皮红亮、酥香，肉质细嫩，橙味香甜、微带酸味，适口宜人。

（6）酒水搭配　适宜和风味浓厚的红葡萄酒搭配。

4. 金牌鸡胸吉列（Chicken cordon bleu）

（1）原料（成品8人份）　鸡胸肉1000g，古老耶芝士片160g，生火腿片160g，花生油160mL，面粉160g，鸡蛋4个，面包糠300g，洋葱80g，干红葡萄酒200mL，布朗牛肉汤400mL，黄油160g，时令蔬菜适量，盐和胡椒粉适量。

（2）设备器具　菜板、少司汁盅、吸水纸、细孔滤网、盛菜菜盘、煎铲、平底煎锅、不锈钢少司锅、汤锅、燃气灶、烤炉等。

（3）制作方法

① 鸡蛋打散，加花生油、盐和胡椒粉搅匀。将鸡胸肉拍平，用刀平片成连刀片。依次放入火腿片、芝士片和火腿片，合拢定型后，分别粘面粉、蛋液和面包糠，压紧后在表面压出交叉网纹。

② 煎锅内加黄油和花生油烧热，放入鸡扒，煎至两面金黄色时，入烤炉烤透，取出保温备用。

③ 将洋葱用黄油炒香，加干红葡萄酒，煮至酒汁将干时，加布朗牛肉汤煮稠，加盐和胡椒粉调味，成少司。

④ 装盘淋汁，配时令蔬菜等即成。

（4）技术要点　煎鸡胸肉的油温宜低，否则面包糠容易焦煳。也可用150℃的热油炸制，熟透即可。

（5）质量标准　色泽金黄，外酥内嫩，芝士味香浓，口感丰富。

（6）酒水搭配　适宜和风味浓厚的红葡萄酒搭配。

第三节　水产类热菜制作

一、煎、扒类热菜

1. 磨坊主妇式煎鱼柳（Sole meunière）

（1）原料（成品8人份）　龙利鱼柳1200g，面粉160g，色拉油100mL，柠檬4个，法香菜40g，土豆800g，黄油400g，时令蔬菜、盐和胡椒粉适量。

（2）设备器具　菜板、少司汁盅、吸水纸、细孔滤网、盛菜菜盘、煎铲、平底煎锅、不锈钢少司锅、汤锅、燃气灶等。

（3）制作方法

① 将龙利鱼拍扁后冷藏备用。

② 将1/2的柠檬切成花形片，法香菜切碎。另1/2的柠檬去皮切成圆片备用。

③ 土豆削成橄榄形，用冷盐水煮熟，保温备用。

④ 用刀划破鱼皮，撒盐和胡椒粉，粘上面粉，放入热油中煎制。中途不断地将油淋于鱼肉表面，定型后翻面。

⑤ 鱼柳两面定型、上色后，取出保温备用。锅中加黄油烧化，呈浅褐色时，离火加入柠檬汁、盐和胡椒粉，调匀后成榛子黄油。

⑥ 将鱼柳放入热菜盘中，淋上榛子黄油，放上柠檬圆片，撒少许法香菜碎，配土豆和时令蔬菜即成。

（4）技术要点

① 煎制鱼柳前应先划破鱼皮，以免鱼肉收缩。

② 煎制鱼肉前，若过早粘上面粉，会因面粉吸水影响酥香效果。

③ 煎制时应多淋油，使鱼肉受热均匀。油量以鱼肉的1/2为佳。

④ 煎制火候以皮面上色、香脆为佳。若鱼肉较厚，可在煎香后入烤炉烤制成熟即可。

（5）质量标准　鱼柳外干香，内细嫩，咸鲜香浓，酸香适宜。

（6）酒水搭配　适宜和风味浓厚的白葡萄酒搭配。

2. 香煎三文鱼（Pan-fried Salmon）

（1）原料（成品8人份）　带皮三文鱼柳1200g，黄油120g，精练油40mL，韭葱400g，培根100g，红葱碎40g，干白葡萄酒100mL，淡奶油300mL，黄油（增亮）150g，盐和胡椒粉适量。

（2）设备器具　菜板、少司汁盅、吸水纸、细孔滤网、盛菜菜盘、煎铲、平底煎锅、不锈钢少司锅、燃气灶等。

（3）制作方法

① 取带皮三文鱼柳，去除骨刺，切成150g的块，冷藏备用。

② 黄油炒红葱碎出香味，加入干白葡萄酒，煮至酒汁将干时，倒入淡奶油70mL煮稠，离火加黄油搅化，加盐和胡椒粉调味，成白酒黄油汁，保温备用。

③ 韭葱、培根切成丝。将培根丝用黄油炒香，加韭葱丝炒匀，倒入淡奶油30mL煮稠，加入少许白酒黄油汁拌匀，离火备用。

④ 将三文鱼皮面向下放入热油中煎制，定型、上色后，转小火煎五至七成

熟，取出保温备用。

⑤ 热菜盘中放入韭葱、培根丝，再放上三文鱼柳（皮面向上），淋上白酒黄油汁，装饰即成。

（4）技术要点

① 加入淡奶油后用小火浓缩煮稠酱汁。黄油离火加入，调色、增亮，边加边搅动，便于少司乳化。

② 最好用不粘锅煎三文鱼柳，以免粘锅煳底。

③ 装盘时鱼皮向上，突出皮面香脆的特色。

（5）质量标准 鱼皮香脆，肉质细嫩。韭葱、培根香味浓郁，风味独特。

（6）酒水搭配 适宜和风味浓厚的白葡萄酒搭配。

3. 香炸龙利鱼柳（Deep-fried sole fillets）

（1）原料（成品8人份） 龙利鱼1200g，面粉200g，鸡蛋4个，牛奶200mL，啤酒200mL，面包糠200g，马乃司少司500g，芥末酱4g，酸黄瓜碎120g，水瓜柳碎60g，香叶芹碎60g，洋葱碎120g，熟鸡蛋碎60g，青椒碎60g，柠檬4p，法香菜40g，色拉油、盐和胡椒粉适量。

（2）设备器具 菜板、少司汁盅、吸水纸、细孔滤网、盛菜菜盘、煎铲、平底煎锅、不锈钢少司锅、燃气灶、烤炉等。

（3）制作方法

① 将鱼刮鳞，剪鳍，去内脏，撕去鱼皮，剔下净鱼柳，切成10cm长、1.5cm宽的长条，用手搓光滑，成条状备用。

② 鸡蛋、盐和胡椒粉调匀；将马乃司少司、芥末酱、酸黄瓜碎、水瓜柳碎、香叶芹碎、洋葱碎、熟鸡蛋碎、青椒碎、柠檬、法香菜、盐和胡椒粉拌匀，成鞑靼少司备用。

③ 将鱼条浸牛奶后，分别粘面粉、蛋液和面包糠，放入160℃热油中炸5min，金黄色时取出，沥油备用。

④ 鱼条装盘，放入柠檬块等辅料，配鞑靼少司，上菜即成。

（4）技术要点 炸制鱼条的油温不宜过高，以外酥内嫩、色泽金黄为佳。

（5）质量标准 鱼条外酥内嫩，色泽金黄；少司酸咸适宜，清爽不腻。

（6）酒水搭配 适宜和风味浓厚的白葡萄酒搭配。

二、煮、烩类热菜

1. 煮大比目鱼荷兰汁（Poached turbot with hollandaise sauce）

（1）原料（成品8人份） 大比目鱼1600g，柠檬4个，法香菜40g，干白葡萄酒200mL，黄油40g，胡椒粒2g，土豆400g，时令蔬菜适量，荷兰少司适量，盐和胡椒粉适量。

（2）设备器具 菜板、少司汁盅、吸水纸、细孔滤网、盛菜菜盘、煎铲、平底煎锅、不锈钢少司锅、汤锅、燃气灶等。

（3）制作方法

① 将黄油水浴加热，融化分层后，取澄清黄油，保温备用（50℃）。柠檬切片。

② 将大比目鱼去鳞、鱼鳍和内脏，剔出净鱼柳。土豆削橄榄形，用冷盐水煮熟备用。

③ 将干白葡萄酒、柠檬片、胡椒粒、法香菜、盐放入锅中，撒少许盐煮至微沸。待鱼肉刚熟时取出，保温备用。

④ 将鱼肉装入热菜盘中，淋上荷兰少司，配煮熟的橄榄土豆和时令蔬菜即成。

（4）技术要点

① 鱼肉煮制时间根据厚度和肉质控制。以鱼肉细嫩，刚熟为佳。

② 主料可以换用其他的白肉类海鱼，如海鲈鱼、无须鳕等。

（5）质量标准 鱼肉细嫩，少司咸鲜酸香，有浓厚的黄油香味，成菜简洁，清爽不腻。

（6）酒水搭配 适宜和风味浓厚的白葡萄酒搭配。

2. 法式海鲜鱼卷（Fish rolls with noilly sauce）

（1）原料（成品8人份） 白肉鱼柳2500g，鱼精汤400mL，胡萝卜200g，节瓜200g，甜红椒200g，蛋清2个，鲜奶油300mL，黄油40g，红葱碎40g，干白葡萄酒100mL，鱼精汁适量，奶油200mL，黄油160g，时令蔬菜适量，盐和胡椒粉适量。

（2）设备器具 菜板、少司汁盅、吸水纸、细孔滤网、盛菜菜盘、煎铲、平底煎锅、不锈钢少司锅、汤锅、燃气灶、烤炉等。

（3）制作方法

① 将3/4的鱼柳用保鲜膜包好，拍成薄片，修整成型备用。将1/4的鱼柳搅细成茸，加蛋清、鲜奶油、盐和胡椒粉拌匀，成鱼肉酱。胡萝卜、节瓜、甜红椒等切成长条，煮熟备用。

② 将鱼肉酱抹在鳕鱼片上，放胡萝卜条、节瓜条和甜椒条等，制成鱼肉卷，入热水中低温焖熟，取出保温备用。

③ 将红葱碎用黄油炒香，加干白葡萄酒煮至将干时，加鱼精汤煮沸，加奶油煮稠，离火加黄油搅化，加盐和胡椒粉调味，过滤成白酒少司。

④ 装盘淋汁，配时令蔬菜即成。

（4）技术要点

① 鱼肉酱搅好后应送入冰箱冷藏，以使奶油和鱼肉充分融合，口感更加嫩滑。

② 煮鱼卷时火宜小。以汤汁微沸，水温80℃为佳。

（5）质量标准　鱼卷形整不烂，色形美观，肉质细嫩，咸鲜清香，带有浓郁的酒香。

（6）酒水搭配　适宜和风味浓厚的白葡萄酒搭配。

三、焗烤类热菜

1. 芝士焗扇贝（Baked sea scallops au gratin）

（1）原料（成品8人份）　扇贝32个，鱼精汤1200mL，香料束2束，红葱80g+80g+80g，胡萝卜200g，洋葱200g，干白葡萄酒200mL+200mL+200mL，蘑菇1200g，法香菜40g，黄油80g+40g+100g，奶油400mL，荷兰少司500g，盐和胡椒粉适量。

（2）设备器具　菜板、细孔滤网、盛菜菜盘、煎铲、平底煎锅、不锈钢少司锅、燃气灶、面火焗炉等。

（3）制作方法

① 扇贝去壳取肉，冰水洗净。胡萝卜和洋葱切块，红葱和法香菜切碎。

② 将红葱碎用黄油炒香，加干白葡萄酒，煮至酒汁将干时，倒入冷鱼精汤，放入扇贝肉和香料束，加盐和胡椒粉调味，煮沸后离火保温备用。

③ 扇贝壳刷洗干净，沸水煮30min备用。

④ 红葱碎用黄油炒香，加干白葡萄酒，煮至酒汁将干时，放入蘑菇碎煮软，加法香菜碎搅匀，成浓缩蘑菇备用。

⑤ 黄油加红葱碎炒香，加干白葡萄酒，煮至酒汁将干时，倒入煮扇贝汁和鱼精汤煮沸，加奶油煮稠，离火加黄油搅化，过滤后调味成白酒少司。

⑥ 将荷兰汁与白酒少司拌匀，加入打发的奶油，成焗扇贝汁。

⑦ 扇贝壳中放入浓缩蘑菇，放上扇贝块，淋满焗扇贝汁，送入面火焗炉中烤香上色，装盘点缀即成。

（4）技术要点

① 用冷鱼精汤煮扇贝，汤沸离火，浸泡备用，以保持鲜嫩的质感。

② 白酒少司汁稠粘匀，以保证浓厚的奶油香味和焗制上色效果。

③ 荷兰汁现制现用，注意调制温度和手法。

（5）质量标准　少司金黄，味咸鲜香浓，带有浓厚的奶油和蘑菇香味。扇贝质嫩味鲜，适口宜人。

（6）酒水搭配 适宜和风味浓厚的白葡萄酒搭配。

2. 白酒汁烤酿生蚝（Baked oysters white wine sauce）

（1）原料（成品8人份） 鲜生蚝16个，干白葡萄酒100mL，鱼精汤50mL，红葱40g+80g，蘑菇1000g，柠檬1个，奶油100mL+200mL，黄油40g+60g，荷兰汁200g，盐和胡椒粉适量。

（2）设备器具 菜板、细孔滤网、盛菜菜盘、煎铲、平底煎锅、不锈钢少司锅、燃气灶、面火焗炉等。

（3）制作方法

① 用蚝刀将生蚝打开，取下蚝肉。蚝汁过滤，静置澄清后备用。

② 将蚝壳洗净，放入沸水中煮30min，沥水备用。

③ 将20g黄油烧化，加20g红葱碎炒香，倒入干白葡萄酒，煮至酒汁将干时，加冷鱼精汤、生蚝汁和生蚝肉，煮至75℃时离火，原汁浸泡备用。

④ 将煮蚝汁过滤，煮沸后加50mL奶油煮稠，离火加荷兰汁搅匀，最后加入打发的奶油，成焗酿白酒汁。

⑤ 黄油烧化，加红葱碎炒香，放入蘑菇碎和柠檬汁炒匀，加奶油煮稠，加盐和胡椒粉调味，加1/4的焗酿白酒汁，拌匀成蘑菇馅料备用。

⑥ 把蚝壳烤热，放入生蚝肉和蘑菇馅料，淋焗酿白酒汁，送入面火焗炉，烤至金黄色时，出炉装盘即成。

（4）技术要点

① 熟练掌握开生蚝的加工技术，取出的生蚝原汁应保留备用。

② 焗酿白酒汁以黏稠、呈糊状为佳。

（5）质量标准 成菜美观，色泽金黄，少司鲜香，蘑菇味浓，口味适宜。

（6）酒水搭配 适宜和风味浓厚的白葡萄酒搭配。

第十二章　西餐配菜制作

西餐配菜主要指除了肉类主料以外，在盘中还要单独配上的蔬菜、米饭、面食等菜品。配菜的作用是突出主料、搭配营养，是西餐菜肴的重要组成部分。

根据西餐配菜的传统，不同主料要配以不同形式的蔬菜。如水产类菜肴要配土豆泥或煮土豆；禽、畜类菜肴根据不同的烹饪方法配不同的蔬菜（烩制类菜肴配土豆块、土豆条、炒土豆或黄油煎土豆，煎扒类菜肴配土豆或煎土豆饼）。不过现代西餐配菜有较大的随意性，但还是要讲究菜肴风格与色调的协调统一。

传统的配菜是在主料的四周围绕各种蔬菜，现代的配菜是在主料上方三分之一处装盘或是在主料下面装盘。蔬菜类配菜在装盘时特别讲究白绿红等色调的依次排列，即左边是白色蔬菜（土豆、芋头等），中间是绿色蔬菜（菠菜、西兰花等），右边是红色蔬菜（胡萝卜、番茄等）。

一、西餐土豆类配菜

1. 锡纸烤土豆（Baked potatoes in foil）

（1）原料（成品8人份）　土豆2000g，酸奶油600g，培根600g，香葱60g。

（2）设备器具　菜板、盛菜菜盘、烤炉、锡箔纸等。

（3）制作方法

① 将培根煎熟、切碎，香葱切碎。

② 土豆洗净表皮，用锡纸包裹，送入180℃的烤箱内，烤约40min。

③ 土豆软熟后取出，在顶部切十字花刀，手持毛巾挤压土豆的底部，让土豆瓤从十字花中挤出少许，呈开花状。

④ 在开花内瓤处，淋上酸奶油，撒上煎香的培根碎和香葱碎即成。

（4）技术要点

① 选用本地小土豆或红皮土豆，口味最佳。

② 酸奶油可用黄油或沙拉酱替代。

（5）质量标准　土豆软熟，表皮光滑，香味浓厚，造型美观。

2. 煮橄榄土豆（Pommes de terre à l'anglaise）

（1）原料（成品8人份）　土豆2000g，黄油30g，盐30g，鲜茴香碎10g，法香菜碎10g。

（2）设备器具　菜板、细孔滤网、盛菜菜盘、汤锅、燃气灶等。

（3）制作方法

① 土豆削成橄榄形，放入冷水中，加盐煮沸后，转小火保持微沸煮制。

② 煮约20min后，离火，加冰块或冷水降温，保温备用。

③ 上菜前，将橄榄土豆用热黄油拌匀，撒鲜茴香碎和法香菜碎调味即成。

（4）技术要点

① 根据橄榄土豆的要求，成型不同，控制煮制时间和成熟度。

② 用冷盐水煮土豆，保持形整不烂。

（5）质量标准　成型均匀美观，表皮光亮，软硬适度。

3. 煮土豆泥（Pommes puré e, Mashed potatoes）

（1）原料（成品8人份）　土豆2000g，牛奶300mL，黄油80g，淡奶油300mL，肉豆蔻粉、盐和胡椒粉适量。

（2）设备器具　菜板、细孔滤网、盛菜菜盘、不锈钢少司锅、搅碎机、燃气灶等。

（3）制作方法

① 土豆去皮、洗净，切成大块，放入冷的盐水中，煮约20min。

② 待土豆软熟后取出，沥干水分，放入搅碎机中搅磨成土豆茸。

③ 将土豆茸重新放回锅中，置于小火上，依次拌入小片黄油、热的牛奶和淡奶油。

④ 搅拌上劲后，加肉豆蔻粉、盐和胡椒粉调味，成土豆泥，保温备用。

（4）技术要点

① 煮好的土豆要晾凉后使用，避免土豆泥出筋影响质感。

② 土豆泥调味时，用小火加热，可以充分融合风味，切忌焦煳。

③ 保温时，可以在土豆泥表面淋上适量的热黄油和牛奶，防止干皮。

（5）质量标准　土豆泥软嫩适口，奶香味足，风味独特。

4. 洋葱焗土豆片（Pommes boulangère）

（1）原料（成品8人份）　土豆2000g，洋葱600g，黄油160g，大蒜20g，香料束2束，鸡汤1600mL，盐和胡椒粉适量。

（2）设备器具　菜板、吸水纸、烤盘、盛菜菜盘、煎铲、平底煎锅、不锈钢少司锅、燃气灶、烤炉等。

（3）制作方法

① 土豆去皮，切成厚的圆片。洋葱切碎，大蒜切碎。

② 洋葱用黄油炒香，加入土豆片，快速炒香，加盐和胡椒粉调味后，沥油取出备用。

③ 烤盘内抹上蒜汁和黄油，将土豆片整齐地排列在烤盘内，倒入鸡汤，放入香料束，加盖煮沸。

④ 送入200℃烤炉烤制约40min，至土豆上色，吸足汤汁，去除香料束即成。

（4）技术要点

① 土豆片不要漂水，保持风味。

② 煎炒土豆时间短，才能提味增香。

（5）质量标准　土豆软熟，色泽棕黄，风味浓厚。

5. 黄油煎薯片（Pommes sautées à cru）

（1）原料（成品8人份）　土豆2000g，色拉油20mL，黄油80g，法香菜20g，盐和胡椒粉适量。

（2）设备器具　菜板、吸水纸、细孔滤网、盛菜菜盘、煎铲、平底煎锅、不锈钢少司锅、炸炉、燃气灶等。

（3）制作方法

① 将土豆去皮，切平两端，把土豆削成直径5～6cm的圆筒状，切成3mm的圆片，漂洗干净。

② 将土豆片放入150℃的热油中，炸成浅黄色后取出，沥油备用。

③ 上菜前放入热黄油中煎制。待金黄色时，加盐和胡椒粉调味，撒上法香菜碎，拌匀即成。

（4）技术要点　炸制薯片时，色泽不宜过深，浅黄即可。

（5）质量标准　色泽金黄，香味浓郁适口。

6. 黄油焗土豆榄（Pommes cocotte）

（1）原料（成品8人份）　土豆2400g，色拉油80mL，黄油40g，法香菜20g，盐适量。

（2）设备器具　菜板、吸水纸、细孔滤网、盛菜菜盘、煎铲、平底煎锅、不锈钢少司锅、汤锅、燃气灶、烤炉等。

（3）制作方法

① 土豆削成细长的橄榄形，放入平底煎锅中，加入少量冷水，水量刚好淹过土豆1～2cm，用大火迅速煮沸，立刻取出土豆榄（不漂水）。

② 另取平底煎锅，置于旺火上加色拉油烧热，放入土豆榄迅速煎上色。

③ 将煎锅和土豆榄送入240℃的烤炉中，烤制成均匀的棕黄色取出，沥油备用。

④ 上菜前，将烤香的土豆榄用黄油炒匀，加盐调味后，撒法香菜碎即成。

（4）技术要点

① 土豆榄焯水时，水量不宜过多，煮制时间也不宜过长。

② 土豆榄焯水后，不要漂水，以便煎烤时更快上色。

（5）质量标准　土豆成型美观，色泽棕黄，干香适口，风味浓郁。

7. 炸蜂窝薯片（Pommes gaufrettes）

（1）原料（成品8人份）　土豆1600g，色拉油适量，盐适量。

（2）设备器具　菜板、吸水纸、细孔滤网、盛菜菜盘、煎铲、木搅板、炸炉、燃气灶等。

（3）制作方法

① 用多功能切菜器，将土豆按照垂直交叉切法，切成2mm厚的蜂窝状圆片。

② 漂洗后沥干水分，放入160℃的热油中，炸至浅黄色、酥脆时取出，撒盐后沥油即成。

（4）技术要点　注意炸制的油温，中途均匀翻动，一次炸制成功。

（5）质量标准　色泽金黄，酥脆，土豆香味浓郁。

8. 炸火柴棍薯条（Pommes allumettes）

（1）原料（成品8人份）　土豆1600g，色拉油适量，盐适量。

（2）设备器具　菜板、吸水纸、细孔滤网、盛菜菜盘、不锈钢少司锅、燃气灶、炸炉等。

（3）制作方法

① 土豆切成4mm粗细的条，漂洗后沥干水分。

② 先放入150℃的热油中，炸至浅黄色、成熟时取出。

③ 上菜前将土豆条放入170℃的热油中，炸至金黄色、酥脆时取出，撒盐后，沥油即成。

（4）技术要点　注意炸制的油温，中途要均匀地翻动，分两次炸制成功。

（5）质量标准　色泽金黄，外脆内嫩，土豆香味浓郁。

9. 炸土豆泥棍（Pommes croquettes）

（1）原料（成品8人份）　土豆1200g，黄油100g，鸡蛋黄6个，面粉100g，鸡蛋4个，面包糠300g，色拉油适量，豆蔻粉、盐和胡椒粉适量。

（2）设备器具　菜板、吸水纸、细孔滤网、盛菜菜盘、不锈钢少司锅、汤锅、燃气灶、炸炉等。

（3）制作方法

① 将土豆去皮，切成小块煮软后，压细制作成土豆泥，加入鸡蛋黄、豆蔻粉、盐和胡椒粉搅匀，做成长4.5～5.5cm，粗2～2.5cm的棍状。

② 分别粘上面粉、鸡蛋液和面包糠，放入160℃的热油中炸制。

③ 待外皮酥香、金黄色时取出，保温备用。

（4）技术要点 控制炸制油温，炸制面包糠时切忌焦煳。

（5）质量标准 色泽金黄，外酥香内嫩，土豆香味浓郁。

10. 多菲内芝士焗土豆（Gratin de pommes de terre au fromage façon dauphinois）

（1）原料（成品8人份） 土豆2000g，牛奶1000mL，淡奶油1000mL，鸡蛋黄6个，古老耶芝士100g，马苏里拉芝士粉100g，香叶0.2g，百里香0.2g，黄油80g，大蒜碎20g，豆蔻粉适量，盐和胡椒粉适量。

（2）设备器具 菜板、烤盘、吸水纸、细孔滤网、盛菜菜盘、不锈钢少司锅、汤锅、燃气灶、烤炉等。

（3）制作方法

① 土豆去皮，切成圆片备用（不洗）。淡奶油加牛奶、鸡蛋、芝士调匀，加盐、胡椒粉、香叶、百里香、豆蔻粉调味后成香草芝士奶油汁。

② 烤盘内抹匀黄油，撒上大蒜碎，把土豆片分层铺满在烤盘内，淋入芝士奶油汁，淹没土豆片，表面撒适量芝士粉。

③ 送入180℃的烤炉内烤制2h，待奶油汁凝固后上色即成。

（4）技术要点

① 土豆切片后不洗，避免损失淀粉质。

② 烤制时间以奶油汁凝固，整体成型上色为准。

（5）质量标准 色泽金黄，质感软嫩，奶香适口。

11. 公爵夫人土豆（Pommes duchesse）

（1）原料（成品8人份） 土豆1000g，黄油100g，鸡蛋黄6个，豆蔻粉、盐和胡椒粉适量。

（2）设备器具 菜板、吸水纸、细孔滤网、盛菜菜盘、煎铲、不锈钢少司锅、汤锅、燃气灶、烤炉等。

（3）制作方法

① 土豆去皮切厚片，冷水煮制软烂时，取出沥水，送入热的烤炉内，烤干水汽。

② 搅碎成很细腻的土豆泥，分别加入黄油和蛋黄搅匀，加豆蔻粉、盐和胡椒粉调味后，用裱花袋挤成花形，送入烤炉烤制上色即成。

（4）技术要点　土豆泥要很细腻，才能做成漂亮的花形。

（5）质量标准　奶香浓郁，土豆柔嫩可口，成型美观。

12. 土豆饼（Potato cake）

（1）原料（成品8人份）　土豆1000g，黄油30g，豆蔻粉、盐和胡椒粉适量。

（2）设备器具　菜板、吸水纸、细孔滤网、盛菜菜盘、煎铲、平底煎锅、燃气灶等。

（3）制作方法

① 土豆切成长6cm、粗0.2cm的细丝，洗净后放入热黄油中煎制。

② 煎制中将土豆丝压紧，煎成土豆丝饼。待两面成金黄色且酥香后，撒盐和胡椒粉即成。

（4）技术要点

① 土豆切后不洗，以免损失淀粉质。

② 注意煎制火候，避免焦煳。

（5）质量标准　香味浓郁，土豆外香脆内柔嫩，成型美观。

二、西餐米饭类配菜

1. 黄油米饭（Riz pilaf）

（1）原料（成品8人份）　香米400g，黄油100g，洋葱250g，白色基础汤1600mL，香料束1束，盐和胡椒粉适量。

（2）设备器具　菜板、细孔滤网、盛菜菜盘、煎铲、平底煎锅、不锈钢少司锅、汤锅、燃气灶、烤炉等。

（3）制作方法

① 洋葱切碎，放入热黄油中炒香，加入香米炒匀。

② 至米粒光亮、呈半透明状时，倒入煮沸的白色基础汤，加香料束、盐和胡椒粉调味，煮沸加盖，用小火焖25min。

③ 至米饭成熟后取出，去除香料束，再加入适量的黄油拌匀，定味后即成。

（4）技术要点

① 米和黄油炒匀，增加香味。

② 米饭成熟后，应该加盖焖10min，以便风味更佳。

（5）质量标准　米饭散口，清香，风味浓厚。

2. 意大利鲜虾烩饭（Shrimp risotto）

（1）原料（成品8人份）　意大利米500g，黄油120g，红葱250g，干白葡萄酒300mL，鱼精汤2000mL，香料束1束，鲜虾仁200g，帕尔马芝士碎60g，法香碎

4g，盐和胡椒粉适量。

（2）设备器具　菜板、细孔滤网、盛菜菜盘、煎铲、平底煎锅、不锈钢少司锅、汤锅、燃气灶等。

（3）制作方法

① 红葱切碎，放入热黄油中炒香，呈透明状时，加入意大利米炒匀。

② 至米粒油亮、呈半透明状时，加入干白葡萄酒，煮干后，倒入鱼精汤煮沸，加香料束、盐和胡椒粉调味，煮沸加盖，用小火焖20min。

③ 至米饭将熟时取出，去除香料束，再加入鲜虾仁和适量的黄油拌匀，再焖5min，调味后撒帕尔马芝士碎和法香碎即成。

（4）技术要点

① 先将红葱和黄油炒香，呈透明状再加米炒匀，使米粒裹满炒香的黄油。

② 米饭将熟时加入虾仁拌匀，再加盖焖5min，以保持原汁原味的鲜虾风味。

（5）质量标准　米饭香软适口，鲜虾味清香，带芝士风味。

三、西餐意粉类配菜

1. 黄油意粉（Butter spaghetti）

（1）原料（成品8人份）　意大利面条650g，蒜蓉40g，法香菜20g，黄油100g，色拉油40g，盐和胡椒粉适量。

（2）设备器具　菜板、吸水纸、细孔滤网、盛菜菜盘、煎铲、平底煎锅、不锈钢少司锅、汤锅、燃气灶等。

（3）制作方法

① 锅置旺火上，加足量的水煮沸，加适量盐和色拉油搅匀。

② 将意大利粉放入沸水锅中，用大火煮8～10min（中途搅动，以防粘连）。

③ 至意大利粉刚熟，断面有少量硬心时捞出。用沸水冲洗后沥干水分，加适量黄油拌匀，用盐和胡椒粉调味，保温备用。

④ 上菜前，将蒜蓉用黄油炒香，加意大利粉炒热，撒法香菜碎即成。

（4）技术要点

① 意大利粉的煮制时间一般是8～10min，西方人喜欢吃口感有点嚼劲的煮制意粉，与东方人略有不同。

② 最后放法香菜，以免变色过快。

（5）质量标准　意粉软硬适度，有少许嚼口，带黄油香味。

2. 肉酱意大利粉（Spaghetti bolognaise）

（1）原料（成品8人份）

① 主料：意大利粉 650g，黄油 80g。

② 肉酱少司：橄榄油 80mL，牛肉碎 800g，洋葱 160g，胡萝卜 160g，鲜番茄碎 160g，番茄酱 160g，面粉 80g，布朗牛肉汤 1000mL，香叶 2g，百里香 2g，法香菜 4g，香叶芹 4g，大蒜 4 瓣。

③ 浓缩鲜番茄酱：黄油 40g，红葱 40g，新鲜番茄 800g，香叶 2g，百里香 2g，法香菜 4g，香叶芹 4g，大蒜 4 瓣，细砂糖 30g。

④ 增香料：巴马臣芝士粉 320g。

⑤ 调料：盐和胡椒粉、细砂糖适量。

（2）设备器具　菜板、少司汁盅、细孔滤网、盛菜菜盘、煎铲、平底煎锅、不锈钢少司锅、汤锅、燃气灶等。

（3）制作方法

① 鲜番茄去皮、去籽、切碎。胡萝卜、洋葱切碎。大蒜拍碎。

② 将牛肉碎用橄榄油炒成棕褐色，加胡萝卜碎、洋葱碎（160g）炒香，再加番茄碎（160g）、番茄酱、面粉和大蒜碎（40g）炒匀，倒入布朗牛肉汤煮沸，加香叶和百里香，加盖煮 2h，调味成肉酱少司。

③ 黄油烧热，加红葱碎（40g）、番茄碎（800g）和大蒜碎（40g）炒匀，加细砂糖、盐和胡椒粉调味。用小火煮至汁液将干时，成浓缩鲜番茄酱，去除香料束和大蒜备用。

④ 锅中加水，用旺火烧沸，放入少许盐和色拉油搅匀，放入意大利粉，煮 8～10min（中途搅动，以防粘连）。至意粉刚熟，断面有少许硬心时捞出，沥水后加橄榄油拌匀，加盐和胡椒粉调味，保温备用。

⑤ 上菜时将意粉用橄榄油炒热，加盐和胡椒粉调味，装盘，淋上肉酱少司和浓缩鲜番茄酱，撒巴马臣芝士粉即成。

（4）技术要点

① 意粉不宜久煮，煮 8～10min 即可。以中心有少许硬籽，吃口有嚼劲为佳。

② 肉酱汁应用小火焖煮，至牛肉软、烂，酱汁香浓为佳。若选用嫩牛肉，则可将牛肉切成小丁，煮焖 40min 即可。

③ 可以在意大利粉的表面撒上大量的巴马臣芝士粉，再送入焗炉中焗烤。至芝士粉熔化、上色后再上菜，口味更佳，称为"焗肉酱汁意大利粉"。

（5）质量标准　肉酱汁色泽红亮，牛肉味香浓，意粉韧有嚼劲，风味独特。

3. 奶油意大利粉（Spaghetti à la carbonara）

（1）原料（成品 8 人份）

① 主料：意大利粉 320g，黄油 40g。

② 奶油芝士酱汁：黄油80g，洋葱160g，培根700g，淡奶油1000mL，蛋黄2个，巴马臣芝士粉320g。

③ 调料：豆蔻粉、盐和胡椒粉适量。

（2）设备器具　菜板、少司汁盅、细孔滤网、盛菜菜盘、煎铲、平底煎锅、不锈钢少司锅、汤锅、燃气灶等。

（3）制作方法

① 将培根切成小片，洋葱切碎，蛋黄加适量淡奶油调散后备用。

② 锅中加黄油烧化，放入培根片和洋葱碎，炒香后加淡奶油煮沸，用小火浓缩。至酱汁浓稠时，加豆蔻粉、盐和胡椒粉调味。将锅离火，加入调散的蛋黄液。搅匀后，上火再次煮沸，成奶油芝士酱汁，保温备用。

③ 锅中加水，用旺火烧沸，放入少许盐和色拉油搅匀，放入意大利粉，煮8～10min（中途搅动，以防粘连）。至意粉刚熟，断面有少许硬心时捞出，沥水后加橄榄油拌匀，加盐和胡椒粉调味，保温备用。

④ 将意大利粉装入盘中，淋上奶油芝士酱汁，撒上巴马臣芝士粉即成。

（4）技术要点

① 控制好煮意大利粉的时间和火候。煮制时要边煮边搅拌，这样意大利粉不会粘连。西方人一般习惯吃有嚼劲的意大利粉，若是在家庭里自己煮制时，可以根据自己的习惯来变化。

② 做奶油芝士酱汁时，加淡奶油后，应用小火浓缩，才能保证酱汁原汁原味的风味。

（5）质量标准　培根味美，芝士香浓，奶香浓郁，清爽不腻。

四、西餐蔬菜类配菜

1. 糖浆煮胡萝卜（Carottes glacés à blanc）

（1）原料（成品8人份）　胡萝卜1600g，黄油80g，细砂糖40g，水和盐适量。

（2）设备器具　菜板、细孔滤网、盛菜菜盘、煎铲、平底煎锅、不锈钢少司锅、燃气灶等。

（3）制作方法

① 将胡萝卜削成小橄榄形，放入平底煎锅中，加水刚好淹没胡萝卜橄，放入黄油、细砂糖和盐，用剪成锅口大小的硫酸纸盖严。

② 上火煮沸，转小火保持微沸，煮至水汁将干，黄油和细砂糖形成透明的糖浆，晃动锅具，使胡萝卜橄均匀粘裹上糖浆，取出保温即成。

（4）技术要点

① 水量不宜过多，刚好淹没原料即可。

② 控制煮制火力，硫酸纸中心剪个小孔以便通气。

③ 若将糖浆煮成棕红色，又可以变化成焦糖浆煮胡萝卜，变化出其他风味。

（5）质量标准　胡萝卜质感软嫩，咸中带甜，清香宜人。

2. 水煮时蔬（Légumes cuits à l'anglaise）

（1）原料（成品8人份）　时令蔬菜（胡萝卜、花菜、芦笋、西兰花、四季豆、青豆等）1600g，黄油80g，水和盐适量。

（2）设备器具　菜板、细孔滤网、盛菜菜盘、煎铲、平底煎锅、不锈钢少司锅、汤锅、燃气灶等。

（3）制作方法

① 把各种蔬菜清洗加工后，切成块状，放入煮沸的盐水中煮制。

② 熟后取出，用冰水浸凉，沥水备用。

③ 上菜前，将蔬菜用热黄油炒匀，用盐调味即成。

（4）技术要点　控制煮制火候，煮蔬菜时，用大火沸水，加盐水煮制，可以保色。

（5）质量标准　蔬菜色泽鲜艳，口感脆嫩，风味清香。

3. 尼斯式焗蔬菜（Petits légumes farcis，façon niçoise）

（1）原料（成品8人份）　番茄480g，洋葱480g，蘑菇480g，节瓜480g，圆形茄子480g，牛肉碎500g，蔬菜内瓤适量，青椒粒200g，红椒粒200g，姜碎20g，蒜碎20g，葱碎40g，面包糠100g，芝士碎40g+100g，鸡蛋4个，橄榄油160g，盐和胡椒粉适量。

（2）设备器具　菜板、细孔滤网、盛菜菜盘、煎铲、平底煎锅、不锈钢少司锅、汤锅、燃气灶、焗炉等。

（3）制作方法

① 将番茄、洋葱、蘑菇、节瓜、圆形茄子等蔬菜掏出内瓤，切碎备用。

② 将牛肉碎用橄榄油炒香，加姜碎、蒜碎、葱碎炒出味，加蔬菜内瓤碎、面包糠、芝士碎40g、鸡蛋、盐和胡椒粉拌匀，成酿馅的馅料。

③ 将馅料填入掏空内瓤的茄、洋葱、蘑菇、节瓜、圆形茄子等蔬菜中，表面撒上芝士碎100g、青、红椒粒，入焗炉烤香、上色即成。

（4）技术要点　酿馅不宜过多，注意成型美观。

（5）质量标准　造型美观，风味浓厚。

4. 煮玉米（Boils the corn）

（1）原料（成品8人份）　玉米1200g，牛奶1000mL，黄油60g，细砂糖60g。

（2）设备器具 菜板、细孔滤网、盛菜菜盘、不锈钢少司锅、汤锅、燃气灶等。

（3）制作方法

① 玉米棒切小段，放入锅中。

② 加牛奶、黄油、细砂糖煮熟即可，装盘作配菜使用。

（4）技术要点

① 西方人吃玉米喜欢用牛奶煮制，这样口感更佳。

② 玉米有黏玉米、糯玉米、甜玉米、五色玉米、黄色玉米、黑色玉米、小玉米等品种可供选择使用，应根据菜肴主料的特点选用不同的玉米来配菜。

（5）质量标准 玉米软嫩，香甜适口。

5. 芝士焗节瓜（Gratin de courgette）

（1）原料（成品8人份） 节瓜2000g，橄榄油200mL，洋葱碎200g，大蒜碎20g，香叶芹20g，百里香2g，普罗旺斯香草2g，鸡蛋6个，牛奶200mL，奶油200mL，芝士粉80g，豆蔻粉、盐和胡椒粉适量。

（2）设备器具 菜板、不锈钢方盘、焗盆、细孔滤网、盛菜菜盘、煎铲、平底煎锅、不锈钢少司锅、汤锅、燃气灶、焗炉等。

（3）制作方法

① 节瓜洗净，去芯，切成1cm的丁，撒盐备用。将鸡蛋、牛奶、奶油调匀成蛋奶汁。

② 将节瓜丁用橄榄油炒香，加洋葱碎、大蒜碎、香叶芹、百里香、普罗旺斯香草炒匀，沥水备用。

③ 将1/2的节瓜丁搅碎成节瓜蓉，与另一半节瓜丁拌匀，加蛋奶汁调味。

④ 将节瓜放入焗盆内，撒上芝士粉，送入焗炉焗香上色即成。

（4）技术要点 节瓜丁炒香后，沥水后加蛋奶汁，否则可能水分过重，影响风味和成型。

（5）质量标准 节瓜软嫩，芝士浓香适口。

第十三章　早餐蛋类制作

一、煮蛋类

1. 水煮带壳蛋（Œufs avec coquille）

（1）原料（成品8人份）　新鲜鸡蛋16个。

（2）设备器具　不锈钢方盘、细孔滤网、盛菜菜盘、汤锅、燃气灶等。

（3）制作方法

① 将少司锅放于大火上，加清水煮沸。鸡蛋清理干净。

② 煮三成熟嫩蛋。将鸡蛋放入汤筛，浸入沸水中，待水再次沸腾时计时，煮2.5～3.5min，取出鸡蛋，放入60℃的热水中保温备用。

③ 煮五成熟软蛋。将鸡蛋放入汤筛，浸入沸水中，待水再次沸腾时计时，煮5.5～6.5min，将锅离火，取出鸡蛋，放入冰水中浸凉备用。

④ 煮全熟蛋。将鸡蛋放入汤筛，浸入沸水中，待水再次沸腾时计时，煮9～11min，将锅离火，取出鸡蛋，放入冰水中浸凉备用。

⑤ 剥去蛋壳备用。

（4）技术要点

① 选择新鲜完整的鸡蛋，蛋壳不能有裂痕。

② 根据鸡蛋的大小控制煮制时间，通常单个小鸡蛋小于或等于53g；单个中等鸡蛋53～62g；单个大鸡蛋63～72g；单个特大鸡蛋大于或等于73g。

③ 鸡蛋应放入沸水中煮制，便于蛋清快速凝固，使蛋黄均匀地包裹在中间，成型美观。

④ 鸡蛋应放在汤筛中，入沸水煮制，控制火力，避免翻滚煮烂。

（5）质量标准

① 煮三成熟嫩蛋成品是蛋白微熟、蛋黄全生呈液体状。多用于早餐，早午餐，配鱼子酱嫩蛋等。

② 煮五成熟嫩蛋成品是蛋白刚熟、不硬，蛋黄微熟、呈奶油状。多用于焗酿

嫩蛋等。

③ 煮全熟蛋成品是蛋白和蛋黄成熟定型，断面成型均匀美观。多用于沙拉、装饰或焗蛋等。

2. 煮水波蛋（Œufs pochés）

（1）原料（成品 8 人份） 新鲜鸡蛋 16 个，白酒醋 100mL（每 1L 水）。

（2）设备器具 不锈钢方盘、不锈钢汁盆、小碗、吸水纸、粗孔滤勺、盛菜菜盘、木搅板、不锈钢少司锅、平底炒锅、燃气灶等。

（3）制作方法

① 将少司锅放于大火上，加清水煮沸，水深少于或等于 8cm 时，加入白酒醋煮沸。

② 鸡蛋敲破蛋壳，放入小碗中。

③ 将鸡蛋轻放入沸水中，转小火保持水面微沸。针对中等鸡蛋，煮 2.5 ～ 3.5min，至五成熟取出，放入冰水中浸凉，取出用刀修整成型，沥水备用。

（4）技术要点

① 选用开口大的少司锅或平底炒锅煮制，方便操作。

② 锅中加水量不宜过多，以便蛋白定型凝固；煮制中，保持水面微沸，切忌滚沸。

③ 水波蛋习惯煮至五成熟，待蛋白凝固、蛋清柔软呈奶油状时最佳。

（5）质量标准 成型完整，蛋白刚熟、不硬，蛋黄微熟、呈奶油状，软嫩适口。

3. 奶油炖蛋（Œufs cocotte à la crème）

（1）原料（成品 8 人份） 新鲜鸡蛋 16 个，黄油 40g，奶油 40g，盐和胡椒粉适量。

（2）设备器具 不锈钢方盘、不锈钢汁盆、锡箔纸、软刷、小碗、盛菜菜盘、炖盅、木搅板、不锈钢少司锅、平底炒锅、燃气灶、烤炉等。

（3）制作方法

① 黄油加热，制成澄清黄油。将奶油入锅加热煮稠，加盐调味后保温备用。

② 将炖盅内部用软刷蘸澄清黄油刷匀，撒入盐和胡椒粉，轻放入敲破壳的鸡蛋，保持蛋黄和蛋白的形状。

③ 将炖盅放入平底炒锅内，炒锅内灌入热水，淹至炖盅一半。将炒锅和炖盅一同送入 160℃烤炉内，烤 5 ～ 6min，至鸡蛋五成熟，蛋白凝固，蛋清柔软成奶油状时备用。

④ 上菜前，取出炖盅，将奶油环绕蛋白淋汁装盘即成。

（4）技术要点

① 炖盅内均匀刷油，以免鸡蛋粘底。

② 鸡蛋放入炖盅内时，手法宜轻，不要破坏蛋黄和蛋白的形状。

（5）质量标准　鸡蛋成型完整，蛋白刚熟、不硬，蛋黄微熟、呈奶油状，奶油香味适口，软嫩适宜。

二、煎蛋类

1. 煎蛋（Œufs sautés à la poêle）

（1）原料（成品8人份）　新鲜鸡蛋16个，黄油40g，盐和胡椒粉适量。

（2）设备器具　不锈钢方盘、不锈钢汁盆、吸水纸、平底不粘锅、盛菜菜盘、小碗、不锈钢少司锅、燃气灶等。

（3）制作方法

① 将平底不粘锅放中火上烧热，加黄油烧化。鸡蛋打破放入小碗中。

② 将鸡蛋轻放入锅中，用小火缓慢煎制。

③ 至蛋白刚熟、不硬，蛋黄微熟定型、呈奶油状，撒盐和胡椒粉调味，离火放入热菜盘即成。

（4）技术要点　鸡蛋煎制时，注意保持其成型完整。可以用专用的煎蛋蛋圈来煎制，效果更佳。

（5）质量标准　鸡蛋成型完整，蛋白刚熟、不硬，蛋黄微熟、呈奶油状。

2. 法式香草奄列（Omelette aux fines herbes）

（1）原料（成品8人份）　鸡蛋24个，花生油40mL，黄油80g，细香葱40g，香叶芹40g，龙蒿香草40g，法香菜40g，盐和胡椒粉适量。

（2）设备器具　不锈钢方盘、不锈钢汁盆、盛菜菜盘、木搅板、餐叉、不粘锅、燃气灶等。

（3）制作方法

① 鸡蛋调散。细香葱、香叶芹、龙蒿香草和法香菜分别切碎。将香草碎、鸡蛋液、盐和胡椒粉调和均匀备用。

② 锅中加黄油烧热，倒入混匀的蛋浆。将锅前端放低，后端抬高。左手晃动煎锅，右手用餐叉将蛋液翻卷、煎制定形，使蛋卷成为两头细中间粗的梭子形，取出装盘，用细香葱装饰即成。

（4）技术要点　煎蛋卷时要注意晃动煎锅，避免蛋液粘锅，最好使用不粘锅。

（5）质量标准　色泽青绿，清香适口，蛋香宜人。

三、焗蛋类

1. 芝士焗酿蛋（Œufs farcis）

（1）原料（成品8人份）　鸡蛋12个，红葱碎40g，黄油40g，蘑菇碎400g，

法香菜碎40g，毛恩内少司2000mL，古老耶芝士40g，马苏里拉芝士粉40g，盐和胡椒粉适量，西班牙红粉适量。

（2）设备器具　不锈钢方盘、不锈钢汁盆、细孔滤网、盛菜菜盘、木搅板、不锈钢少司锅、汤锅、燃气灶、烤炉等。

（3）制作方法

① 煮全熟带壳蛋，切开后，保留蛋白，蛋黄压碎成蛋黄碎备用。

② 将蘑菇碎和红葱碎用黄油炒香，加盐和胡椒粉调味成蘑菇馅料。

③ 将蘑菇馅料、法香菜碎、蛋黄碎、毛恩内少司调匀成酿馅料。

④ 将酿馅料装入蛋白中，淋上少许毛恩内少司，撒上少许芝士粉，入焗炉焗上色即成。

（4）技术要点

① 全熟带壳蛋应该煮透，以便取出蛋黄，用蛋白做盛器来酿馅料。

② 芝士奶油焗烤上色即可。

（5）质量标准　色泽金黄，芝士奶油香味浓厚，风味独特。

2. 西班牙烘蛋饼（Omelettes plates à l' espagnole）

（1）原料（成品8人份）　鸡蛋24个，黄油80mL，橄榄油80mL，洋葱200g，大蒜160g，培根80g，土豆100g，青椒100g，红椒100g，番茄400g，百里香碎2g，法香菜碎4g，香叶芹碎4g，细香葱40g，盐和胡椒粉适量。

（2）设备器具　盛菜菜盘、木搅板、餐叉、不锈钢少司锅、不粘锅、燃气灶、烤炉等。

（3）制作方法

① 洋葱和大蒜切碎。培根、土豆、青椒、红椒切成小片。番茄去皮、去籽，切碎。

② 将培根用橄榄油炒香，加洋葱碎和大蒜碎炒匀，再加青椒、红椒、土豆和番茄炒出味，离火晾凉备用。

③ 将鸡蛋调散，放入炒香的培根等辅料和百里香碎、法香菜碎、香叶芹碎，加盐和胡椒粉拌匀。

④ 不粘锅内加黄油烧热，倒入蛋浆，加盖用小火烘焖，熟透后装盘，用细香葱装饰即成。

（4）技术要点

① 炒辅料时用小火，将蔬菜完全炒软后，蛋饼的香味才浓厚。

② 蛋饼较厚，煎制时要用小火，慢慢烘焖，切忌焦煳。有条件可以用烤箱烘烤。

（5）质量标准　形状完整，色彩鲜艳、美观，口感丰富，味香醇咸鲜，蛋香味浓。

四、炒蛋类

1. 葡萄牙炒滑蛋（Œufs brouillés portugaise）

（1）原料（成品8人份）新鲜鸡蛋24个，黄油40g+40g，红葱碎40g，熟番茄碎800g，番茄膏40g，香料束1束，大蒜碎40g，淡奶油40mL，盐和胡椒粉适量。

（2）设备器具 不锈钢方盘、不锈钢汁盆、盛菜菜盘、木搅板、餐叉、不锈钢少司锅、不粘锅、燃气灶等。

（3）制作方法

① 鸡蛋打破放入小碗中，用餐叉调散，加盐和胡椒粉调味。

② 将红葱碎用黄油炒香，加番茄碎、香料束、大蒜碎炒匀，调味后加番茄膏，小火煮稠，去除香料束，成浓缩鲜番茄酱。

③ 锅中加黄油烧化，放入鸡蛋液，小火加热炒制，不断用木搅板翻动炒匀，或水浴加热炒制。

④ 至锅中心的蛋液开始凝固、成型。将锅离火，加入黄油和奶油搅匀，呈蛋糊状，加入浓缩鲜番茄酱，加盐和胡椒粉调味，装盘即成。

（4）技术要点

① 炒蛋时用小火，时间长，以蛋糊成型，保持松软度为佳。

② 可以变化风味，用香草做成香草炒滑蛋。

（5）质量标准 蛋糊松软，口感软滑、细腻，口味丰富。

2. 法式炒滑蛋（French scrambled eggs）

（1）原料（成品8人份） 新鲜鸡蛋16个，黄油40g+20g，牛奶40mL，淡奶油40mL，切达芝士粉50g，法香碎20g，盐和胡椒粉适量。

（2）设备器具 不锈钢方盘、不锈钢汁盆、盛菜菜盘、木搅板、餐叉、不锈钢少司锅、不粘锅、燃气灶等。

（3）制作方法

① 鸡蛋打破放入小碗中，用餐叉调散，加牛奶、盐和胡椒粉调味。

② 锅中加黄油烧化，放入鸡蛋液，小火加热炒制，不断用木搅板翻动炒匀，或水浴加热炒制。

③ 至锅中心的蛋液开始凝固、成型。将锅离火，加入黄油、芝士粉和奶油搅匀，呈蛋糊状，撒入法香碎调味，装盘即成。

（4）技术要点

① 炒蛋时用小火，时间长，以蛋糊成型，保持松软度为佳。

② 可以变化风味，用黑菌做成黑菌炒滑蛋等。

（5）质量标准 蛋糊松软，口感软滑、细腻，口味丰富。

第十四章　西式供餐与菜单设计

西式供餐与菜单设计指的是针对不同时间段、不同进餐形式来具体划分的供餐形式。西式供餐按不同时间段可以划分为早餐、午餐、晚餐；西式供餐按不同进餐形式可以划分为西式套餐、自助餐、西式快餐。

其中，西式早餐由于其独特的用餐形式、独立的饮食习惯，形成一套比较完善的供餐形式。在实际工作中许多人重视西餐大餐的制作，常常被忽视西式早餐的制作。其实，西方人最重视的是早餐，因此下面会对西式早餐做单独的介绍。

其次，西式套餐包含西式午餐、晚餐等等。由于西式套餐中的对菜单的设计方面体现最高，会具体介绍西餐套餐的种类、西餐套餐的各种菜单，并对其中的具体菜单进行详细的介绍。

最后，针对目前我国最流行的西式自助餐进行详细的介绍。对自助餐的用餐形式、菜肴、菜单等进行了解、分析。

第一节　西式早餐

一、早餐类型

西式供餐中的早餐主要分为欧陆式早餐和美式早餐两种类型。欧陆式早餐的结构十分西方化，在我国并不多见，而美式早餐由于其饮食结构符合中国人的饮食习惯，深受中国人的喜爱，并逐步影响、改变了中国许多酒店的早餐供餐形式。

1. 欧陆式早餐（Continental breakfast）

欧陆式早餐也叫大陆式早餐，是一种简单的早餐，一般只提供咖啡、茶、果汁、牛角面包、圆面包、黄油或果酱，大多数欧洲的酒店都提供这种较为简单的欧陆式早餐。由于中外饮食文化的差异，大多数中国人难以接受这种过于西方化的饮食结构，所以许多中国的酒店基本不提供欧陆式早餐。

2. 美式早餐（American Breakfast）

美式早餐也叫英式早餐，是一种很丰盛的早餐。通常提供各式蛋类制品、面包、新鲜的水果、蔬菜、香肠、肉类制品、炸鱼、燕麦、土豆饼等几十个菜肴品种。

丰盛的美式早餐进入中国后深受中国人的喜爱，特别是在旅游酒店推出房费包含早餐的服务以后，这种自助餐模式的早餐形式开始在中国的大多数酒店里流行，甚至没有西餐的酒店也把常见的中式早餐形式调整为美式早餐的形式。

在饮食文化大融合的潮流下，美式早餐的中西融合交流也更为突出。现在中国酒店的西餐厅早餐提供西方人喜爱的面包、牛奶、火腿、鸡蛋、香肠，也提供中国人喜爱的油条、豆浆、花卷、包子、稀粥等，可以满足顾客不同饮食习惯的要求。

二、早餐的菜单

一般的西式早餐供餐包括下列三种菜单类型，包括美式早餐、欧陆式早餐、早餐零点菜单。

美式早餐

Ham Omelets 火腿蛋卷
Porridge 麦片粥
Corn Flakes 脆玉米片
Poached Eggs 水波蛋
Scrambled Eggs 炒蛋
Bacon & Eggs 培根配鸡蛋
Toast & Butter 吐司配黄油
Marmalade 橘皮果酱
Strawberry Jam 草莓果酱
Orange Juice 橙汁
Tea 茶
Coffee 咖啡

欧陆式早餐

Croissants 法式牛角面包
Brioches 法式松包
Marmalade 橘酱
Confiture 果酱
Fruit Juice 果汁
Tea 茶
Coffee 咖啡
Cocoa 可可

早餐零点菜单

Cereals 谷物类

Porridge 麦片粥

All Bran 麦麸条

Corn Flakes 玉米片

Puff Wheat 小麦泡芙

Shredded Wheat 麦丝卷

Sugar Corn Pops 爆玉米花

Waffle & Griddle Cakes 华夫饼热斑戟类

Cinnamon Waffle 玉桂华夫饼

American Waffle 美式华夫饼

Chocolate Waffle 巧克力华夫饼

Waffle & Fried Eggs 煎蛋配华夫饼

Buckwheat Cakes 荞麦斑戟

Griddle Cakes 热斑戟

Eggs & Omelets 鸡蛋奄列类

Ham & Eggs 火腿煎蛋

Boiled Eggs 煮蛋

Poached Eggs 水波蛋

Bacon & Eggs 培根配鸡蛋

Plain Omelet 奄列

Scrambled Eggs 炒蛋

Cheese Omelets 干酪奄列

Tomato Omelets 番茄奄列

Minced Ham Omelets 火腿奄列

鱼　类

Kedgeree 印度烩鱼饭

Fish Cakes 炸鱼饼

Kippered Herring 熏鲱鱼

Compote of Fruits 炖干果类

Apples 炖苹果

Pears 炖梨子

Peaches 炖桃子

Prunes 炖李子

Fruit Juice 果汁类

Pineapple Juice 凤梨汁

Apple Juice 苹果汁

Grape Juice 葡萄汁

Carrot Juice 胡萝卜汁

Orange Juice 柳橙汁

三、早餐菜单设计

由于欧陆式早餐过于简单，并且在中国酒店的实际影响不大，所以这里只讨论最常见的美式早餐。首先，早餐菜单必须满足各个国家、地区的饮食习惯。要考虑常接待顾客的国家、地区、民族、宗教、习俗、历史、文化、饮食等各方面的需求，有针对性地制订菜单中的菜品，其次，菜肴必须品种丰富、菜式花样多

变、富于季节变化。一般的西餐厅自助早餐的菜肴品种在50个以上。菜单也要经常变换花样和品种，做到菜式不单一、品种不单调。还要根据地区的季节变化，采用不同的时令水果和时令蔬菜，丰富菜单内容。再次，菜肴必须中西兼顾，合理搭配。设计菜单时不仅要照顾中国人的饮食习惯，多提供中餐菜肴，如稀粥、包子、油条、豆浆等，而且也要安排中国人和西方人均能适应的西式菜肴，如面包、鸡蛋、牛奶、水果等。另外，注意控制成本和质量。自助餐最大的问题就是成本控制，早餐也不例外。早餐成本的问题主要集中在顾客食用量比较大，特别像鸡蛋、水果、鲜果汁、火腿、香肠等原材料的价格相对较高。所以可以增加菜肴品种，让顾客尽可能地挑选其他菜品，减少选用这些高价格的食品，从而降低自助早餐的成本。最后，菜单设计一定要注重营养健康和膳食搭配，让每个顾客早餐吃好、吃健康、吃合理。

四、菜单设计中容易出现的问题

下面是早餐菜单最容易出现的问题和解决的方法。

① 设计菜单时把大量的各式菜肴都写在菜单上，以显示菜肴丰富，菜单中有，实际中没有。如忽略了季节性断货等。

菜单设计时参考厨师的意见和建议，详细了解、掌握本区域原材料的季节情况，制订出合理的早餐菜单。

② 酒店的西餐厅早餐有现场蛋类菜肴制作服务，在服务车上放电磁炉，现场煎蛋或是制作奄列蛋。

有的餐厅在设计美式早餐菜单时为节约成本，推出这项服务后没有后续的手段，会出现许多顾客为了吃个煎蛋排长队等候的场面。

这种方式看似用等待时间来节约了鸡蛋的消耗，却毁损了酒店的声誉。西餐经营的是高档次餐厅，讲究高规格服务、高品质享受，不能为成本丢弃西餐精华的部分。控制成本，不能以牺牲顾客的利益为代价，要合理地、在可以的范围内控制成本才是厨师的责任。

第二节　西式套餐

一、西式套餐类型

西式套餐是西餐中普遍采用的方式。总体来讲，除了自助餐外，西餐供餐的其他形式都属于套餐范畴内。西式套餐的代表是各种菜单。西餐厅由于经营各有

特色，在菜单种类的设计上也有很大的不同。

一般会根据餐厅的经营时间设计成早餐菜单、午餐菜单、晚餐菜单、夜宵菜单等；根据餐厅的经营特色设计成宴会菜单、点餐菜单等；根据经营需要设计成固定菜单、循环菜单、厨师推荐菜单等。

菜单设计是为了突出餐厅的经营特色、经营需求，为顾客提供方便，最终达到宣传餐厅、营销、经营餐厅的作用。

二、西式套餐菜单

西式套餐菜单
——180元

冻生牛柳

南瓜奶油汤

凯撒沙拉

铁扒牛柳配红酒汁

白巧克力布丁

咖啡或茶

西式套餐菜单
——220元

墨西哥焗蟹肉

法式洋葱汤

德式土豆沙拉

匈牙利烩牛柳

咖啡慕斯

咖啡或茶

西式套餐菜单
——280元

蜜汁鸭胸

香辣海鲜汤

西班牙海鲜烩饭

芝士焗龙虾

杏仁布丁

水果冰激淋

咖啡或茶

西式套餐菜单
——388元

烟熏挪威三文鱼

芝士焗生蚝

海鲜奶油汤

意大利扇贝沙拉

红酒牛扒配

冰冻芒果露

果仁冰激淋

咖啡或茶

三、西式套餐设计

套餐菜单的设计是一项科学、系统、综合性很强的技术工作，它要求在设计

时必须由行政总厨、厨师长、餐饮部经理、营销部经理共同参与设计，最终报餐饮企业总经理批准。西式套餐的设计总则是：必须是以市场为导向，根据餐饮企业自身素质，以满足消费者为前提，以经营盈利为目的。

1. 套餐菜单设计原则

（1）套餐菜单设计必须与市场适应　设计初期全面了解和调查餐饮市场的变化和趋势，在菜肴的设计中跟上时代的潮流，与市场结合，迎合消费者需求、满足消费愿望。现代餐饮市场竞争十分激烈，找准餐饮市场的消费者需求要点，充分满足消费愿望，才能迎合消费者的需求，在餐饮行业中有立足之地。

（2）反映餐厅特色，最终达到宣传餐厅、营销、经营餐厅的作用　应根据餐厅的定位设计与之相适应的套餐菜单。如综合类西餐厅的套餐设计反映综合世界各国菜肴的特色菜品，包含法式、意式、德式、俄式、东南亚式等菜肴。单一的特色西餐厅的菜单设计应根据特色提供菜肴，比如法餐厅的套餐菜单突出法式菜肴特色和法国餐饮文化，满足消费者对法国餐饮文化的理解与需求。

（3）为企业带来效益　套餐菜单设计要为企业带来效益是基本的原则。以盈利为原则，发挥菜单的推销目的，提高顾客的注意力，从而提高餐饮企业形象，为企业带来效益。

（4）套餐菜单设计的结构原则　西餐厅的菜单设计的结构原则，一般是固定的模式。在结构上一般以西餐晚餐的套餐菜单的结构做参照。西餐厅的菜单在设计时一般被设计成三开页的格式。

为了保证套餐菜单设计质量能满足以市场为导向，根据餐饮企业自身素质，以满足消费者为前提，以经营盈利为目的和宣传企业特色的作用，相关人员要对菜单进行专业的设计。

2. 套餐菜单设计基本步骤

（1）按照餐饮企业既定的经营方针进行设计　餐饮企业既定的经营方针包括对菜肴的价格和成本的方针、经营手段等方面。如在经营方针上采取高价格对高利润，提高特色菜肴的价格获取高额的利润；或采用低价格对低利润，以降低单个菜肴的利润来吸引顾客，提高销售数量达到较高的经营利润等；更有零利润经营的特别菜肴等经营方针。

（2）掌握市场的原料价格，计算成本　掌握市场原材料的变化和原料的成本构成，根据餐饮企业设计的经营菜肴的原料成本、经营成本、销售成本等来计算菜肴的销售成本和价格的基本区间，考虑可能因原料价格的季节变化带来的成本变化对企业经营利润的影响。

（3）根据市场需求，制订菜单　调查市场顾客对餐饮的需求，了解餐饮流行

的趋势，掌握餐饮发展的动向，根据调查的结果研究出特色菜肴，根据企业自身的经营水平和菜肴制作水平来制订合乎市场消费需求的套餐菜单。

（4）根据顾客需要，及时调整套餐菜单　餐饮市场风云变化，一些菜肴的生存时间很短暂，消费者的口味和消费观念也多变，所以要经常根据顾客的需要及时调整套餐菜单中的菜肴结构和品种。

（5）套餐菜单风格与菜肴一致　每个餐饮企业提供的菜肴都会有自己的特色和风格，而菜单的设计也必须体现餐饮企业自己的风格特色，并且与提供的菜肴风格特色一致。

3.　西式套餐菜单成本与价格关系

西式套餐菜单定价，是指核定菜肴价格的过程，是菜单设计的重要过程。由于餐饮企业的主要收入是出售菜肴和酒水，因此西式套餐菜肴价格的制订直接决定餐厅经营的好坏，是餐饮企业的生命线。同时餐饮行业的价格一旦制订一般不宜改动，因为服务行业是个声誉高于一切的行业。提高或降低价格都直接影响到企业的声誉，而菜肴价格制订得太高或太低，又都会对餐厅效益有影响。所以制订菜单定价，要掌握以下三个原则。

（1）套餐菜单价格反映菜肴价值　套餐菜单的价格能反映出菜肴的成本价值，一般五星级酒店的菜肴成本毛利率控制在65%，四星级酒店的菜肴成本毛利率控制在50%，三星级酒店的菜肴成本毛利率控制在45%，其他餐厅的菜肴成本毛利率控制在40%左右。

但是现代餐饮企业已经不能单纯地用成本毛利率来反映其菜肴的定价，因为餐厅的装修和营销广告的投入力度远超过了其菜肴成本的内在价值。因此，菜肴的成本毛利率虽然是企业内部成本控制的指标，但还必须从其他方面来考虑菜肴的定价。

（2）套餐菜单价格应表现餐厅级别　在市场经济体制下，以前的成本毛利率决定价格的模式已经无法适应餐饮企业的菜肴价格的制订。目前通常采用的都是按餐厅的级别来制订菜肴的价格。以西餐菜肴里的典型菜品"黑胡椒牛扒"为例，普通西餐厅出售的价格通常在 38 ～ 68 元，三星级酒店出售的价格通常在 68 ～ 88 元，四星级酒店出售的价格通常在 88 ～ 118 元，五星级酒店出售的价格通常在 168 ～ 188 元。

造成价格变化的因素主要有两点。一是餐厅的级别不同使用的牛扒的质量不同。牛肉的市场价格有16元、38元、58元、88元等，不同的产地，质量差异巨大，不同的餐厅会根据不同的级别来选择原料，其销售价格也会同原料的价格变化而相对应。二是餐厅的级别不同，其提供的服务等级也有很大的变化，其服务成本也必须记入菜肴成本中，这样同样的菜肴在同样的成本毛利率的控制下也会发生巨大的变化。因此，当前餐饮企业菜肴的定价主要原则是：餐厅的等级＝服务＝价格。

（3）套餐菜单价格应与市场需求符合　目前的西餐餐饮市场相对成熟，具有较好的可比性。要注意到在相对固定的区域内的同等餐厅之间的价格规范与区域内的消费的矛盾关系。同一城市，甚至同一区域内的消费水平都存在较大差异，要仔细调查、研究餐饮企业所处地理位置的消费水平和消费观念，制订出符合市场需求的菜单价格。

四、菜单组合设计

1. 套餐菜肴组合原则

套餐菜单组合是一整套的用餐过程中，所包含的所有菜肴的组合方式和内容。套餐菜单组合是厨师技能水平的最高表现。西餐套餐菜单组合主要体现在宴会菜单、公司菜单、节日菜单、套餐菜单、循环菜单、厨师推荐菜单等套餐菜单的制订。

2. 套餐菜肴组合要素

（1）套餐菜品组合合理　西餐菜单包括套餐菜单、宴会菜单、公司菜单、节日菜单、零点菜单、循环菜单、厨师推荐菜单等。

西餐正式宴会的套餐适宜高规格、人数不多的客人。常用菜点安排如下：头盘、汤、沙拉、主菜、甜点、水果、饮料。在组合菜单时要注意菜肴的合理组合同进餐形式的要求，满足用餐基本要求。

Dinner Menu
晚餐菜单

Shrimp Cocktail 大虾咯参
French Onion Soup 法式洋葱汤
Cucumber and Tuna Salad 金枪鱼沙拉
Green Salad 生菜沙拉
Roasted Beef Fillet with Black Pepper Sauce 烧牛柳配黑胡椒沙拉
Cream Cheese Pudding 奶油芝士布丁
Fresh Fruit 鲜水果拼盘
Coffee or Tea 咖啡或茶

——168元

这张菜单没注意到菜品的合理组合，本菜单为了满足菜单总价值增加了一个沙拉。但是在西餐宴会中，进餐方式是不能随意改变的，只能通过提高菜肴道数、提高菜品种类或提高菜肴的档次来提高菜单的价格。只有在特别的顾客的要求下，才能增加菜肴的菜品组合，例如运动员这类特殊的顾客人群。

（2）套餐菜肴合理原料搭配　是指在设计组合套餐菜肴时，注意每道菜肴使用的主要原料之间以及主料和辅料之间相互不冲突、相互不重叠。许多时候，容易出现在菜单里沙拉和主菜都有海鲜或是牛肉等重叠搭配的情况。

Dinner Menu
晚餐菜单

Escargot Bourguignon 法国焗蜗牛

Seafood Chowder 海鲜周打汤

Waldorf Salad 华道夫沙拉

Grilled King Prawns with Garlic Herb Butter 蒜茸大虾

Strawberry Cheese Cake 草莓奶酪蛋糕

Chocolate Ice Cream 巧克力冰激淋

Coffee or Tea 咖啡或茶

——188元

这张菜单没注意到套餐菜肴组合中的菜肴合理原料搭配；组合套餐菜单时没考虑菜单里有两个重复的海鲜，特别是海鲜汤里本身有大虾，后面不能再配上有大虾的主菜。

在设计套餐菜单时经常会碰到这样的问题，菜肴名称上的主料重叠容易发觉，但包含在菜肴制作里的原料重叠很难发觉。原料冲突一般很难掌握，要有长时间的经验积累。

（3）营养成分和荤、素合理搭配　有时菜单价格比较便宜，成本控制会选用相对便宜的原料来组合，造成菜肴营养失衡的情况；或是针对相对便宜的价格开出荤、素搭配不成比例，素菜太多等情况。

Dinner Menu
晚餐菜单

Sour Mushrooms 酸蘑菇　　　　　　Cream Caramel 焦糖布丁

Fruit Salad 水果沙拉　　　　　　　　Sherbets 冰霜

French Onion Soup 法式洋葱汤　　　Coffee or Tea 咖啡或茶

Chicken Curry 咖喱鸡　　　　　　　　　　　——88元

　　这张菜单没注意到荤、素原料的搭配合理。菜单中大量充斥着素菜原料，整个菜单中就只有几块鸡肉，同西餐中的以肉类原料为主食的观念相差太远，菜单的营养价值不够，蛋白质、氨基酸和维生素B的设计含量都太低。

　　实际运用中在菜单的荤、素原料的搭配上很容易出现问题，特别是在设计重点客人菜单时常出现高档原料过多使用，造成营养过剩的问题。在对价格便宜的菜单的设计中会出现原料搭配不合理，充斥大量的简单、便宜原料，影响顾客的美食享用心情。

　　注意不论菜单的价格的高低变化，应本着既定的成本毛利率来组合菜单。提高或降低既定的成本毛利率都是不可取的，必须严格按照既定的经营方针来经营管理好厨房。

　　针对的顾客有不同的食用量，原材料的消费也不同，但是对顾客的成本毛利率不能变，只能通过菜肴组合设计来均衡顾客的需求。

　　（4）根据消费对象设计搭配　针对顾客的需求情况、消费观念、文化、素质等的情况，调整菜单的菜肴结构，更好地满足顾客的需求。

Dinner Menu
晚餐菜单

Smoked Salmon with Black Caviar　　Baked Lobster with Garlic Butter 巴黎

烟熏三文鱼配黑鱼子酱　　　　　　　黄油烤龙虾

Roquefort Cheese　　　　　　　　　Italian Tiramisu 意大利提拉米苏

法式洛克福芝士盘　　　　　　　　　Strawberry Milk Shake 草莓奶昔

Salad Nicosia 尼斯式沙拉　　　　　Coffee or Tea 咖啡或茶

Oxtail Soup 香浓牛尾汤　　　　　　　　　　——488元

这张菜单没注意到套餐菜肴组合中的菜肴对象要合理。菜单看上去没有什么不好，这张菜单是一家五星级酒店接待法国一个著名的时装设计师和他的模特队的晚餐宴会菜单。当时考虑到法国人的饮食文化习惯，专门购买了法国的洛克福芝士和大西洋产的龙虾等高档原料，还考虑到法国和意大利的时装地位，菜单里添加了意大利提拉米苏，但是当晚菜肴基本没动，时装设计师和模特队只是出于礼貌每个菜动了一点，基本都没吃。随着整只龙虾退回厨房，厨师们都十分惊讶，事后才知道顾客当晚还有时装表演，以及模特为保持身材晚上都是不吃东西的，白白浪费很多高档原料。

如果当晚为满足菜单的价格开出高档的水果或蔬菜原料，或是把每个菜肴做得精致典雅、小巧美丽也还是能满足时装设计师和他的模特队的需求的。

在现实中这样的问题经常发生，比如有时自助餐面对的消费者文化素质较高，整个菜肴的消费量比较少，厨房应该提供高档、精致菜肴，满足顾客较高的美食欣赏水平；有时自助餐面对的消费者是身体较强壮的顾客，比如运动员、工人等，整个菜肴的消费量较多，那么厨房应该提供大量、美味的菜肴满足顾客对食物的需求。

（5）套餐菜肴成本合理　是在组合成一张套餐菜单时，必须注意到菜肴的单价总和与菜单的价格的关系合理，即菜肴的成本合理。特别是在宴会套餐菜单、普通套餐菜单的实际组合时要十分注意。

Dinner Menu
晚餐菜单

Strasbourg Pate de Foie Gras 法国鹅肝酱

Emmental 法式艾门塔尔芝士盘

Home-made Vegetable Salad 家常蔬菜沙拉

Hungarian Beef Goulash 匈牙利浓汤

Roast Beef Sirloin Steak with Red Wine Sauce 西冷牛扒配红酒少司

Fruit with Sabayon 鲜水果配沙巴翁

Strawberry Ice Cream 草莓冰激淋

Coffee or Tea 咖啡或茶

——318元

这张菜单没注意到菜肴组合中的菜肴成本合理，开出组合套餐菜单时没有主意到套餐菜单的价格同所有菜肴的价格的关系。

该西餐厅的正餐菜单中法国鹅肝酱的单价是48元、法国的安文达芝士盘的单价是38元、家常蔬菜沙拉的单价是28元、匈牙利浓汤的单价是18元、西冷牛排配红酒少司的单价是108元、鲜水果配沙巴翁的单价是28元、草莓冰激淋的单价是18元、咖啡或茶的单价是28元，每个菜肴的单价相加是314元，这个晚餐菜单的价格是318元。

这样的设计组合显示，不仅没给顾客优惠还加价出售菜肴，一般顾客提前预定菜肴就应该有很好的折扣，所以这张菜单的合理成本定价应该是268元。在提前预定、数量较大的情况下应该给顾客较大的优惠来吸引顾客，但是对菜品的成本也不会有很大的影响。比如这张菜单设计组合好以后，可根据顾客的实际消费需求来适量控制原料的成本，通过配菜和主料的关系来达到成本均衡的目的。

（6）季节设计合理　餐菜单设计时，充分考虑季节对菜肴成本原料变化的影响。主要是正餐套餐菜单、午餐套餐菜单、早餐套餐菜单等固定菜单的季节性变化。季节变化影响菜单中的原料成本和供应。

许多酒店的套餐菜单中很多原料都有季节性的断季，如火鸡、草莓等原料；而龙虾的季节性价格波动变化很大，很多原料的进货、保存都有难度。而这种固定的菜单一旦设立一般不能更改，顾客来消费时会发现无原料加工。

因此一个固定性菜单的设计组合非常系统、复杂，要厨师有很高的素质和文化水平，必须熟练了解和掌握市场原料的季节性变化、原料的保存期限等相关知识，才能针对市场设计出合理的固定性菜单。

（7）晚餐套餐菜单设计基本内容　晚餐套餐菜单的封面由餐厅的名字（中英文）、定餐电话号码、营业时间、邮编、地址等组成，有的还有特色菜肴的照片或是主厨的照片。晚餐套餐菜单的里面三页是菜肴的中英文名称和单价，有的还包括了主要特色菜肴的照片和菜肴说明等内容。最后是服务费用说明。晚餐套餐菜单的背面一般是餐厅的酒水和咖啡单。

Dinner Menu 晚餐正餐菜单

APPETIZER（开胃菜）

Red Caviar 红鱼子酱

Smoked Salmon 烟熏三文鱼

Escargot Bourguignon 法国焗蜗牛

CHEESE（芝士盘类）

Roquefort 法国的洛克福

Gorgonzola 意大利的戈根索拉

Blue Stilton 英国的蓝史蒂顿

SALAD（沙拉类）

Salad Nicoise 尼斯式沙拉

Waldorf Salad 华尔道夫沙拉

Home-made Vegetable Salad 家常蔬菜沙拉

SOUP（汤类）

Cream of Mushroom Soup 奶油蘑菇汤

Seafood Chowder 海鲜周打汤

French Onion Soup 法式洋葱汤

Beef Consommé 牛肉清汤

MAIN COURSE（主菜）

BEEF（牛羊肉类）

Roast Sirloin Beef 烤西冷牛扒

Fillet Steak, Country Style 乡村里脊扒

Grilled Beef Tenderloin with Black Pepper Sauce 牛里脊扒

Grilled Beef Rib-Eye Steak 扒肉眼牛扒

Roast Beef Sirloin Steak with Red Wine Sauce 西冷牛扒

CHICKEN（鸡肉类）

Roast Stuffed Turkey 烤酿火鸡

Barbecued Chicken Leg 烧烤鸡腿

Chicken Curry 咖喱鸡

SEA FOOD（海鲜类）

Seafood Kebabs 海鲜串

Grilled Tuna Steak 扒金枪鱼

Grilled Norwegian Salmon Fillet 扒挪威三文鱼排

Grilled King Prawns with Garlic Herb Butter 蒜蓉大虾

Baked Lobster with Garlic Butter 巴黎黄油烤龙虾

VEGETABLE（蔬菜类）

Assorted Vegetables 什锦蔬菜

Stewed Egg-plant Brown Sauce 红烩茄子

Stuffed Green Pepper 酿青椒

MEAT（猪肉类）

Barbecued Spare Ribs 烧烤排骨

Smoked Spare Ribs with Honey 烟熏蜜汁肋排

Pork Pickett 意大利米兰猪排

SANDWICH & HAMBERGER（三明治和汉堡类）

Beef Burger 牛肉汉堡包

Chicken Burger 鸡肉汉堡包

American Hot Dog 美式热狗

Club Sandwich 俱乐部三明治

Tuna Fish Sandwich 金枪鱼三明治

NOODLES & PIZZA（面条和比萨类）

Macaroni with Seafood 海鲜通心粉

Spaghetti with Seafood 海鲜意粉

Cheese Lasagna 意大利奶酪千层饼

Pizza Vegetarian 什菜奶酪比萨饼

DESSERT（甜品类）

Black Forest Cake 黑森林蛋糕

Italian Tiramisu 意大利提拉米苏

Chocolate Mousse 巧克力慕斯

Puff Pastry with Fruits 水果脆皮酥盒

Fruit with Sabayon 水果配沙巴翁

Vanilla Pudding 香草布丁

ICE CREAM（冰激淋类）

Vanilla Ice Cream 香草冰激淋

Chocolate Ice Cream 巧克力冰激淋

Strawberry Ice Cream 草莓冰激淋

RINK & WINE（酒水类）

（略）

COFFEE & TEA

（略）

第三节　西式自助餐

　　自助餐，是起源于西餐的一种就餐方式。厨师将烹制好的冷、热菜肴及点心陈列在餐厅的长条桌上，由客人自己随意取食，自我服务。这种就餐形式起源于公元8～11世纪北欧的"斯堪的纳维亚式餐前冷食"和"亨联早餐"。相传这是当时的海盗最先采用的一种进餐方式，至今世界各地仍有许多自助餐厅以"海盗"命名。

　　虽然自助餐发源于海盗，但是自助餐最早是日本昭和33年（1958年）东京帝国酒店首创先例，将所有料理放在一桌，客人依据喜好取食，才流行开来的。

一、西式自助餐类型

　　西式自助餐根据西方人的饮食文化和习惯可以分为自助餐和冷餐会两种。

1. 西式自助餐简述

　　西式自助餐音译成"布菲"，在西餐厅里提供种类繁多的菜肴，由客人自己取用，服务员只进行简单的收餐服务。

　　由于进餐相对自由、选择面广泛、用餐环境干净、快捷，深受广大中低消费者的欢迎。西式自助餐提供汤、沙拉、热菜、米饭、面条、甜品、水果、面包、咖啡等至少80种以上的菜肴供顾客选用，不提供酒水和饮料。这些菜肴被放置于布菲台的布菲盛器内，需要保温的菜肴盛器下面还有酒精炉加热，需要冷藏的菜肴会放置在低温展示冰箱内。布菲台上还有供顾客拿取食物的公用餐勺、餐叉，

还会根据不同类型的菜肴摆放的位置放置适量的餐盘、汤盅等餐具。顾客使用的刀、叉摆放在客人餐台上，一般只有简单的餐刀、餐叉，特别是餐刀和平时使用的不一样，是可以切牛扒又可以切鱼肉的自助餐专用餐刀。

2. 西式冷餐会简述

西式冷餐会是自助餐的一种特殊形式，是高档次的自助餐。但是其菜肴大多是一些制作简单、食用方便、小巧精致、适合佐酒的菜品，包括沙拉、小吃、甜品、水果、三明治、少许热菜、酒水和饮料，并且不提供汤。由于西式冷餐会的性质主要是为了方便顾客之间的相互交流，品尝美食、美酒，达到既是用餐又是开会的作用，因此设置西式冷餐会时餐厅不要餐桌、椅子，其目的是让客人取用食物或酒水后可以自由走动，达到方便交流的目的。

二、西式自助餐菜单

西式自助餐菜单

——288元

Soup 汤品

西兰花浓汤

奶油海鲜汤

Salad 沙拉

法式田园沙拉

泰式酸辣粉丝沙拉

三丝牛肉沙拉

土豆培根沙拉

烟熏三文鱼

Cold Dishes 冷盘

各式肉肠拼盘

德国火腿

海鲜酥皮塔

蔬菜卷牛肉

日本寿司

香草蒜香青口

Hot Dishes 热盘

煎鹅肝配香橙汁

铁扒大虾

荷兰汁焗三文鱼

香煎牛柳意大利黑醋汁

法式烤羊排

咖喱鸡

清炒芥兰

肉酱意大利面

火腿玉米炒饭

Dessert 甜品

各式水果拼盘

巧克力蛋塔

芝士蛋糕

水果蛋糕

提拉米苏

苹果派

水果沙拉

中西式自助餐菜单

——488 元

冷菜沙拉　冰镇海鲜

（虾、蟹、青口、蛏子、扇贝）

刺身和寿司

自制各式肉盘

金砂烤鸡

泰式粉丝沙拉

芦笋培根沙拉

豆鼓熏鱼

凉拌三丝

炸桂花糖藕

大虾鸡肉卷

盐焗鸡

沙拉吧

各种生菜、樱桃番茄、黄瓜、胡萝卜

意大利芝士、橄榄果

面包台

丹麦面包、法式面包

汤类

海米蛋花汤

土豆浓汤

扒档

牛里脊、鸡排、羊排、鱼排、

蔬菜串、牛肉串、羊肉串、海鲜串

中式面档

各式海鲜面、各式时蔬面、各式冷

面等

中式点心台

蒸点、炸点、煎点

热菜

法式烤羊腿

黑椒烩海鲜

意式番茄面

日式照烧鸡

牛油烤土豆

豆豉蒸鳜鱼

黑椒牛肉

泰国菠萝炒饭

酸甜汁扒大虾

香草蛤蜊

香辣蟹

焗青口

椒盐大虾

印度小厨

甜点

美式苹果卷

草莓蛋糕

水果馅饼

奶油蛋糕

水果蛋糕配茴香少司

什锦水果

樱桃蛋糕

奶油千层酥

杏仁芝士蛋糕

柠檬蛋糕布丁

瑞士巧克力卷

咖啡慕斯

冰激淋配果仁和果汁

西米布丁

三、西式自助餐设计

首先，西餐自助餐菜单的设计应当注重西方人的饮食结构特点，每餐以沙拉、汤、主菜、甜品等构成一套。应有两款汤类、几款沙拉类、几款主菜类、几款甜品类菜肴来构成，要考虑自助餐的特殊进餐特点，适当添加面条、米饭等搭配的食物以及在西餐中作为配菜装饰的蔬菜等。其次，西式自助餐接待的用餐人数多，要求出餐的速度快，必须考虑大批量生产，容易保存，质量稳定，便于保存，口味大众化等。再次，西式自助餐提供的菜肴还要考虑到顾客的营养、健康需求。比如一般的西式自助餐菜单要考虑到营养健康、膳食合理、荤素搭配等关系，而对酒店的旅游顾客，必须考虑他们的行程安排、健康饮食、旅游消耗等因素，适当添加绿色蔬菜、高热量原料、水果等来弥补他们的饮食需求。最后，西式自助餐菜单设计还必须考虑本地顾客的需求，尽量使用中西结合的自助餐模式。应当选用中国人了解、熟悉、喜欢的西式菜肴，避免提供西方人特别喜爱的血淋淋的肉类，以及生吃的品种。同时添加大量的中餐菜式，以西式方法装盘、装饰。另外，应结合规格和库存情况，选择成本较为低廉的原料，一般不采用价格较高的时令蔬菜、水果等。肉类和海鲜在制作的时候也以大众货为主。

四、自助餐设计中容易出现的问题

在西式自助餐菜单设计时常常出现许多问题，比如季节、原料、习俗、价格、成本等。

自助餐菜单中，菜肴原材料的季节性因素对自助餐影响较大。许多菜单设计好以后会长期使用，这其中原材料的季节性因素影响是对厨师专业素质的考验。

合格的西餐厨师长必须了解和掌握本地区的原材料的季节变化、产地、质地、价格浮动规律等各种因素，才能因地制宜地设计出完美的自助餐菜单。

自助餐菜单中，西式冷餐会的菜肴设计是关键。首先要求餐厅经理必须掌握、了解参加冷餐会的顾客成分、习俗、素质、目的、宗教信仰、饮食需求等，从而布置会场格调，然后协助厨师长来设计菜单，最后厨师长对菜肴的品质、质地、成菜规格、食用方法等来设计，完成菜单制作。了解、掌握顾客情况是厨师长对冷餐会的菜单设计的前提，是餐厅经理布置会场格调的基础。

自助餐最大的问题是成本控制。自助餐成本控制的方法有很多。设计菜单时可以调整菜肴构成方式来控制成本。多提供制作成本低廉，但色彩艳丽，大家都喜欢食用的西点。只要顾客选用了西点，会少吃一点西餐热菜部分，既能节省成本，又不会影响餐厅的声誉。

　　自助餐使用餐具的选择。自助餐成本最大的问题是顾客浪费造成成本增加。有的酒店自助餐台上放置有浪费10%加收多少钱的牌子，这是不对的方式。

　　在酒店中顾客是上帝，可以采用的控制浪费方法是在自助餐的餐台上摆放适当的盘子。一般国外的西餐厅自助餐都是在沙拉区域摆放沙拉盘，在主菜区域摆放大盘，在甜品区域摆放甜品盘，每个顾客都有吃完、吃光这道菜肴后再去取用食物的习惯，一般很少有浪费的情况出现。

　　在我国的西餐厅顾客浪费的情况比较多，可能和中国人的饮食习惯有关。中国人喜欢大家一起分享食物，每个人都会取用过量的食物，控制的方式是统一提供适当的沙拉盘。这样不会有主菜大盘一次丢掉很多食物的情况，也不会因甜品盘太小显得餐厅小气。

　　自助餐控制成本的另一个方法是厨师看守自助餐台控制成本。厨师看守自助餐台可以全面了解顾客就餐的速度，控制添加菜肴的速度、控制高成本菜肴的数量、控制菜肴制作的时间。

　　出餐后的菜肴处理。许多餐厅采用的方法是出餐后的菜肴不要浪费了，给餐厅员工当午餐或晚餐，这样做的后果是每次开餐时间快到的时候服务员或厨师就会自动把餐台上的菜肴添满，甚至是价格很高的菜肴也添满，造成不必要的损失。其实最好的方式是回收能再次使用的菜肴后，全部丢掉。

参考文献

［1］卢一，何江红．雪域美肴——百味牦牛肉食谱．成都：四川科学技术出版社，2012．

［2］张浩．亚洲菜制作技术．北京：科学出版社，2011．

［3］李晓．西菜制作技术．北京：科学出版社，2009．

［4］吕懋国，李晓．西餐知识．长春：东北师范大学出版社，2009．

［5］阎红．烹饪调味应用手册．北京：化学工业出版社，2008．

［6］高海薇．西餐工艺．北京：中国轻工业出版社，2008．

［7］李晓．自己动手做西餐．成都：四川科技出版社，2005．

［8］高海薇．西餐烹调工艺．北京：高等教育出版社，2005．

［9］柳馆功．新式法国美食．台北：台湾东贩股份有限公司，2003．

［10］陈忠明．西餐烹调技术．大连：东北财经大学出版社，2003．

［11］李锦联．家庭西餐．广州：广东科技出版社，2002．

［12］王建新．西式烹调师．北京：中国劳动出版社，1997．

［13］黎子申．英汉饮食手册．香港：中流出版社，1996．

［14］黎子申．英汉饮食词典．香港：中流出版社，1996．

［15］黎子申．实用西菜烹饪术．香港：中流出版社，1984．

［16］黎子申．欧美菜式烹饪手册．香港：中流出版社，1985．

［17］Michel Maincent. Cuisine de référence. Paris: EDITIONS B P I, 1993.

［18］Richard Olney. Provence, the beautiful cookbook. San Francisco: Weldon Owen Inc, 1993.

［19］李晓．中西美食融合初探．四川烹饪专科学校学报．2007，(1)：15～17．

［20］李晓．西餐装饰技术(下)．四川烹饪专科学校学报．2006，(4)：23～23．

［21］李晓．西餐装饰技术(上)．四川烹饪专科学校学报．2006，(3)：28～30．

［22］李晓．地中海风味的法国菜．四川烹饪专科学校学报．2006，(2)：36～38．

［23］李晓，姜元华，黄刚平. 豆瓣在西餐中的应用. 四川烹饪. 2005，188：(2)78～80.

［24］李晓. 法国常用烹饪技法. 四川烹饪专科学校学报. 2002，(3)：32～35.

［25］李晓. 西菜风韵. 四川烹饪专科学校学报. 1997，26(2)：39～42.

［26］李晓. 西菜风韵. 四川烹饪专科学校学报. 1997，27(3)：30～33.